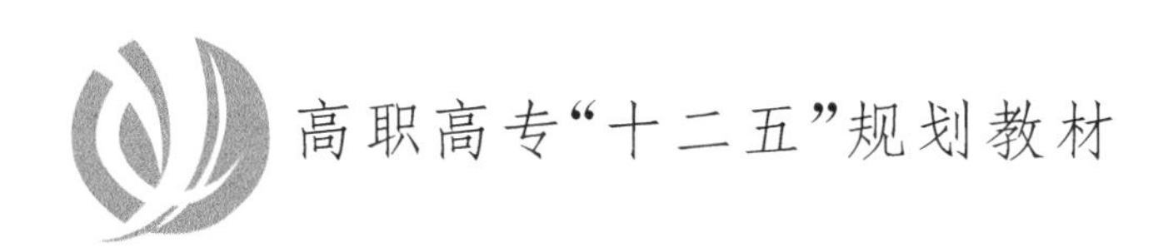

办公自动化

——信息化办公软件高级应用

主　编　高雪霞　王　芸
副主编　夏连峰　李　岩

北京邮电大学出版社
www.buptpress.com

内容简介

本书根据当前办公人员日常工作的需要和办公软件的实际应用范围，以Office 2003为操作平台，结合实例，对办公软件的高级应用知识及操作技能进行了详细且深入的讲解。全书共分6章，主要包括Word的高级应用，Excel的高级应用，PowerPoint的高级应用，Access数据库的应用，Visio的应用，Office文档安全与VBA应用。

本书通俗易懂、语言平实、讲解详细、实用性强，有助于初步学习了办公软件基本操作的人员进一步提高和扩展计算机知识和应用能力。

本书不仅适用于高校各专业大学生，而且适用于各领域的办公人员。

图书在版编目(CIP)数据

办公自动化：信息化办公软件高级应用/高雪霞，王芸主编. --北京：北京邮电大学出版社，2012.8(2016.7重印)

ISBN 978-7-5635-3167-7

Ⅰ. ①办… Ⅱ. ①高…②王… Ⅲ. ①办公自动化—应用软件 Ⅳ. ①TP317.1

中国版本图书馆CIP数据核字(2012)第179610号

书　　名：办公自动化——信息化办公软件高级应用
主　　编：高雪霞　王　芸
责任编辑：彭　楠　马晓仟
出版发行：北京邮电大学出版社
社　　址：北京市海淀区西土城路10号(邮编：100876)
发 行 部：电话：010-62282185　传真：010-62283578
E-mail：publish@bupt.edu.cn
经　　销：各地新华书店
印　　刷：北京九州迅驰传媒文化有限公司
开　　本：787 mm×1 092 mm　1/16
印　　张：13.5
字　　数：348千字
版　　次：2012年8月第1版　2016年7月第3次印刷

ISBN 978-7-5635-3167-7　　定　价：30.00元

前　言

随着信息技术的飞速发展，计算机的应用已经渗透到各行各业，成为人们工作、学习和生活中必不可少的重要工具。因此，计算机在办公领域的普及和办公自动化技术的发展，使得各领域的办公人员必须具备熟练应用现代化办公软件的能力，而微软公司的Office 2003以其功能强大、易学易用、易于扩充等特点，深受广大用户的青睐。

本书根据当前办公人员日常工作的需要和办公软件的实际应用范围，对办公软件的高级应用知识及操作技能进行了详细且深入的讲解。

全书共6章。第1章分别从版面设计、样式设置、域的设置和文档修订4个方面，对Word的高级应用进行了详细的讲解；第2章详细介绍了Excel的应用，包括数据的输入和管理，以及公式与函数的应用；第3章深入介绍了PowerPoint的应用技巧及制作演示文稿的过程；第4章通过对表、查询及查询语言SQL、窗体、报表的介绍，详细讲解了Access数据库的应用方法；第5章介绍了Visio的功能及其基本操作，并对流程图和组织结构图的绘制进行了重点讲解；第6章简单介绍了保护文档的基本方法、VBA宏及其在Office文档中的实际应用。

本书通俗易懂、语言平实、讲解详细、实用性强，不仅适用于高校各专业大学生，而且适用于各领域的办公人员。

本书由新乡学院、河南职业技术学院、河南质量工程职业学院联合编写。第1章、第6章由新乡学院高雪霞老师编写；第4章、第5章由新乡学院王芸老师编写；第2章由河南职业技术学院夏连峰老师编写；第3章由河南质量工程职业学院李岩老师编写。由于办公软件高级应用技术范围广、发展快，本书在编写过程中对内容的取舍及知识点的阐述上，难免有疏漏和不妥之处，恳请广大读者批评指正。

编　者

2012年6月

目　录

第1章 Word高级应用

Word 2003 是使用最广泛的中文文字处理软件之一，是 Microsoft 公司的 Microsoft Office 2003 办公套装软件中的一员。使用 Word 能够输入和编辑文字，制作各种表格，处理各种图片，创建联机文档，制作 Web 网页和打印各式各样的文档等。同时，它操作简便，易学易懂。

然而，熟悉了 Word 的文字输入和简单的格式化编辑功能，仅仅是具备了 Word 使用功能的初级知识。Word 的高级应用，既是读者对于 Word 软件更高层次的探索，又可以在提高办公自动化工作效率的同时，在工作成果中享受艺术与技术完美结合的快感。

比如在编撰文档时，对版面作规划和设计，灵活使用样式、节等功能，通过对域与宏的支持，有效实现编辑排版的自动化流程，如自动编码、自动生成目录、自动生成索引等自动化设置，可使操作更为便捷、高效。

1.1 版面设计

文字段落格式化操作是指对文档中文字和段落本身的处理，包括文字的字体、大小、颜色、文字间距、特殊效果以及段落的间距、缩进、排列等。要使一篇文档美观和规范，仅仅进行简单的文字段落格式化操作是不能满足需要的，必须对文档进行整体的版面设计，通过编排达到文档的整体效果。因此，要完成一篇文档的高质量排版，首先应当根据文档的性质和用途进行版面设计。

一个文档的页面中包含了许多元素，具体包括：纸张、页边距、版式、文档网格、页眉和页脚、页码、文字、图片、标注、书签、目录以及索引等。版面设计并不关注版心内文字和图片的细节，而是结合文档内容着眼于完成文档版面的宏观布局分布，确定版心的位置，对于版心外元素页眉、页脚和页码等进行整体设置。

本节重点关注如下内容。

(1) 页面设置：文档整体的页面设置。包括选择纸张，设置页边距、纸张方向、页眉和页脚区域、行列数等，规划版心的位置。

(2) 文档大纲：根据文档实际内容确定文档的结构，并设置大纲级别或标题样式，用以显示文档结构图或者是大纲视图。文档大纲能够明晰文档的结构，有助于文档的撰写和修订，也是文档分节的依据。

(3) 文档分节：根据文档内容的框架，确定文档的分节情况。可根据节设置不同页眉、页脚和页码，设置分栏或根据节调整页面设置。

相对 Word 初级应用而言，节的引入是 Word 高级应用中最为重要的环节，也是多样化版面设计的基础。

1.1.1 视图方式

Word 2003 提供了多种查看文档的方式，如普通视图、页面视图、大纲视图、Web 版式视图、阅读版式视图、打印预览、文档结构图。还可以按照全屏和不同比例显示文档。每一种方式都给出了同一个文档的不同显示方式，各有特色。在撰写文档、编辑文档、修订文档的过程中，选择一个合适的视图方式，能够促使编写思路畅通，取得事半功倍的效果。

1. 普通视图

普通视图是 Word 最基本的视图方式之一，可以键入、编辑文本和设置文本格式，尤其可以显示一些页面视图中不直接显示的文本格式，如分页符和分节符等特殊符号。但是，随着电脑技术日趋先进，普通视图的运行速度优势已经无法明显体现。在页面视图中，选择“常用”工具栏中的“显示隐藏编辑标记”，同样可以解决某些格式标记在页面视图中不显示的问题。

另外，普通视图简化了页面的布局，不显示分栏、页眉、页脚以及页边距等页面格式及没有设置为“嵌入型”环绕方式的图片等内容，在普通视图方式下无法看到页面的实际效果。但也因此在普通视图下运行速度较快，适用于文本录入和简单的编辑。

2. 页面视图

在页面视图中，不仅可以正常地编辑，还可显示完整的页面安排效果，文档的显示与实际打印效果相同。例如，页眉、页脚、栏和文本等项目会出现在它们的实际位置上。在该视图方式下，“视图”菜单的“网格线”只有在此模式下才能使用，还可选择在屏幕上显示多页。

注意：在撰写文档时，可利用垂直滚动条上的“上一页”和“下一页”按钮，轻易地在不同页间切换，状态栏上会显示当前页的页码。

3. Web 版式视图

Web 版式视图，显示的是文档在 Web 浏览器中的外观。在 Web 版式视图中，可以创建能在屏幕上显示的 Web 页或文档，其显示将与 Web 浏览器中一致。文档将显示为一个不带分页符的长页，并且文本和表格将自动调整以适应窗口的大小，图形位置与 Web 浏览器中的位置一致，还可以看到背景。如果使用 Word 打开一个 Html 页面，Word 将自动转入 Web 版式视图。

4. 阅读版式视图

阅读版式视图，适合用户在计算机上阅读文档和简单编辑文档，为了优化阅读体验而创建。在阅读版式视图中，Word 2003 提供的“阅读”工具栏以及“审阅”工具栏可增加文档的可读性，且便于用户修订记录和注释标记文档。阅读版式视图中文档将分屏显示，显示的页面设计自动适应用户的屏幕，这些页面不代表用户在打印文档时所看到的页面。页面上不在段落中的文本（如图形或表格中的艺术字或文本）显示时不调整大小。如果文档版式复杂（具有多个列和表格或包含宽图形），在页面视图中阅读文档可能要比在阅读版式视图中更容易。

5. 大纲视图

大纲视图是以大纲形式提供文档内容的独特显示，是层次化组织文档结构的一种方式。不仅如此，它还提供特别适合大纲的工作环境。它通过清晰的大纲格式构建和显示内容，将所有的标题和正文文本采用缩进显示，以表示它们在整个文档结构即层次结构中的级别。它还提供大纲特定的工具，这些工具驻留在“大纲”工具栏中。在大纲视图创建的环境中，可以快速对大纲标题和标题中的文本进行操作。

在大纲工具栏关于大纲设置的按钮中，有以下几个按钮请注意。

(1) 显示级别：控制只显示相应级别的标题。例如，单击其右侧的下拉按钮，从“显示级别”列表中选择“显示级别 1”，将只显示 1 级标题；选择“显示级别 3”，将显示 3 级及 3 级以上的标题；选择“显示所有级别”，显示文档中所有级别的标题和正文文本。

(2) 只显示首行：只显示标题下的首行正文文本，以省略号表示隐藏的其他内容。

(3) 显示格式：控制大纲视图中是否显示字符的格式，在大纲视图中默认不显示格式。

在“大纲”工具栏中可以看到，工具栏的左半边按钮都是针对大纲级别的设置以及根据大纲创建的目录设置。在大纲视图中的大纲级别设置与在文档结构图中介绍的方法基本相同，都是通过设置大纲级别，或是通过设置样式标题 1～9 来体现大纲级别。只是在大纲视图中，可以借助“大纲”工具栏中的“提升到标题 1”、“降为正文文本”等功能设置，更为便捷。同样，目录也是依据标题样式中的 9 层大纲级别生成。

在大纲视图中，“大纲”工具栏右侧是关于主控文档和子文档的设置按钮。这些按钮只能在大纲视图中显示，前 4 种视图的工具栏中，都不包含主控文档的相关设置按钮。

6. 文档结构图

文档结构图与大纲视图在形式上有些类似，都可以通过大纲标题显示文档结构，还可以折叠或展开标题。但是，这两者还是有明显区别。

首先，文档结构图只显示标题而不显示正文内容；而大纲视图是对文档全文的显示方式，可对整个文档按照大纲级别进行折叠或展开。

其次，文档结构图本身不可编辑，只是显示右侧视图中标题的更新作为自身的编辑；而大纲视图中可以通过“大纲”工具栏设置大纲级别。此外，大纲视图中可以通过拖动标题来移动、复制和重新组织文本，具备较好的文档编辑功能。但与普通视图一样，大纲视图中不显示页边距、页眉和页脚、背景，因而编辑速度较快。

再者，大纲视图还使得主控文档的处理更为方便，主控文档视图在后面有详细的介绍。

需要注意的是，大纲视图与文档结构图都是依照大纲级别确定文档结构。虽然标题 1～9 在 Word 中默认与大纲级别 1～9 相对应，但样式为正文的文本却不与“大纲”工具栏中的“正文文本”相对应。例如，样式为正文，不是标题样式，但大纲级别却可能为 1～9 级中的任意一级。所以只设置大纲级别，而不设置标题样式也能显示文档结构图。在设置大纲级别时，需核对“大纲”工具栏中的大纲级别，保证文档大纲在文档结构图和大纲视图中的正确显示。

在 Word 中，文档结构图可以与其他任何视图在一起出现。视图之间可以通过视图菜单切换，也可以通过页面左下角的图标切换。

(1) 最佳文档撰写视图：页面视图与文档结构图

页面视图与文档结构图的组合，一般被认为是最适合文档编写时采用的视图方式。文档结构图对应文档中的具体位置，可以在文档中快速移动，对整个文档进行快速浏览，并可跟踪用户在文档中的位置。单击“文档结构图”中的标题后，Word 就会跳转到文档中的相应标题，并将其显示在窗口的顶部，同时在“文档结构图”中突出显示该标题。文档结构图允许折叠或展开，便于查看。

(2) 大纲级别设定

文档结构图根据文档的大纲级别显示结构，必须预先为文字设定大纲级别。在“视图”菜单“工具栏”菜单中选取“大纲”工具栏，可将各级标题设为不同的大纲级别，大纲级别共分1～9级。

大纲级别也可通过套用Word 2003内置的样式标题1～9来设置。Word的预置样式标题1～9与大纲级别1～9逐级对应，数字越小大纲级别越高。

在撰写一篇文章前，最好先拟好各章节标题，并按照标题的级别分别设定样式。样式的设定可以在“格式”菜单的“样式和格式”中，或者直接在屏幕上方“格式”工具栏中设置。选中需要设置的标题，在工具栏的下拉列表根据需要在样式标题1～9中根据文章标题层次选择即可。

7. 主控文档视图

主控文档视图是一种出色的长文档管理模式视图，切换至主控文档视图的按钮嵌入在“大纲”工具栏中。要进入主控文档视图模式，首先选择“视图”→“大纲视图”，然后在“大纲”功能区中单击“显示文档”按钮即可。

主控文档是一组单独文件（或子文档）的容器。使用主控文档可创建并管理多个子文档。例如，可以把一部书籍的每一个章节都设定成一个子文档，然后分别将每个章节当作一般的文档来处理，再由主控文档来汇集和管理。

在主控文档视图中，每个子文档是主控文档的一个节。用户可以针对每个节设定专属的段落格式、页眉和页脚、页面大小、页边距、纸张方向等，甚至可以在子文档中插入分节符号以控制子文档的格式。主控文档与子文档之间的关系类似于索引和正文的关系。子文档既是主控文档中的一部分，又是一份独立的文档。

关于主文档和子文档的创建和设置，如表1-1所示。

表1-1 主控文档视图的操作方式

1	创建新的主控文档	① 输入主控文档的大纲，并用内置的标题样式对应各大纲级别。 ② 将插入点移动到插入子文档的位置，使用“大纲”工具栏中的“插入子文档按钮”插入子文档，重复操作，直至插入多个子文档。 ③ 单击“保存”或“另存”，即可创建主控文档。
2	将已有文档转换为主控文档	① 打开需要转换的文档。 ② 逐个选取要成为子文档的标题和正文，使用“大纲”工具栏上的“创建子文档”，直至完成所有子文档的创建和设定。 ③ 单击“保存”或“另存为”，可保存主控文档的所有子文档。
3	合并子文档	① 在主控文档中，通过拖动将要合并的两个子文档连续排放。 ② 用〈Shift〉键选取文档方框左上角的子文档图标。 ③ 通过“大纲”工具栏上的“合并子文档”功能完成文档合并，合并后的子文档按照第一个子文档的名称和地址保存。
4	拆分子文档	① 将插入点置于拆分的位置。 ② 单击“大纲”工具栏上的“拆分子文档”。

子文档都是一个个单独的文档，而主控文档在两个分节符间保存着对于子文档的链接。在主控文档下可设定子文档的格式，可确保整份文档的格式相同。子文档的格式也可以自行设置，在主控文档中查看。

使用主控文档：

- 可帮助用户在长文档中快速移至某特定位置；

- 利用移动标题重组长文档；
- 无需打开相关的个别文档，便能查看长文档中最近所做的更改；
- 可打印长文档；
- 可在不同子文档之间建立交叉引用，主控文档会忽略子文档之间的界限；
- 可以根据子文档的标题等级编排主控文档的索引和目录。

采用主控文档方式具有安全性好、文档启动速度快等优点，因此，一篇长文档的撰写（例如书籍编写）采用功能强大的主控文档视图将更为便捷高效。但对于毕业论文，由于其文档篇幅中等，且对版面、样式以及引用有严格要求，基本仍需在主控文档中编辑，其子文档的优势难以体现，且操作略显烦琐。

对于一篇毕业论文而言，因为文中含有多个表格图形，采用页面视图和文档结构图的组合视图方式仍为最佳方式。如果需要使用修订功能，在工具栏中选择显示“审阅”工具栏即可。

1.1.2 页面设置

一篇文档的页面设置，包括页面的页边距、纸张、版式和文档网格的设置。页面设置是版面设计的重要组成部分。选择“文件”→“页面设置”命令，即可打开如图 1-1 所示的“页面设置”对话框。

在“页面设置”对话框中所做的设置，主要作用于整篇文档、节和段落文字。在一篇没有分节的文档中，在“文件”菜单的“页面设置”对话框中对页面进行的设置，可选择作用于整篇文档或者是插入点之后。但在分节后的文档中，页面设置可以选择只应用于当前节。在 Word 排版中，页面只是一种与打印纸匹配的显示方式，而页面设置的最小有效单位是“节”。

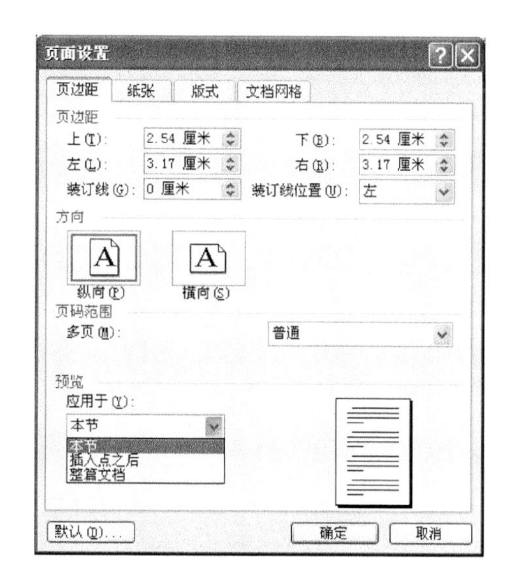

图 1-1 “页面设置”对话框

1. 页边距

页边距是指正文与页面边缘之间的距离，更为直观地说，就是指页面视图中表示页面的四个直角线与页面边缘之间的区域。更改页边距的功能非常有用，有时候为了增进文档的可读性，或为了获得更大的装订空间，可以增大左右页边距以缩短行的长度；对于页面很长的文档，可以缩小页边距，从而减少其页数。有时恰好一个页面多出几个文字，通过更改页面可以将文字缩成一页，并不影响页面美观。

(1) 在“页边距”选项卡中设置页边距

在“页面设置”对话框中，选择“页边距”选项卡，可对页边距、方向、页码范围等进行设置。

在新的空白文档中，Word 2003 默认左、右页边距为 3.17 cm，上、下页边距为 2.54 cm，如图 1-1 所示。Word 会将文本打印在页边距范围之内。用户经常需要在页边距上增加额外的空间以便于装订，该空间与页边距之间的分隔线被称为“装订线”。在 Word 2003 中装订线的位置可以在页面的上部，也可以在页面的左侧。

"方向"给出了文档的显示方式:纵向、横向。有时文档的宽度很大,需要横向打印在一张纸上,可以通过设置文档的方向实现。

在"页码范围"的"多页"中,Word 2003 为排版中的不同情况提供了普通、对称页边距、拼页、书籍折页、反向书籍折页等多页面设置方式,如图 1-2 所示,便于书籍、杂志、试卷、折页的排版。

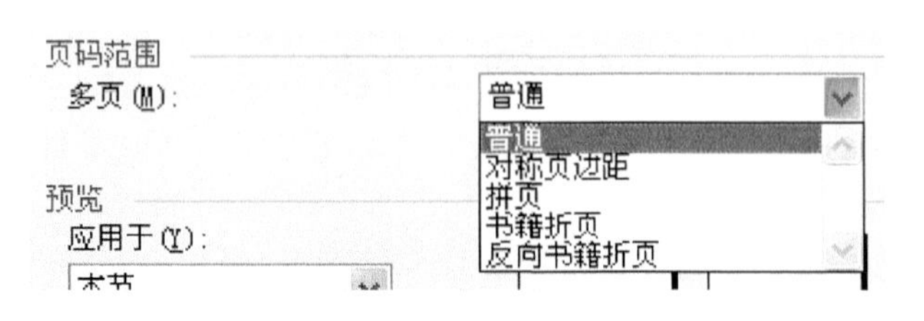

图 1-2　页码范围

- 书籍、杂志页面设置:在"页码范围"的"多页"中,选取"对称页边距",则左、右页边距标记会修改为"内侧"、"外侧"边距,同时"预览"框中会显示双页,且设定第 1 页从右页开始。从预览图中可以看出左右两页都是内侧比较宽。如图 1-3 所示。

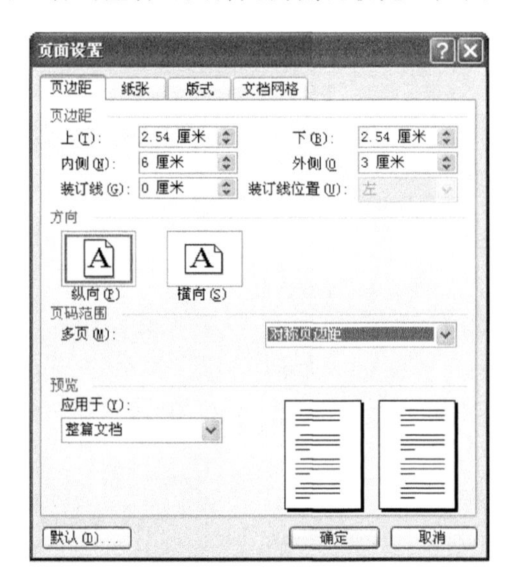

图 1-3　对称页边距

- 试卷页面设置:选取"拼页",在"预览"框可观察到单页被分成两页。如图 1-4 所示。

在实际应用中,如想把将两张 A4 纸的内容打印到一张 A3 纸上,可以先将纸张大小设置成 A3,并把方向设置成"横向",然后选中"页边距选项卡"中的"拼页"。此时,虽然打印预览中仍然显示两张 A4 的内容,实际打印时将按照 A3 打印。

- 书籍折页设置:选取"书籍折页"或"反向书籍折页",将以折页的形式打印,并可以设置"每册中的页数"。"反向书籍折页"创建的是文字方向为从右向左的折页。如图 1-5 所示。

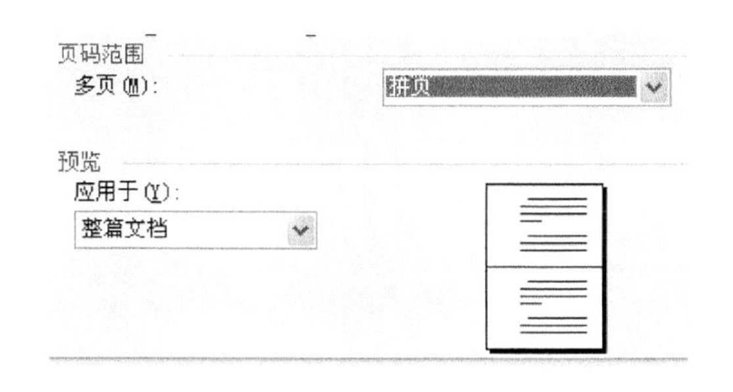

图 1-4 拼页

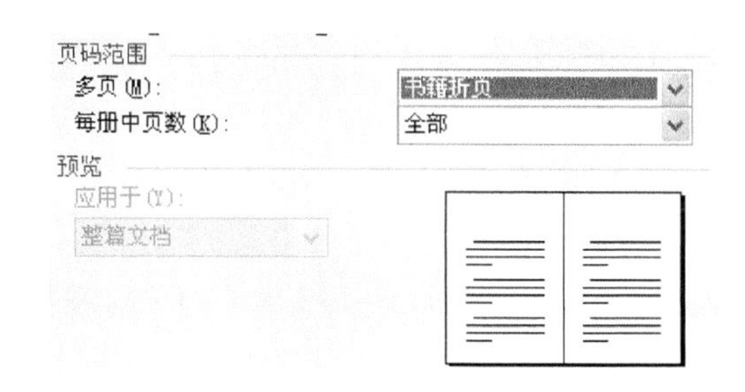

图 1-5 书籍折页

注意:创建折页时,最好从一个新的空白文档开始,以便更好地控制文本、图形和其他元素的位置;也可以为原有文档添加书籍折页。但是添加书籍折页后,就需要重新安排一些元素。创建时,如果文档没有设为横向,Word 会将其自动设为横向。

(2) 在“打印预览”中设置页边距

还有一种便捷地设置页边距的方法,就是在“页面视图”或“预览打印”状态下,通过在水平标尺或垂直标尺上拖动页边距线来设置页边距。操作步骤如下。

步骤 1:切换到页面视图或打印预览视图中;

步骤 2:将插入点放置在需要改变页边距的节或文档中;

步骤 3:将鼠标指针移至水平标尺或垂直标尺的页边距线上;

步骤 4:当鼠标指针变成双向箭头时,按下鼠标左键拖动水平标尺或垂直标尺上的页边距线。此时屏幕会显示一条点划线,表示当前页边距的位置。如想显示文本区域的尺寸和页边距大小,可按住<Alt>键拖动页边距。

步骤 5:拖至适当的位置后,释放鼠标左键。

注意:若文档中含有表格,在调整页边距后,可能也需要调整表格栏的宽度,以配合新设定的页边距。

2. 纸张

在 Word 中新建的文档,默认使用 A4 大小的纸张,纸张方向为纵向。A4 纸张是日常使用中最为普遍的纸张大小。关于纸张选取的相关设置,主要是在“页面设置”对话框的“纸张”选项卡中设置的。

如图 1-6 所示,“纸张”选项卡可以对纸张大小、纸张来源和应用位置进行设置。

(1) 可设置纸张大小:单击“纸张大小”列表框右侧的向下箭头,在其下拉列表框中选取用于打印的纸型,有 A4、B5、16 开等选项,选择好纸型后,宽度和高度栏里会出现相应的规格说明,如图 1-6 所示是 A4 纸型的大小。当然,也可以选择“自定义”,然后在“宽度”和“高度”框中键入数值或单击其右侧的上、下箭头,自己定义纸张的大小。

(2) 可设置纸张来源:大多数激光打印机都有一个默认的自动进纸盒和一个手动进纸盒,Word 2003 在打印文档时允许用户指定使用的纸盒,第 1 页文档(首页)使用不同的纸盒。

(3) 在“应用于”下拉式列表框中,有“本节”、“插入点之后”、“整篇文档”选项,用户可根据自己的实际情况,选取设置所应用的范围。若在文档中选中某些文字再进行页面设置,则“应用于”下拉菜单中会变为“所选文字”、“所选节”、“整篇文档”,选择“所选文字”可为文字设置不同的页面参数。

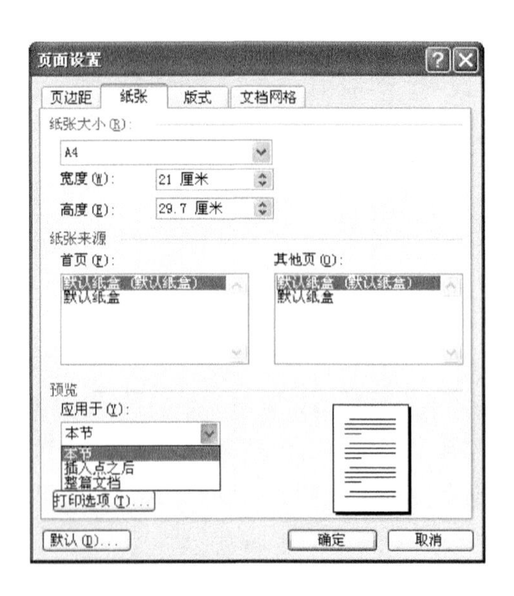

图 1-6 “纸张”选项卡设置

注意:应用于“本节”,是经常被人疏忽的一个功能,但在实际应用中却非常实用。“节”是贯穿 Word 高级应用的重要概念,通常用分节符表示。在插入分节符将文档分节后,选择将页面设置的操作应用于本节,则可在指定的节内改变格式。在页面设置的各个选项卡,包括纸张、页边距、版式和文档网格设置中,都可以将操作只应用于本节。

3. 版式

在“页面设置”的“版式”选项卡中,如图 1-7 所示,我们还可以设置有关页眉和页脚的高度、页面垂直对齐方式、行号、边框等。

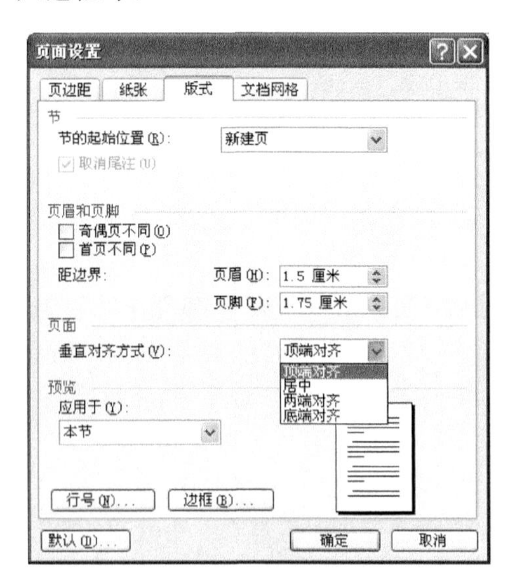

图 1-7 “版式”选项卡

(1) 页眉和页脚。在“页眉和页脚”区域可以设置页眉和页脚距边界的尺寸。注意,是距离页边界的尺寸而不是页眉、页脚本身的尺寸。奇偶页不同或首页不同的页眉、页脚设置,将在页眉和页脚章节详细介绍。

(2) 垂直对齐方式。在“页面”区域的“垂直对齐方式”下拉列表框中，可以设置 4 种垂直对齐文本的方式：顶端对齐、居中、两端对齐、底端对齐。

- “顶端对齐”项是默认对齐方式，表示页面最上一行与上页边界对齐；
- 选取“居中”项，页面内容在上、下页边距之间居中对齐；
- 选取“两端对齐”项，页面最上一行与上页边界对齐，最下一行与下页边界对齐。例如，文档或节的最后一页不满一页时，将扩展段落间距，使文本均匀分布在上、下页边距之内。
- 选取“底端对齐”项，页面最下一行与下页边界对齐。

(3) 行号。单击“行号”按钮，可以为页面添加行号，设定编号的起始方式、距正文距离、间隔以及编号方式等。

(4) 边框。单击“边框”按钮，可以为文字、段落或者整个页面添加边框。同样，选择“格式”菜单中的“边框和底纹”命令，也可为页面添加边框。如图 1-8 所示。

注意：在“页面边框”对话框中，可以选择线型或者是艺术型边框来调整边框的颜色和宽度，点击“选项”按钮，可打开“边框和底纹选项”对话框，如图 1-9 所示。设置页面边框距离页边或文字的距离。

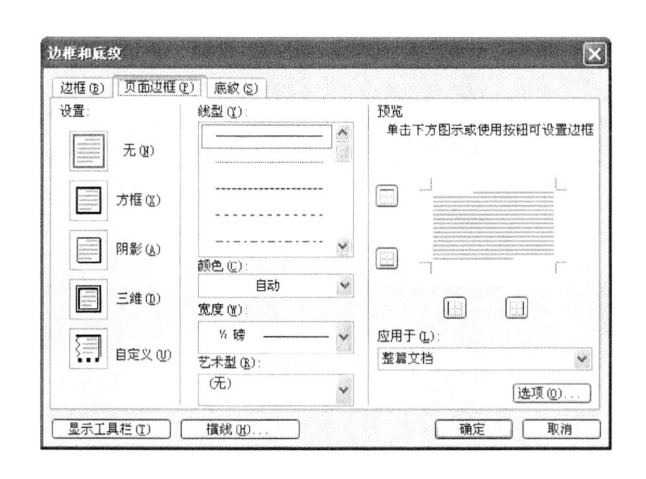

图 1-8　边框和底纹

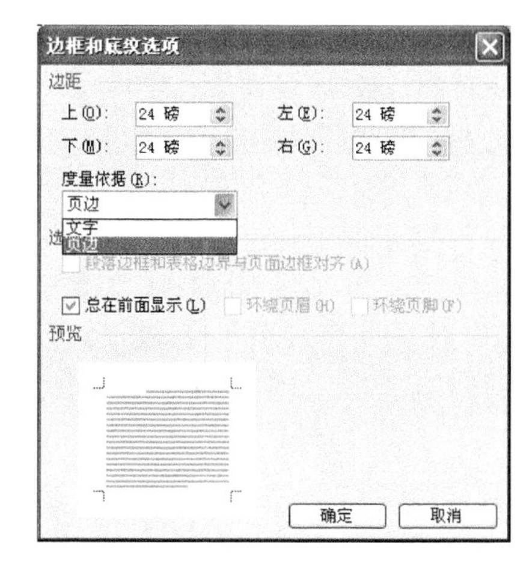

图 1-9　边框和底纹选项

在图 1-9 所示的对话框中，可以“文字”或“页边”为度量依据，设置边框距离文字或者边框距离页边的距离。只有选择度量依据为“文字”后，才可以使用“选项”区域的大部分选项。

- “段落边框和表格边界与页面边框对齐”：选中此复选框可消除相邻边框间的空白区域。只有在表格边界到页面边框的距离小于等于一个字符宽度(10.5 磅)时，Word 才会将其对齐。
- “总在前面显示”：表示将页面边框置于与页面边框交叠的任何文字或对象的上面。
- “环绕页眉”：将页眉包含在页面边框之内。如果希望页面边框不包括页眉，可清除此复选框。
- “环绕页脚”：表示将页脚置于页面边框之内。如果希望将页脚置于页面边框之外，可清除此复选框。

4. 文档网络

打开“页面设置”对话框，单击“文档网格”选项卡，如图 1-10 所示。在“文字排列”中，可以设置文字方向和页面的栏数;在“网格”中,可选择“只指定行网格”、“指定行和字符网格”、“文字对齐字符网格”。

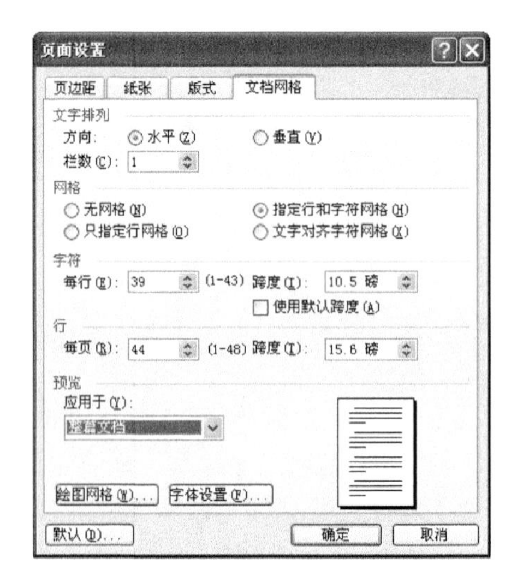

图 1-10　“文档网格”选项卡

若在“网格”中选择了“指定行和字符网格”复选框,可以设置每行的字符数、字符的跨度、每页的行数、行的跨度。字符与行的跨度将根据每行每页的字符数自动调整。

在“文档网格”选项卡的下方有两个按钮,分别是“绘图网格”和“字体设置”。通过“字体设置”可以预设或设置文档中的字体。“绘图网格”功能也较为实用,选择“在屏幕上显示网格线”,如图 1-11 所示,根据实际需要选择“垂直间隔”和“水平间隔”,则可显示出网格线效果。网格线作为一种辅助线,能够作为文字或者图形对齐的参照,非常实用。

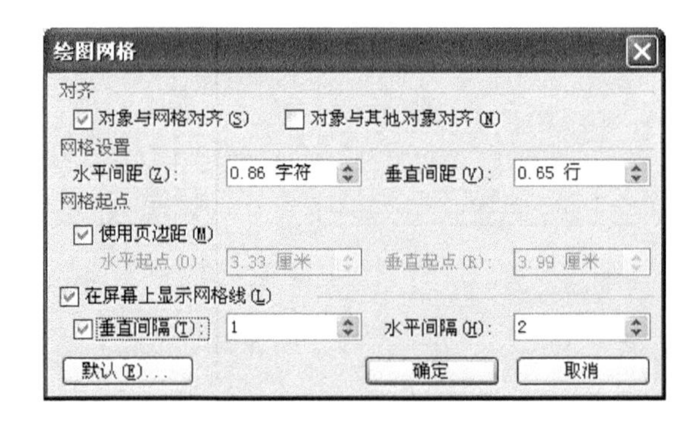

图 1-11　绘图网格

在了解页面设置的相关功能和技巧后,可结合案例尝试使用“文件”菜单中的“页面设置”命令完成大学生毕业论文的页面设置。

【例】 毕业论文页面设置。某高校的毕业设计(论文)版面格式要求:采用统一的 A4 纸单面打印,每页约 40 行,每行约 30 字;打印正文用宋体、小四号字;版面页边距为上 3.5 cm,下 3.5 cm,左 4 cm,右 3.5 cm,左侧装订,装订线 0.5 cm,页脚距边界 3 cm。

Word 2003 默认为 A4 纸型,所以纸张大小无需设置,其具体操作步骤如下:

(1) 进入“页边距”选项卡设置页边距和装订线位置;

(2) 在“版式”选项卡中设置页脚距边界的距离;

(3) 在“文档网格”选项卡下方的“字体设置”中，将字体设为宋体、小四；

(4) 回到“文档网格”选项卡中选择“指定行和字符网格”，并完成相关设置。

注意：(1) 页面设置操作最好在论文撰写前完成。(2) 必须先设定文字大小，再选择行数和字符数。若按照字体小四、每行 30 字、每页 40 行设置，会超出页面原先设定的正文区域，一般 Word 会通过自动调整字符跨度或者行跨度解决该问题。在本例中，若将行数设为每页 40，Word 会提示，“数字必须介于 1 和 39 之间”，因为行跨度最少要满足 16.3 磅，因此，只能将行数设为 39，单击确定。

通过前期的页面设置，可以直接在设置好的页面中撰写正文字体为小四的毕业论文，其中行和字符都受到了网格的约束，满足了版面设计的全部要求，也免去了后期版面调整可能出现的问题。

1.1.3 分隔设置

在 Word 文档中，文字和标点组成了段落，一个或者多个段落组成了页面和节。Word 为段落与段落的分隔提供了换行符，为页面与页面的分隔提供了分页符，为节与节的分隔提供了分节符，再提供分栏符调节分栏页面中的文字排版。多种分隔符的组合应用，使得版面设计更为灵活自如。

1. 换行与分页

(1) 软回车与硬回车

段落间换行，最常使用的是键盘上的回车键＜Enter＞，在 Word 中显示为一个弯曲的小箭头，习惯称这种回车为硬回车。硬回车是一种清晰的段落标记，在两个硬回车之间的文字自成一个段落，可以单独设置每个段落的格式而不对其他段落造成影响，因此在排版中最为常用。

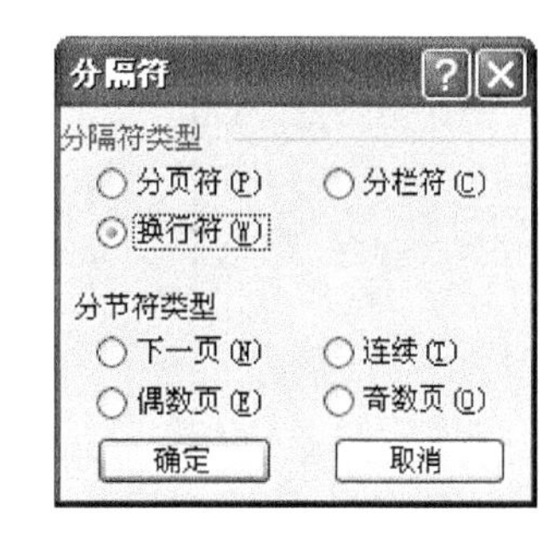

图 1-12 分隔符类型

但有时需要将文本分行显示但不分段，以保持文本段落格式的一致性，可使用换行符。如图 1-12 所示，在“插入”菜单的“分隔符”对话框中，可以选择插入“换行符”。这种换行符显示为一个向下的箭头，不同于硬回车，习惯称这种回车为软回车。还可以通过按＜Shift＞＋＜Enter＞组合键输入“软回车”。出现“软回车”的文本虽然在不同的行显示，但属于同一个段落，换行前后段落格式相同。

小提示：

在自动生成项目符号和编号列表编写中，如使用硬回车，Word 会自动在每个段前添加项目符号或编号。若不希望 Word 自动添加，可用快捷键＜Shift＞＋＜Enter＞添加软回车换行，Word 判断换行后的内容属于同一段落。

另外，在撰写文档时经常需要到网上去查阅并下载资料，因网页制作时广泛使用软回车＜br＞(Html 代码中的软回车)，所以网页内容粘贴到 Word 文档中经常显示为软回车，给重新排版造成麻烦，可使用 Word 编辑菜单中的查找和替换功能解决此问题，在“查找内容”中选择“特殊字符”中的手动换行符(L)，在“替换为”中选择“特殊字符”中的段落标记(P)，然后选择“全部替换”即可。

(2) 软分页与硬分页

当文档排满一页时，Word 2003 会按照用户所设定的纸型、页边距值及字体大小等，自动对文档进行分页处理，在文档中插入一条单点虚线组成的软分页符(普通视图)。随着文档内容的增加，Word 会自动调整软分页符及页数。通常把由 Word 自动插入的自动分页符叫做软分页符，在普通视图下显示为一条单点虚线(页面视图默认不显示)，无法手动删除。

如果想要在其他位置分页，可以插入手动分页符，即硬分页符。选择“插入”→“分隔符”，弹出“分隔符”对话框后，选择“分页符”按钮(快捷键＜Ctrl＞+＜Enter＞)，单击“确定”按钮，插入点所在位置以后的文本即在下一页显示。分页符插入以后会自动占据一行。在页面视图方式下，分页符是不能显示的。若要删除分页符，可在页面视图中选择显示标记 或者切换到普通视图下，就会看到分页符的标记，选中分页符，然后按＜Delete＞键，即可删除分页符。

另外，还可以进入“段落”格式设置中的“换行和分页”选项卡设置分页情况。如图 1-13 所示的“换行和分页”选项卡中，设有孤行控制、段中不分页、与下段同页、段前分页等功能。Word 会根据勾选的情况，调整自动分页符的位置。

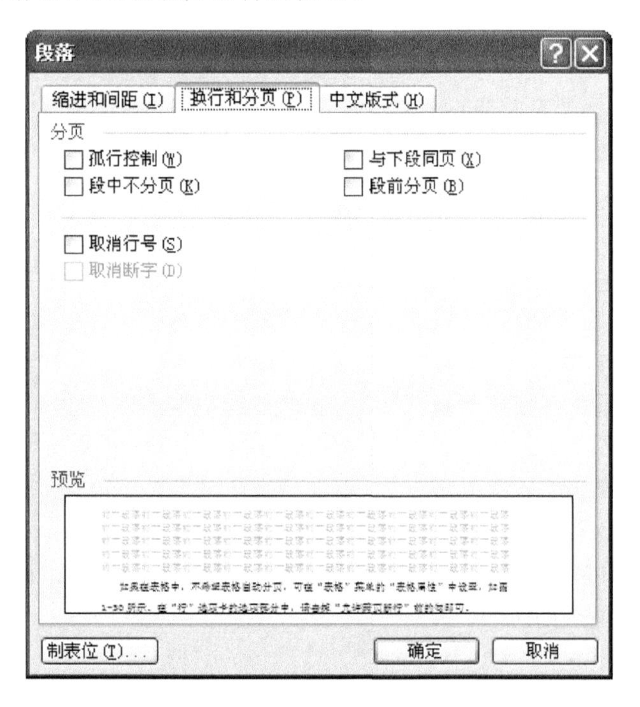

图 1-13　换行和分页

同样的，如果在表格中，不希望表格自动分页，可在“表格”菜单的“表格属性”中设置，如图 1-14 所示。在“行”选项卡的选项部分中，去掉“允许跨页断行”前的勾即可。

2. 分节

在建立新文档时，Word 将整篇文档默认为一节，在同一节中只能应用相同的版面设计。为了版面设计的多样化，可以将文档分割成任意数量的节，用户可以根据需要为每节设置不同的节格式。在本章前面的内容中已经多次提及“节”的使用。“页面设置”对话框中包括的纸张、页边距、版式和文档网格等 4 个选项卡都可以针对节单独设置，可选择“应用于本节”或者“整篇文档”。主控文档视图方式中，子文档嵌入在主控文档的两个分节符之间，由此可为子文档的版面进行个性化设置。

图 1-14　表格的分页设置

"节"作为一篇文档版面设计的最小有效单位，可为节设置页边距、纸型或方向、打印机纸张来源、页面边框、垂直对齐方式、页眉和页脚、分栏、页码、行号、脚注和尾注等多种格式类型。节操作主要通过插入分节符来实现。

(1) 添加分节符

单击需要插入分节符的位置，选择"插入"→"分隔符"命令，弹出如图 1-12 所示的"分隔符"对话框，然后根据需要在"分节符类型"中选择需要的分节符类型。在图 1-12 中可以看到，分节符共有 4 种类型。

① 下一页：分节符后的文本从新的一页开始；

② 连续：新节与其前面一节同处于当前页中；

③ 偶数页：分节符后面的内容转入下一个偶数页；

④ 奇数页：分节符后面的内容转入下一个奇数页。

分节符中存储了"节"的格式设置信息，要注意分节符只控制它前面文字的格式。插入"分节符"后，若要使当前"节"的页面设置与其他"节"不同，只要选择"文件"→"页面设置"命令，打开"页面设置"对话框，在"应用于"下拉列表框中选择"本节"选项即可。

如果需要单独调整某些文字或者段落的页面格式，也可先在文档中选取这些文字。在"页面设置"对话框中完成相关设置后，选择应用于"所选文字"，即可将设置应用到所选文字中，Word 2003 会自动在所选文字的前后分别插入一个分节符，为该文字单独创建一个节。如图 1-15 所示。

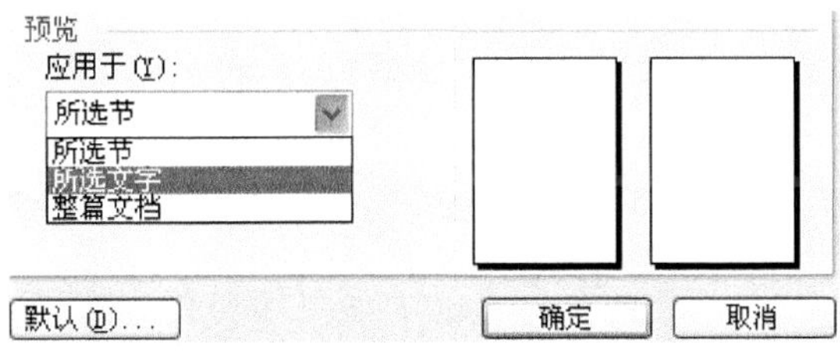

图 1-15　"页面设置"对话框

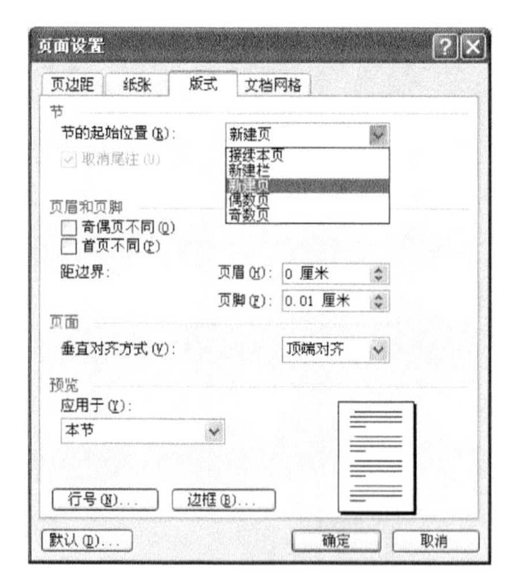

图 1-16 设置节的起始位置

(2) 改变分节符类型

分节符一般控制其前面文字的节格式。在页面视图或普通视图中，双击已插入的分节符，显示“页面设置”对话框，可更改分节符前文字的节格式。在对话框的“版式”选项卡中，可以更改分节符的类型。

在“版式”选项卡中，可以设置“节的起始位置”，即该节的开始页，如图 1-16 所示。下拉菜单中“接续本页”表示设为连续分节符，“新建栏”表示分栏符，“新建页”表示下一页分节符，“偶数页”、“奇数页”也分别对应偶数页分节符和奇数页分节符。

删除分节符的方法与删除分页符的方法一样，只需要选中要删除的分节符，然后按＜Delete＞键即可。需要注意的是，删除分节符时，同时还删除了节中文本的格式。例如，如果删除了某个分节符，其前面的文字将合并到后面的节中，并且采用后者的格式设置。

注意：虽然“下一页”分节符与分页符同样显示为换页的效果，但如果需要进行节格式操作，必须插入分节符。

文档分节主要依据版式设计以及内容分布的需要。文档分节之后，就可以根据节设置版式。本章下文中的各部分内容，都将围绕分节文档中的分栏、页眉和页脚设置以及页码设置展开。

3. 分栏

分栏经常用于报纸、杂志、论文的排版中，它将一篇文档分成多个纵栏，而其内容会从一栏的顶部排列到底部，然后再延伸到下一栏的开端。

是否需要分栏，要根据版面设计实际而定。在一篇没有设置“节”的文档中，整个文档都属于同一节，此时改变栏数，将改变整个文档版面中的栏数。如果只想改变文档某部分的栏数，就必须将该部分独立成一个节。

文档分栏一般有以下 3 种情况：

(1) 将整篇文档分栏。

(2) 在已设置节的文档中，将本节分栏。

(3) 在没有设置节的文档中，将某些文字和段落分栏。

分栏可使用如下 3 种方法。

- 方法一：使用“页面设置”对话框分栏。在“页面设置”的“文档网格”选项卡中，可以将文档分栏，设置文档的栏数，如图 1-17 所示。与“页面设置”对话框中的其他操作一样，选择应用于“整篇文档”即可对全文分栏；而选择应用于“本节”，只对本节分栏。在选取了某些文字后，选取应用于“所选文字”可将所选文字分栏，但是该选项卡默认栏宽相等。
- 方法二：使用“格式”菜单中的分栏功能。如果需要精确地设计分栏的版式，就必须进入“格式”菜单的“分栏”对话框。如图 1-18 所示。

在“预设”框中选择分栏方式和栏数，可将文档设置为两栏格式或三栏格式；选取“偏左”项

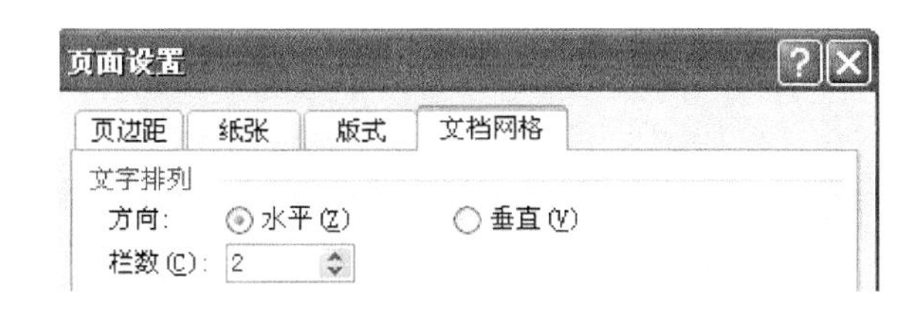

图 1-17 使用“文档网格”分栏

将文档设置为左窄右宽的两栏;选取“偏右”项,将文档设置为左宽右窄的两栏;选取“一栏”项,则恢复为单栏版式;也可以在栏数框中键入需要的栏数。

在“宽度和间距”框设置各栏的宽度以及栏与栏之间的间距,要使各栏宽相等,可以选取“栏宽相等”复选框,Word 2003 将自动把各栏的宽度调为一致。注意:Word 2003 规定栏宽至少为 1.27 cm,无法设置过多栏数。

针对前文提出的 3 种文档分栏情况,在没有节设置的文档中,选择应用于整篇文档即可对全文分栏;而在已设置节的文档中,选择应用于“本节”可对光标所在节分栏;在一个没有节设置却需要将某些文字独立分栏的文档中,可先选取需要分栏的文字,Word 2003 会自动在文字前后添加分节符,并将文字分栏。

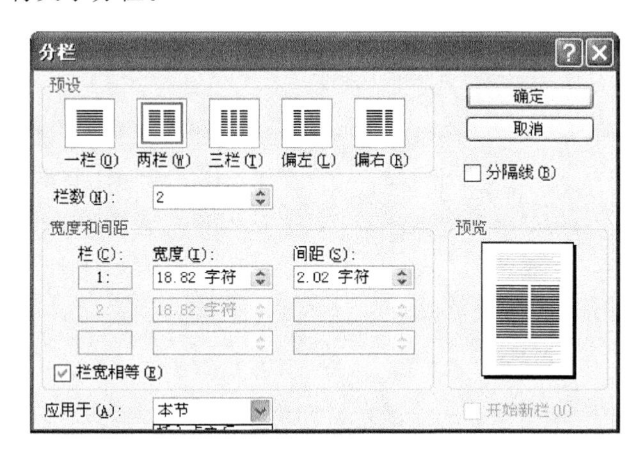

图 1-18 “分栏”对话框

该操作方式与在“页面设置”的“文档网格”选项卡中的操作基本相同。

- 方法三:使用“常用”工具栏中的分栏快捷图标 ,可以将文档快速分栏。该快捷图标针对前文中的三种情况,分栏效果与前两种基本相同,只是这种分栏方式也默认栏宽相等。如需精确设置,仍需使用方法二。

在设定文档分栏时,Word 2003 会在适当的位置自动分栏。如果希望某一内容出现在下一栏的顶部,可通过插入分栏符来实现。选择“插入”→“分隔符”,在显示的“分隔符”对话框中选取“分栏符”选项,即可在需分栏处插入分栏符。

1.1.4 页眉和页脚

页眉和页脚一般用于显示文档的附加信息,如在图书、杂志或论文的每页上方会有章节的标题或页码等,这些就是页眉;在每页的下方会有日期、页码、作者姓名等,这些就是页脚。在分节后的文档页面中，不仅可以对节进行页面设置、分栏设置，还可以对节进行个性化的页眉、页脚设置。例如，在同一文档的不同节中设置多个不同的页眉和页脚、奇偶页页眉和页脚设置不同、不同章节页码编写方式不同等。

在页眉和页脚区域中可以任意输入文字、日期、时间、页码甚至图形等，也可以手动插入“域”，实现页眉和页脚的自动化编辑，例如在文档的页眉右侧自动显示每章章节名称等，都可以通过域设置实现。

1. 一般形式的页眉和页脚的创建

为文档插入页眉和页脚，可利用“视图”菜单中的“页眉和页脚”命令完成。

选择“视图”菜单中的“页眉和页脚”命令，此时系统会自动切换至页面视图下，并且文档中的文字变暗，以虚线框标出页眉区和页脚区，在屏幕上显示“页眉和页脚”工具栏，如图 1-19 所示。可在页眉区与页脚区输入文字，并使用“格式”菜单中的命令设定字体、字号、字形、颜色等格式，可插入图片作为页眉，也可利用工具栏按钮插入日期、时间或页码，或者利用插入菜单中的“域”丰富页眉和页脚。完成了页眉设置，可用“页眉和页脚”工具栏“在页眉和页脚间切换”按钮切换到页脚区域内设置页脚。

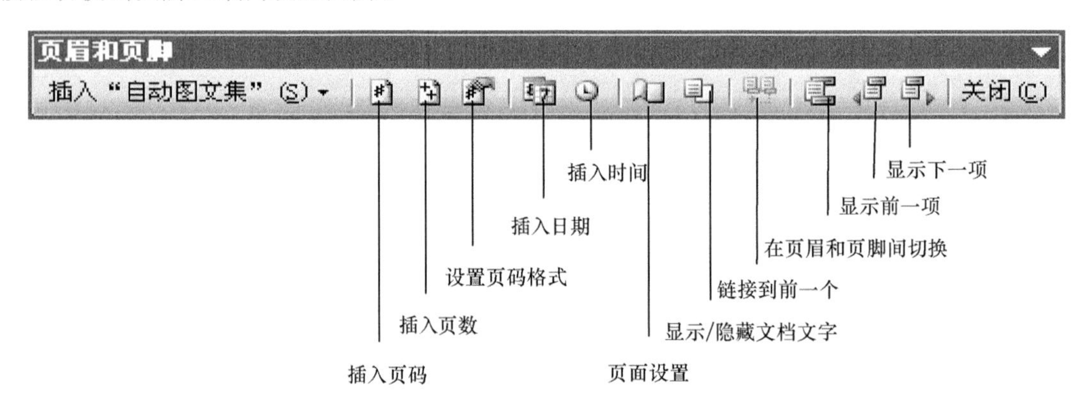

图 1-19　页眉和页脚工具栏

“页眉和页脚”工具栏中的按钮大多通过按钮名称即可明晰其功能，只有 3 个与节相关的按钮功能如下。

(1) 链接到前一个：当文档被划分为多节的时候，单击该按钮可建立或取消本节页眉/页脚与前一节页眉/页脚的链接关系。

(2) 显示前一项：当文档被划分为多节的时候，单击该按钮可进入上一节的页眉或页脚区域。

(3) 显示下一项：当文档被划分为多节的时候，单击该按钮可进入下一节的页眉或页脚区域。

小提示：

当文档中有多个节时，除首节之外，在后续节的页眉/页脚区域右侧都会有“与上节相同”的说明字样，表示当前节的页眉/页脚与上一节相同。单击“页眉和页脚”工具栏中的“链接到前一个”按钮，可以建立/取消当前节的页眉/页脚与前一节的页眉/页脚之间的链接关系。

2. “版式”选项卡中的页眉和页脚设置

我们经常可以看到一些多样化的页眉和页脚设置。例如一本书的封面或内容简介不设置页眉和页脚，而其他部分都设有页眉和页脚；在书中连续两页的页眉和页脚设置不同，比如在页眉中偶数页是书籍名称，奇数页是章节名称等。这些设置在 Word 2003 中可以通过“页面设置”的“版式”选项卡设置，如图 1-20 所示。

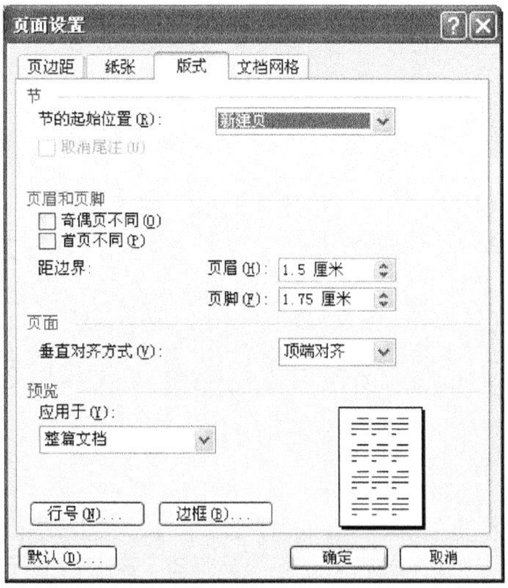

图 1-20　“版式”选项卡

如果需要设置首页不同或奇偶页不同的页眉和页脚，可以在文档撰写之初与设置纸张、页边距、网格、版式等页面元素时一起设置。而如果刚开始未设置，可以先通过“视图”菜单的“页眉和页脚”功能创建页眉和页脚后，再在“页眉和页脚”工具栏中单击“页面设置”进行创建。

创建首页不同的页眉和页脚后，进入页眉和页脚编辑状态，页面顶部将显示“首页页眉”字样，底部显示“首页页脚”字样。其他页中则显示“页眉”和“页脚”。如果需要指定文档或节的首页与文档其他各页有不同的页眉和页脚，可在页眉区或页脚区中输入相应的文字。如果首页中不显示页眉或页脚，则清空页眉区或页脚区的内容，即可使首页不出现页眉或页脚。

创建奇偶页不同的页眉和页脚后，在奇数页页眉、页脚区将分别显示“奇数页页眉”、“奇数页页脚”字样；偶数页显示“偶数页页眉”、“偶数页页脚”字样。

“版式”选项卡还可以设置页眉和页脚距边界的距离。对页眉、页脚进行个性化格式操作，如插入图片等之后可能需要调节页眉、页脚距页边界的距离，可在此处设置。

注意：如果“页眉”值大于“上”页边距值，正文将延伸到页眉区域中，页脚范围也同样如此。当页眉或页脚区所键入的内容超出默认的高度时，Word 2003 会自动以最小高度的方式调整，缩小文档工作区的范围，即增加文档的页边距值，以便容纳页眉及页脚的内容。

通过“版式”选项卡设置首页不同、奇偶页不同的页眉和页脚时，Word 2003 不会自动将文档分节。在需要为文档的不同章节设置不同的页眉和页脚时，“版式”选项卡就无法满足实际要求，只能将文档分节，通过节格式设置来实现。分节文档的页眉和页脚设置更为灵活，如果需要设置首页不同的页眉和页脚，可以将文档首页作为单独一节，其他内容作为一节，首页所在节不设置页眉，其显示效果与通过“版式”选项卡设置基本一致。

小技巧：

清除首页中页眉下的横线。

首页清除了页眉文字后，可能文字下面的一条横线无法直接删除，可以选中该文字，在“格式”菜单中选择“边框和底纹”命令，将边框设为“无”。

【例】 “版式”选项卡与分节符综合应用。

如果编写一本书籍，需要每个章节都从奇数页开始，并且每个章节都设置不同的页眉和页脚，但章节的首页都不设置页眉和页脚，应当如何操作？

该情况下的页眉、页脚设置与一般分节文档的页眉、页脚设置相似，请注意以下两点：

(1) 需要将每个章节单独分节，但在通过分节符分节时，请插入奇数页分节符；

(2) 分节完成后，请在“页眉和页脚”工具栏的“页面设置”按钮的“版式”选项卡中勾取“首页不同”，此时的首页不同表示每个节的首页不同，即可实现每个节的首页都不设置页眉和页脚。

3. 页眉和页脚中的域

域，就是引导 Word 在文档中自动插入文字、图形、页码或其他信息的一组代码。在一篇 Word 文档的编写修改过程中，有些内容是需要不断变更的，例如页码、打印日期、目录、总行数等，Word 设置了域来实现这些自动化功能。

域像是一个 Excel 公式，我们平时看到的都是公式的运算结果，即为域代码的运算结果。域代码可以通过快捷键切换显示。一个比较容易的识别域的方法是，域都设有底纹，默认底纹为单击时显示，若有一段内容单击时出现灰色底纹，就是域。

在“页眉和页脚”工具栏的按钮中，设有功能插入页码、页数、日期、时间，事实上这些都是通过插入域来实现自动变更的。

关于域的使用，将在 1.3 节中详细介绍。

1.1.5 页码

Word 2003 提供了强大的页码编排功能，其最大优点在于用户只需告诉系统页码显示的位置，无论用户怎样编辑文档，以及如何对页号和分页进行格式化，Word 2003 都可以准确地进行页面编号，并在打印时正确布置页码。用户可以将页码放在任意标准位置上，也可以采用多种对齐方式。在分节文档中可以设置多种样式的多重页码格式。对于对称页，还可以选择在内侧页边距或外侧页边距的位置显示页码。

1. 添加页码

(1) 使用“插入”菜单

使用“插入”菜单添加页码的操作步骤如下。

① 选择“插入”→“页码”命令，弹出如图 1-21 所示的“页码”对话框。

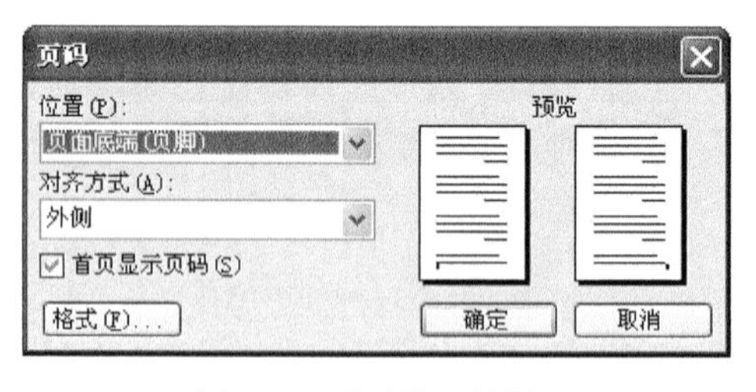

图 1-21 “页码”对话框

② 在“位置”下拉式列表中选择页码出现的位置：页面顶端(页眉)、页面底端(页脚)、页面纵向中心、纵向内侧、纵向外侧。后 3 项是对一些侧边装订的文件以及书籍的页码或角边说明的应用方式。利用这 3 项，可以对侧边装订的刊物居中或是正反页的页码进行编辑。

③ 在“对齐方式”下拉式列表中选择页码的对齐方式：左侧、居中、右侧、内侧、外侧。选择“左侧”或“右侧”，表示将页码放置在每页的左边或者右边；选择“居中”，则将页码放置在每页的中间。“内侧”和“外侧”一般用于书籍、杂志等需双面装订的文档，选择“内侧”，则页码放置在偶数页面的右侧，奇数页面的左侧；选择“外侧”，则页码放置在偶数页面的左侧，奇数页面的右侧。

④ 选取“首页显示页码”复选框，用来显示首页上的页码。如果不希望在首页上显示页

码,清除"首页显示页码"复选框中的选取标记即可。无论首页是否显示页码,它都会记入文档中的编号。即,无论首页是否显示页码,第 2 个页面的页码都为 2。

⑤ 单击"格式"按钮可进一步进行页码格式设置。

(2) 使用"页眉和页脚"工具栏

使用"页眉和页脚"工具栏添加页码的操作步骤如下。

① 选择"视图"→"页眉和页脚"命令,打开"页眉和页脚"工具栏。

② 把鼠标放置在要插入页码的位置(页眉或页脚),然后单击"页眉和页脚"工具栏上的"插入页码"按钮 ,即可在页眉和页脚中插入页码;单击"插入页数" ,可以插入文档的总页数。还可以自己输入一些文字和符号在页码页数两边,例如,在页码边上插入短横,将页码显示为"－1－"(其中 1 是自动显示的页码)。

另外,单击"页眉和页脚"工具栏上的"插入自动图文集"按钮,可以选择插入预设的页码显示样式"第 X 页共 Y 页",无需自己插入页码和页数,使用方便。

(3) 两种使用方法的区别

如果使用"插入"菜单上的"页码"命令插入页码,Word 将页码置于图文框中,该图文框可放置在页面上的任何位置。只需单击"视图"菜单中的"页眉和页脚"命令,选定页码周围的图文框,然后单击图文框内部。将鼠标移动到图文框的边框之上,指针会变成四向箭头,单击鼠标,就会看到该图文框的尺寸控点(尺寸控点:出现在选定对象各角和各边上的小圆点或小方点,拖动这些控点以更改对象的大小),随后可将图文框和页码拖到新位置。通过"插入"→"页码"命令插入的页码,即使将页码移到页眉和页脚区域外,页码仍是页眉或页脚的一部分。如果要编辑或设置页码格式,则需要单击"视图"菜单上的"页眉和页脚"。

如果通过单击"页眉和页脚"工具栏上的"插入页码"命令插入页码,Word 会将页码作为页眉或页脚中的一部分文本插入。页码不包含在图文框中,且无法移动到页眉、页脚外。

2. 页码格式设置

单击"页眉和页脚"工具栏→"页码格式"按钮,或单击"插入"菜单→"页码"→"格式"按钮,这两种方式均可设置页码格式,如图 1-22 所示。

在"数字格式"下拉式列表框中显示了多种页码格式供选择,如阿拉伯数字、小写字母、大写字母、小写罗马数字、大写罗马数字、中文数字等,从中选择需要的页码格式即可。

用户可创建包含章节号的页码,例如:6-18,9-62 等分别表示第 6 章、第 9 章的页码。该类型页码格式的创建是依据章节标题样式创建的,可选择"章节起始样式"以及分隔字符、点号、冒号。

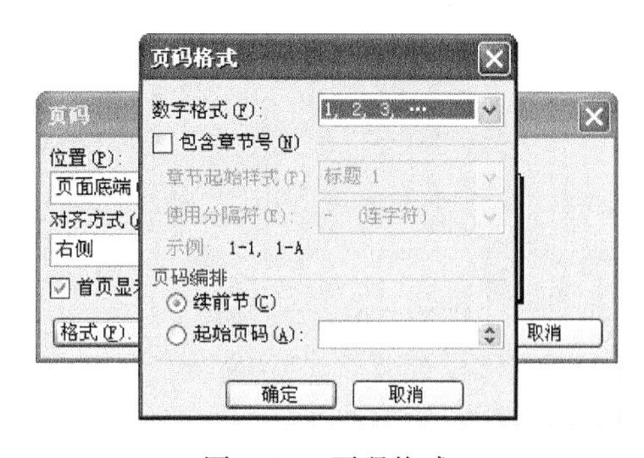

图 1-22　页码格式

可根据所有节连续编排页码,即下一节按顺序接续前一节的页码。如果需要对某些章节的页码单独编排,就必须先对这些章节进行分节,然后在"页码编排"框中选取"起始页码"选项,并在输入框中键入首页的起始页码。

【例】 毕业设计论文中的多重页码设置。

假设论文分为封面、摘要、目录、正文、参考文献、致谢 6 部分,要求封面首页不显示页码,从摘要页开始至目录,以罗马字从Ⅰ开始连续显示页码,正文、参考文献、致谢这 3 部分以阿拉伯数字从1开始连续显示页码。全部页码页底居中显示。应当如何设置?

操作步骤如下。

步骤1:根据页码设置的需要将文档分为3节,封面为第1节,摘要、目录为第2节,正文、参考文献、致谢为第3节,分别在前一节末尾插入“下一页”分节符。

步骤2:将光标置于第2节的第1页。单击“插入”→“页码”命令,选择页眉和页脚的对齐方式为居中,勾选“首页显示页码”。注意,如果将封面和摘要、目录共用一节,此时可以选择首页不显示页码,但是该方式在设置罗马字页码时会出错。

步骤3:单击“格式”设置页码格式,选择数字格式为罗马字符(Ⅰ、Ⅱ、Ⅲ…)。如果不是规定选用罗马字符,文档只需设定两个节,将封面和摘要目录共用一节,在页码格式中选择阿拉伯数字,并设置起始页码为“0”即可。但是罗马字符中没有0,只能将首页单独作为一节。

步骤4:将光标置于第3节中,重新按照步骤2插入页码,在“页码格式”中选择数字格式为阿拉伯数字(1、2、3…),起始页码为1,单击确定,完成设置。

3. 分栏页面的页码设置

使用分栏命令可以将页面分为多栏,但如果使用分栏页面制作折页,无法分别在左右两侧添加页码,只能通过插入域代码的方式解决,比较复杂。关于域代码的相关内容详见1.3节。

如果需要制作双折页,最好的方法是选择使用在页面设置中介绍过的拼页功能(详见1.1.2节)。如果需要将一张A4纸作为折页,可以打开“页面设置”对话框,将纸型设为“横向”,并在“页码范围”“多页”下拉菜单中选择“拼页”,则Word会自动按照两张A5页面进行拼页。插入页码后,可以看到预览效果如图1-23所示。

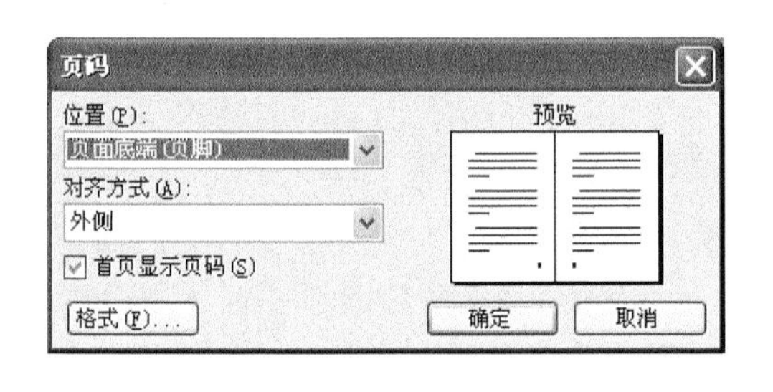

图1-23 以拼页方式制作折页

1.2 样式设置

所谓样式,就是系统或用户定义并保存的一系列排版格式,包括字体、段落和对齐方式、制表位和边距等。每种样式都有唯一确定的名称。通过样式进行调整,其影响将遍及整份文档内所有套用此种样式的文字。

一篇文档包括文字、图、表、脚注、题注、尾注、目录、书签、页眉、页脚等多种元素,其中可见的页面元素都应该以适当的样式加以驾驭和管理,无需逐一进行调整。样式不仅可规范全文格式,更与文档大纲逐级对应,可由此创建题注、页码的自动编号、文档目录、文档结构图、多级编号等。

样式可以轻松快捷地编排具有统一格式的段落,使文档格式严格保持统一。而且,样式便于修改,如果文档中多个段落使用了同一样式,只要修改样式,就可以修改文档中带有此样式的所有段落。

样式经常被应用于书稿和高校毕业设计论文的撰写中。在论文撰写规范中,除了对于版面设置、文档结构有要求,对文字、段落、列、表格等也有格式要求。例如,要求按规定设置摘要与关键词的格式，设置多级列表的格式以及目录的格式，创建文档的多级编号，创建目录和题注的自动编号，创建页码的编号等，这些都可以通过样式来解决。

本节重点介绍如下内容。

(1) 样式：样式的创建和使用，可规范全文的格式，便于文档内容的修改和更新。

(2) 注释：使用脚注、尾注和题注注释文档。

(3) 引用：基于样式的目录创建和基于题注的图表目录创建；为脚注、题注、编号项等创建交叉引用；书签在目录创建、索引生成和交叉引用中的定位作用。

(4)模板：文档和模板间的相互关系，创建模板和使用模板，在模板中管理样式。

相对 Word 初级应用而言，样式是 Word 高级应用中非常重要的环节，是文档结构化、规范化、自动化排版设置的基础。

1.2.1 样式

样式是指一组已命名的格式组合，或者说，样式是应用于文档中的文本、表格和列表的一套格式特征，每种样式都有唯一确定的名称。将修饰某一类段落的参数(包括字体、段落、边框、缩进等)组合，赋予一个特定的段落格式名称，就创建了一个针对段落的“样式”。当用户将一种样式应用于某段落或字符时，系统会快速完成段落或字符的格式编排。

例如，普通论文的一级标题，通常修饰为“二号、黑体、居中”格式。将该组参数组合后，通过样式为其命名为“论文标题 1”，于是“论文标题 1”就是一级标题的样式名。使用样式名称(如“论文标题 1”)修饰某一段落后，该段落将应用“二号、黑体、居中”格式。通过样式，可以简化对文档的修饰操作。

1. 样式类型

Word 2003 中的样式根据应用对象不同，可分为段落样式、字符样式、表格样式和列表样式。

- 段落样式控制段落外观的所有方面，如文本对齐、制表位、行间距和边框等，也可能包括字符格式。
- 字符样式影响段落内选定文字的外观，例如文字的字体、字号、加粗及倾斜格式。
- 表格样式可为表格的边框、阴影、对齐方式和字体提供一致的外观。
- 列表样式可为列表应用相似的对齐方式、编号或项目符号字符以及字体。

单击“格式”菜单的“样式和格式”命令，会在窗口右侧显示“样式和格式”任务窗格。单击“新样式”按钮，可以查看样式的 4 种类型，如图 1-24 所示。一般只显示段落样式和字符样式，使用键盘上的下移箭头，可以查看到表格样式和列表样式。

根据创建主体的不同，样式也可分为两种类型。一类是 Word 2003 为文档中许多部件的样式设置提供的标准样式，可称之为内建样式；另一类是用户根据文档需要自己设定的样式，可称为自定义样式。基本上，内建样式可满足大多数类型的文档，而自定义样式能够让文档样式更为个性化，符合文档实际需求。

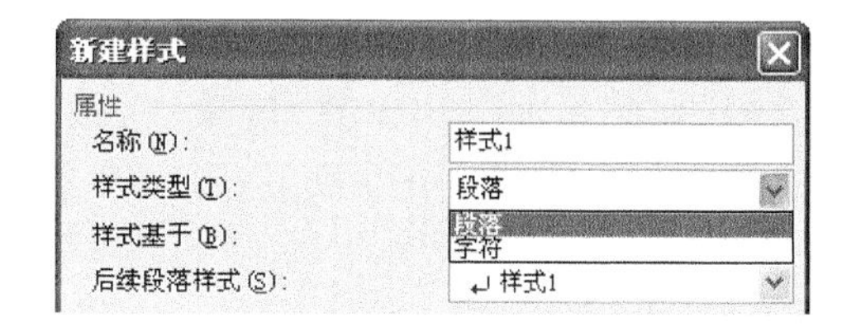

图 1-24　样式类型

在“样式和格式”任务窗格中，单击任务窗格底部的“显示”下拉菜单，选择“所有样式”，可以查看到一系列样式，其中包括自定义样式和内建样式。但是默认显示的所有样式中，其实并不包括全部的内建样式，如需要查看全部，可单击“显示”下拉列表中的“自定义”，在“格式设置”对话框中勾选需要显示的样式名称，如图 1-25 所示。

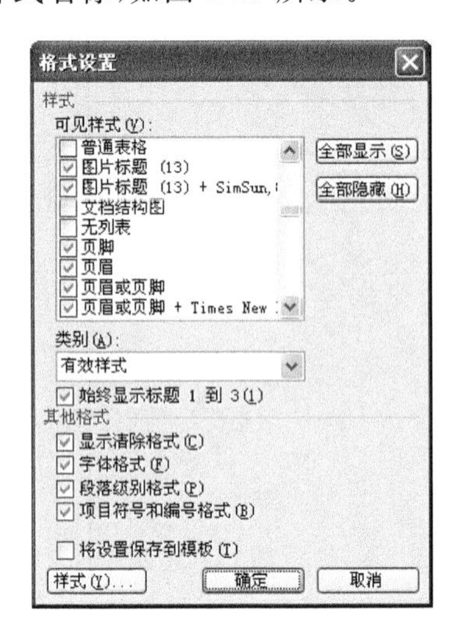

图 1-25　样式自定义“格式设置”对话框

若单击“显示”下拉列表中的“有效格式”，则可查看文档中的有效格式，包括使用中的样式和一些常用样式。Word 2003 在文档中用到一些特定的文档部件时会自动套用一些内建样式，例如目录样式、索引样式、页眉样式等。如用户选择插入题注时，Word 2003 会自动调用题注样式与之匹配。再如在制作目录时，Word 会自动抽取标题 1～3 样式的文字作为目录的内容，并按照目录样式设置目录 1～3。

一般而言，内建样式可以满足文档中大多的样式要求，只有小部分样式需要自己创建。例如，在一篇毕业论文中，总是习惯于在章标题上应用内建样式标题 1，随后逐级递减，在插入页眉和页脚、题注、脚注、尾注等部件后，Word 2003 会自动调用这些部件相对应的样式与之匹配。但如需要对论文的摘要和关键词、论文正文等设置特定样式，仍需用户自行创建。

2. 样式中的格式

样式包含着多种格式，无论是新建样式还是修改样式，实质上就是选择一组格式或修改一组格式。在“新建样式”或“修改样式”对话框中，都可以看到该对话框下方有一个“格式”按钮，可以在这两个对话框中选择格式组成新样式或是修改样式中的格式。

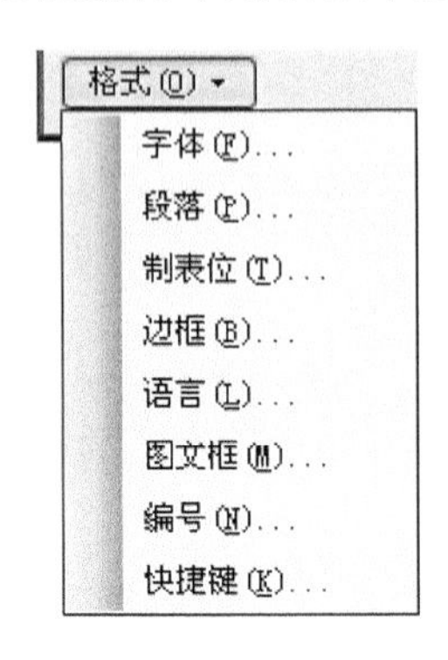

图 1-26　样式包含的格式

如图 1-26 所示，选择某段落样式，在“格式”按钮下拉列表中，可以查看并设置样式包含的格式。图 1-26 中的 7 类格式(暂不把快捷键设置归入格式设置，本节后部分会详细介绍样式快捷键)，在日常的格式化操作中都比较常用。在未接触样式前，基本都是使用 Word 菜单的下拉列表中的对应操作命令来编辑格式，其操作效果是基本等同的。

在这 7 种格式中，只有图文框的对应命令菜单中没有直接显示，需要通过文本框的转换才能在格式菜单中找到对应的操作命令。图文框常用于 Word 97 以前的版本，注释引用标记、批注标记或特定的域必须使用图文框，在页码章节使用插入命令插入页码后，页码也存放在图文框中。

图文框可由文本框转换而来。在插入“文本框”后(确保文本框不在绘图画布中)，选中文本框，在“格式”菜单的“文本框”对话框中选择“文本框”选项卡，单击“转换为图文框”按钮。此时选中图文框，“格式”菜单会出现“图文框”命令，即可设置图文框格式。

同样，图文框也可以转换为文本框。

在表格样式的“格式”列表中。还将出现两种格式，分别为表格属性和条纹。表格样式和字符样式中涉及的格式基本都包含在表 1-2 中。

表 1-2 段落样式中的格式

类别	格式参数	相当于命令
字体	可设置字体(如宋体)、字号、字形(加粗或倾斜)、下划线、效果(如删除线或下标)、颜色、字符间距、文字效果等	格式→字体
段落	段落缩进、段前间距或段后间距、段落行距、对齐方式(左对齐、右对齐、居中、两端对齐或分散对齐)、大纲级别、分页控制	格式→段落
语言	设置语言	工具→语言
制表位	段落内有效制表位的位置和类型	格式→制表位
边框	边框和背景底纹	格式→边框和底纹
图文框	文字的环绕方式、图文框尺寸以及水平垂直位置	格式→图文框
编号	自动显示用于列表中段落的项目符号或编号	格式→项目符号和编号

3. 显示格式

尽管 Word“所见即所得”的功能可以使用户在屏幕上看到字符、段落排版格式的结果，但有时仍然需要准确了解排版格式的详细内容。

选中某文字或段落，或将光标置于需显示格式的文字中，在“样式和格式”任务窗格中，可直接显示该字样，将光标置于显示区域中，会自动显示该文字或段落的全部格式。

若觉得这样显示的字样不够清晰，可以通过“显示格式”功能具体查看字符和段落排版格式。单击如图 1-27 所示“样式和格式”任务窗格中显示框的下拉菜单中的“显示格式”，或是执行“格式”菜单中的“显示格式”命令，都可查看“显示格式”任务窗格。在“显示格式”任务窗格中，可以清楚地看到选中文字的组成样式的多种格式。

“显示格式”任务菜单的主要功能如下。

(1) 显示所选文字。如果在文档中选定了若干文字，框中即显示该选中的文字。如果没有选定文字，框中则为插入点所在的词。在插入点两边的文字不构成词时，框中显示“示例文字”。

(2) “与其他选定内容比较”复选框可以将当前文字或段落的排版格式与其他被选定的文字或段落进行比较，列出排版格式上的差异。

(3) 在“所选文字的格式”框中，各项排版格式的名称都是带下划线的蓝色字符，如“字体”、“对齐方式”、“缩进”等，它们具有链接功能。用鼠标单击这些链接，可以打开设置相应格式的对话框，让用户在对话框中重新设置字符或段落的排版格式。

例如，要改变选定字符的字体，可以在“显示格式”任务窗格中单击“字体”链接，即可以打开“字体”对话框“字体”选项卡，在其中设置字体。

另外，还可以在“显示格式”任务窗格中比较两段文本的格式区别，其操作步骤是：首先选取若干文字或段落(显示在“所选文字”框中);然后选中“与其他选定内容比较”复选框;最后在文档中选取要与之比较排版格式的文字或段落(显示在“所选文字”第二个框中)即可。在“显示格式”任务窗格的下方就会出现“格式差异”框,里面会列出两处文字或段落排版格式上的差异。其中符号“→”左边为源文字或段落的排版格式,右边为后选取的文字或段落的排版格式。如图 1-28 所示。

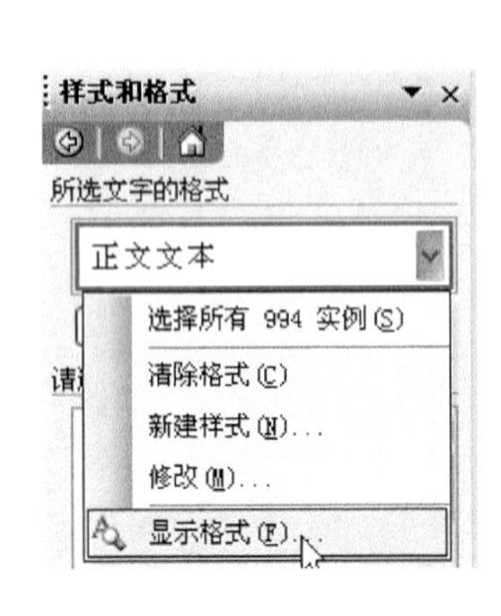

图 1-27 显示格式

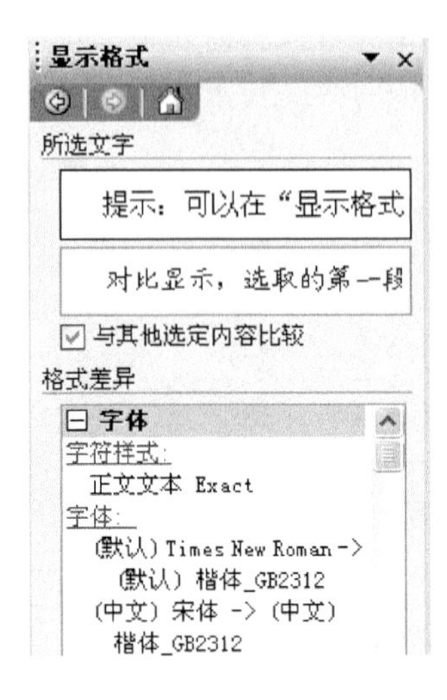

图 1-28 比较格式

4. 自定义样式

在长文档的撰写中,通过样式来管理格式能够简化文档的编写与修改,并且目录、页码、题注编号的生成也都基于样式,便于日后对文档内容进行查找和引用。

(1) 新建样式

在“样式和格式”任务窗格中,单击“新样式”按钮,打开“新建样式”对话框,如图 1-29 所示,然后输入样式名称,选择样式类型、样式基于,设置该样式的格式等,最后单击确定,完成设置。

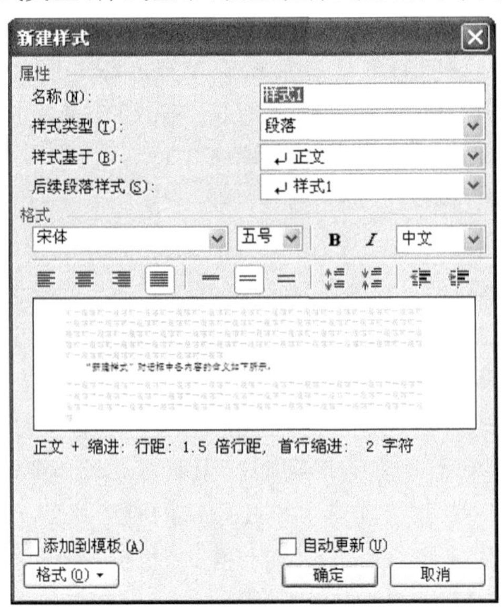

图 1-29 “新建样式”对话框

其中,“新建样式”对话框中各内容的含义如下所示:

① 名称。新样式的名称,名称可以包含空格,但必须区分大小写。

② 样式类型。按键盘上向下的箭头,可选择字符、段落、列表、表格4种样式类型。若选择的是“字符”项,则对话框中用于设置段落格式的属性将灰色显示,选择新建表格样式或列表样式,则该对话框明显不同。

③ 样式基于。Word将选定段落或插入点所在段落作为新样式的基准样式。若要以另一种样式作为新样式的基准样式,则单击下拉按钮,从“样式基于”下拉列表中进行选择。如果不需要基准样式,可以从下拉列表中选取“无样式”。

④ 后续段落样式。在“后续段落样式”下拉列表中,可选取使用新建样式设定的段落后,下一个新段落应用的样式。

⑤ 如果要将新建的样式添加到当前活动文档选用的模板中,从而使基于同样模板的文档都可以使用该样式,应选取“添加到模板”复选框,否则,新样式仅在当前的文档中存在。

⑥ 如果希望新建的样式在使用过程中修改以后,所有应用该样式的地方都自动更新成修改后的样式,则选取“自动更新”复选框。

另外,可以通过“修改”原有样式的方法,快速更改某一类段落的格式。修改法处理样式后,原样式名称不变,但其中的一组修饰参数不同。此方法在统一标题类样式的基础上,便于批量更改统一段落的格式。

【例】 通过修改现有样式新建样式。

设置目的:在毕业论文中,将Word默认的“标题4”样式“黑体、四号、加粗”,更改为毕业论文实际所需的“宋体、小四、加粗”格式,通过套用新的标题4样式格式化文本。

使用工具:“样式和格式”任务窗格。

操作步骤如下。

步骤1:在当前文档中,将鼠标光标定位在标题4所在的段落中。

步骤2:按照要求设置格式,将黑体改为宋体。

步骤3:将更新内容添加到原样式名(标题4)中。确认当前文档中使用“标题4”样式的文字;在“样式和格式”任务窗格上的“标题4”样式右侧单击下拉按钮,显示快捷菜单。

步骤4:在快捷菜单中单击“更新以匹配选择”命令。“样式和格式”任务窗格中新增样式名自动消失,更新内容添加到原样式名称中,此后可以将新的“标题4”应用于文档其他的段落。

(2) 创建样式快捷键

Word 2003给内建样式创建了部分样式快捷键,也允许用户使用<Ctrl>、<Alt>或功能键指定快捷键组合给自定义样式创建快捷键。

操作步骤如下。

步骤1:在“新建样式”对话框中,单击“格式”按钮,在出现的弹出菜单中,选择“快捷键”项,屏幕将显示“自定义键盘”对话框。

步骤2:在“命令”列表框中显示了要设置快捷键的样式。在“当前快捷键”框中显示了所选择样式的当前快捷键,若未设置快捷键,则此框为空。在“说明”区域中显示了该样式的格式说明。

步骤3:在“请按新快捷键”框中键入快捷键的组合键,如<Ctrl>+<O>,也可以直接在键盘上按下组合键<Ctrl>+<O>,该组合键即显示在“请按新快捷键”框中。

如果需要给一个已创建的样式指定快捷键，可以在“修改样式”对话框中操作。

注意：在默认情况下，Word 不显示自定义键盘快捷键，必须记住应用于样式的快捷键。如果使用的是可编程键盘，则不能指定＜Ctrl＞＋＜Alt＞＋＜F8＞，因为该组合键已被保留，用于初始化键盘编程。

(3) 应用样式

可使用“样式和格式”任务窗格或“格式”工具栏应用 Word 样式，以“格式”工具栏为例。

步骤 1：先选定要应用样式的文本。如果要应用段落样式，可将插入点放置于段落中任意位置，或选定段落中的任意部分；如果要应用字符样式，则选定要设置格式的文本。

步骤 2：单击“格式”工具栏中的“样式”下拉按钮，打开“样式”下拉列表，如图 1-30 所示。在基于默认模板基础上开始创建文档时，“格式”工具栏的“样式”框下拉列表中只有 5 个选项，清除格式、标题 1、标题 2、标题 3、正文。如果所需的样式没有显示在列表中，可按住＜Shift＞键再单击“样式”下拉按钮，则显示出更多的样式。

步骤 3：在“样式”下拉列表中选取要应用的样式名。

这样，各类型的样式可分别应用到字符、段落、表格或列表。若已设定样式的快捷键，可直接单击快捷键应用样式。

(4) 修改样式

要修改某一样式，可以在“样式和格式”任务窗格中选取该样式。例如，要修改样式标题 1，单击其右侧的下拉箭头，可以在出现的下拉菜单中看到文档中共有 6 处应用样式标题 1，如图 1-31 所示。

图 1-30 样式下拉列表

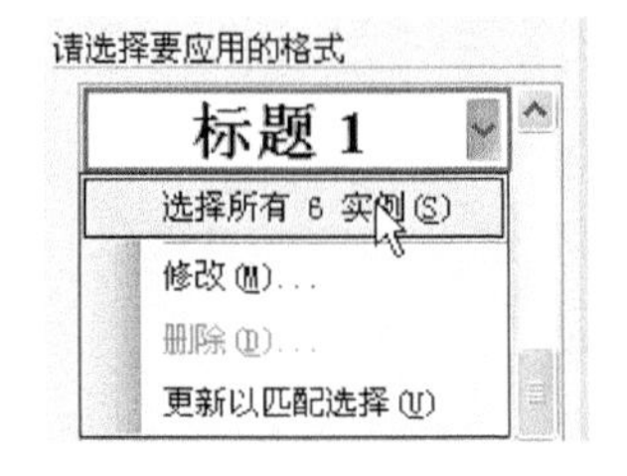

图 1-31 修改样式

选择已经应用的实例，并单击“修改”命令，将打开“修改样式”对话框。“修改样式”对话框中的各项设置与“新建样式”对话框基本相同，用户可以根据需要对样式进行修改。完成后，单击“确定”按钮关闭对话框，可完成对 6 处实例样式的批量化修改。

前面介绍的用修改法创建样式，应用的是“更新以匹配选择”的方式，也是一种修改样式的方法。

(5) 删除样式

当文档不再需要某个样式时，可以将该样式删除。文档中原先由删除的样式所格式化的段落改变为“正文”样式。只需在“样式和格式”任务窗格中，选择要删除的样式；单击其右侧的下拉箭头，从下拉菜单中选择“删除”命令；系统会显示信息，要求确认是否删除样式，单击“是”按钮可删除。

注意：Word 2003 提供的标准样式是不能删除的。

(6) 清除格式

在“样式和格式”任务窗格或“格式”工具栏中都默认设有“清除格式”按钮，“清除格式”不同于“删除样式”，可用以清除文档中的全部样式和格式，全部转换为正文样式。

了解一篇文档排版是否专业。可以通过查看“样式和格式”而知。如果使用中的格式清单冗长，必然是文档中应用了过多的格式而显得混乱。此时，可以通过清除格式，将文档内容中的格式全部清除，再根据样式重新排版，保证文档的美观。

清除格式一般是指清除正文内容的格式，如果需要清除页眉和页脚、脚注和尾注的格式，必须先进入其编辑状态，再选择清除格式，同样可将原有的全部样式转换为正文样式。

如果要清除页眉中的下划线，只需要进入页眉的编辑状态，在“格式”工具栏中选择清除格式即可。

1.2.2　文档注释与交叉引用

Word 2003 提供了脚注、尾注、题注等文档注释方式，用户可以轻易地为文章中的内容添加注解。通常在一篇论文或报告中，在首页文章标题下会看到作者的姓名单位，在姓名边上会有一个较小的编号或符号。该符号对应该页下边界或者全文末页处该作者的介绍；在文档中，一些不易了解含义的专有名词或缩写词边上也常会注有小数字或符号，且可在该页下边界或本章节结尾找到相对应的解释。这就是脚注和尾注的作用。

区别于脚注和尾注，题注主要针对文字、表格、图片和图形混合编排的大型文稿。题注设定在对象的上下两边，为对象添加带编号的注释说明，可保持编号在编辑过程中的相对连续性，以方便对该类对象的编辑操作。

一旦为文档内容添加了带有编号或符号项的注释内容，相关正文内容就需要设置引用说明，以保证注释与文字的对应关系，这一引用关系称为交叉引用。

1. 脚注和尾注

一般情况下，脚注作为文档中某些字符、专有名词或术语的注释，置于每页的底部；而尾注则置于文档的结尾，在毕业论文中常用于列出参考文献。脚注和尾注由两个关联部分组成：注释引用标记、与其对应的文字内容。标记可自动编号，还可以自定义标记。采用自动编号时，当增、删或移动脚注和尾注时，Word 2003 会自动将参照标记重新编号。

(1) 插入脚注和尾注

如需要插入脚注和尾注，可将插入点置于文档中希望脚注或尾注参照标记出现的位置，选择“插入”菜单→“引用”选项→“脚注和尾注”命令，弹出“脚注和尾注”对话框，如图 1-32 所示。然后根据对话框要求进行设置，设置可应用于本节或整篇文档。其中，脚注可设置在页面底端或文字下方，尾注可设置在文档结尾或节的结尾。若要自定义注释引用的标记，可以在“自定义标记”文本框中键入字符，作为注释引用的标记，最多可键入 10 个字符。还可以单击“符号”按钮，在出现的“符号”对话框中选择作为注释引用标记的符号。

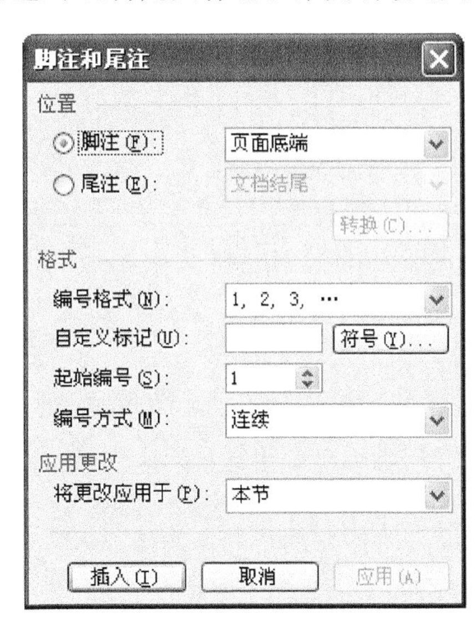

图 1-32　“脚注和尾注”对话框

与页码设置一样，脚注也支持节操作，可在“编号方式”下拉列表框中，选取编号的方式：连续、每节重新编号、每页重新编号。

设置完成后，Word 2003会在插入点所在位置插入参照标记，并在文档底部打开一个脚注或尾注窗口，用户可在其中键入注释文本。若在同一页面插入多个注释，插入的参照标记会自动按照对应文本在文档中的顺序编号。Word会自动为插入的脚注标记套用“脚注引用”样式。为脚注的说明文字套用“脚注文本”样式。若插入尾注，Word也会自动套用尾注样式。

在Word 2003中，双击文档正文或注释中的注释标记可在正文位置和注释中跳转。将鼠标指针指向文档中的注释标记，屏幕也可显示注释文本。

注意：如果鼠标光标指向注释标记时，屏幕上未显示注释文本，可选择“工具”菜单中的“选项”命令，在“选项”对话框中单击“视图”选项卡，并在“显示”区域中选取“屏幕提示”复选框，单击“确定”按钮。这样当鼠标指向注释标记时，就会显示注释文本的内容。

（2）编辑脚注和尾注

要移动、复制或删除脚注或尾注时，事实上所处理的是注释标记，而非注释窗口中的文字。其具体操作如下。

移动脚注或尾注：可以在选取脚注或尾注的注释标记后，将它拖至新位置。

删除脚注或尾注：可以在选取脚注或尾注的注释标记后，按<Delete>键将它删除。此时若使用自动编号的脚注或尾注，Word 2003会重新替换脚注或尾注编号。可使用查找替换功能，查找脚注或尾注标记并替换为空格，以此删除全文中的脚注或尾注。

复制脚注或尾注：可以在选取脚注或尾注的注释标记后，按住<Ctrl>键，再将它拖至新位置。Word 2003会在新的位置复制该脚注或尾注，并在文档中插入正确的注释编号，相对应的脚注或尾注文字也复制到适当位置。

【思考】 若希望以尾注的形式添加毕业论文的参考文献，有几个问题需要解决：

① 毕业论文一般要求文章结束前的参考文献编号以中括号表示，但Word 2003自动添加的注释标记无论在文档中或者在脚注、尾注中都以“上标”的形式体现。应该如何设置？

② 插入尾注之后，Word用一条短横线将文档正文与脚注和尾注分隔开，这条线称为注释分隔符。如果注释延续到下页，Word还会显示一条称为注释延续分隔符的长线。如何将这两条横线去除？

第1个问题的解决方法如下。

如果不希望尾注中注释标记表现为上标形式，可选中该标记，设置其文字格式，去掉字体对话框中“上标”选项前的勾，但这样操作只针对一个尾注引用编号。

也可应用修改样式的方式，直接修改“尾注引用”样式。查看“尾注引用”样式可知，该样式的格式即为“默认段落样式＋上标”。因此只需编辑该字符样式的格式，在“格式”下拉列表中选择“字体”，取消“上标”选项前的勾即可，这样设置即使新插入的尾注也会按照正常文字方式显示，不会显示为上标。

但“尾注引用”样式是字符样式，无法设置“编号”，无法以项目编号形式为其设置中括号，但可以直接在引用标记旁手工添加中括号。“尾注文本”样式是段落样式，可以设置项目编号，但不提倡删除尾注引用标记，因为该标记正如前文所述，在脚注、尾注的编辑中起到很大作用。

第2个问题的解决方案如下。

步骤1：切换至普通视图。

步骤2：单击“视图”菜单中的“脚注”命令。如果文档同时包含脚注和尾注，则会显示一则信息，请单击“查看脚注区”或“查看尾注区”，然后单击“确定”按钮。

步骤 3：在屏幕下方显示注释窗格。单击下拉菜单，可选择编辑所有尾注、尾注分隔符、尾注延续分隔符或尾注延续标记。若要删除分隔符，请按＜Delete＞键。若要编辑分隔符，请插入“剪贴画”分隔线或键入文本。

注意：在该编辑窗格中无法同时显示注释文本和分隔符。若要查看脚注和尾注的实际显示效果，请切换回页面视图。

2. 题注

在 Word 2003 中，可为表格、图片或图形、公式或方程式以及其他选定项目加上自动编号的题注，“题注”由标签及编号组成。用户可以选择 Word 2003 提供的一些标签的项目编号的方式，也可以自己创建标签项目，并在标签及编号之后加入说明文字。

(1) 创建题注

选定要添加题注的项目，如图形、表格、公式等，或将插入点定位于要插入题注的位置，选择“插入”菜单→“引用”选项→“题注”命令，将出现“题注”对话框，如图 1-33 所示。其中题注框中的文字“图表 1”，图表为标签名，1 为自动编号。可在标签编号后输入需要说明的文本。

可在“标签”下拉列表中选取所选项目的标签名称，默认的标签有：表格、公式、图表。在“位置”下拉列表框中，可选择题注的位置：所选项目下方、所选项目上方。一般论文中，图片和图形的题注标注在其下方，表格的题注在其上方。若 Word 2003 自带的标签无法满足需要，可单击下方的新建标签按钮，自定义标签。在论文撰写中，一般需要新建“图”、“表”两个标签。

(2) 样式、多级编号与题注编号

为图形、表格、公式或其他项目添加题注时，可以根据需要设置编号的格式。单击如图 1-33所示的“编号”按钮，弹出“题注编号”对话框，如图 1-34 所示，然后进行设置，设置方式与页码格式中的编号方式相似。

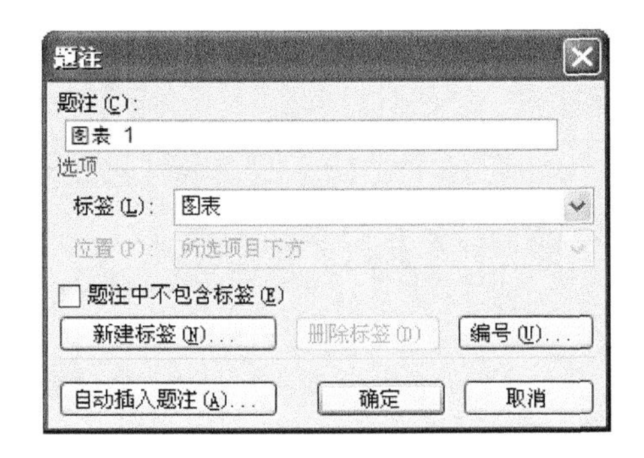

图 1-33　“题注”对话框

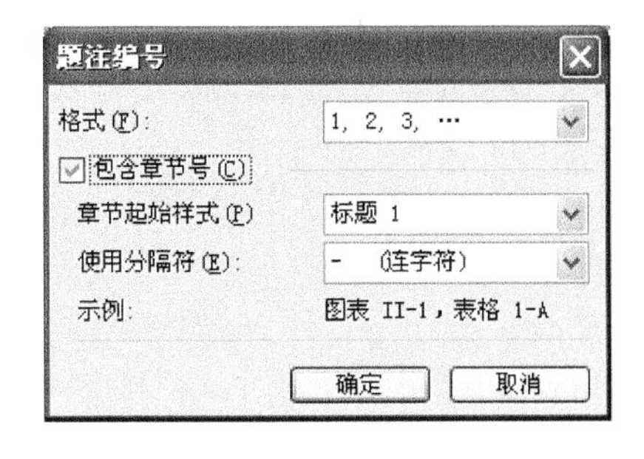

图 1-34　“题注编号”对话框

在“格式”下拉列表中选择一种编号的格式，如果希望编号中包含章节号，则选中“包含章节号”复选框，并设置“章节起始样式”，以及章节号与编号之间的“使用分隔符”，设置完毕，单击“确定”按钮，返回“题注”对话框。

注意：如果需要在编号中包含章节号，必须在文档的撰写过程中将每个章节起始处的标题设置为固定的标题样式，否则在添加题注编号时无法找到在“题注编号”对话框中设定的样式类型。此外，在标题样式中必须采用项目自动编号，即章节号必须为 Word 2003 的自动编号，Word 无法识别手动输入的章节号数字。如果不设置自动编号，将会出现出错提示，且添加的题注显示为“0～X”的编号，0 就表示无法识别的章节号。

事实上，题注设定只引用某一个级别的标题样式中的自动编号，因此即使只根据题注需要设置某个级别的自动编号亦可设置题注编号。但通过多级符号设置，文中的各个层级标题都设为自动编号的规范样式，编号项移动、删除等，系统将会自动更新，使用非常方便。

建议在论文编写的最初就预先设定标题样式中的项目符号和编号，而不是在需插入题注时才设定编号。

(3) 自动插入题注

在“题注”对话框中单击“自动插入题注”按钮，出现“自动插入题注”对话框，如图 1-35 所示。通过设置“自动插入题注”，当每一次在文档中插入某种项目或图形对象时，Word 2003 能自动加入含有标签及编号的题注。

在“插入时添加题注”列表中选取对象类别(可用的列表项目依所安装 OLE 应用软件而定)，然后通过“新建标签”按钮和“编号”按钮，分别决定所选项目的标签、位置和编号方式。

设置完成后，一旦在文档插入设定类别的对象时，Word 2003 会自动根据所设定的格式，为该图形对象加上题注。如要中止自动题注，可在“自动插入题注”对话框中清除不想自动设定题注的项目。

3. 交叉引用

交叉引用可以将文档插图、表格、公式等内容与相关正文的说明内容建立对应关系，既方便阅读，又为编辑操作提供自动更新手段。用户可以为编号项、标题(应用 Word 2003 提供的 9 种标题样式之一格式化的文本)、书签、脚注、尾注、表格、公式、图表等多种类型进行交叉引用。在创建对某一项目的交叉引用之前，用户必须先标记该项目，以便 Word 2003 将项目与其交叉引用链接起来。

单击“插入”菜单，选择“引用”→“交叉引用”，出现如图 1-36 所示的“交叉引用”对话框，进行设置。根据引用类型的不同，可引用的内容也有所区别。交叉引用仅可引用同一文档中的项目，若要在主控文档中交叉引用子文档中的项目，首先要将文档合并到主控文档。

图 1-35 “自动插入题注”对话框

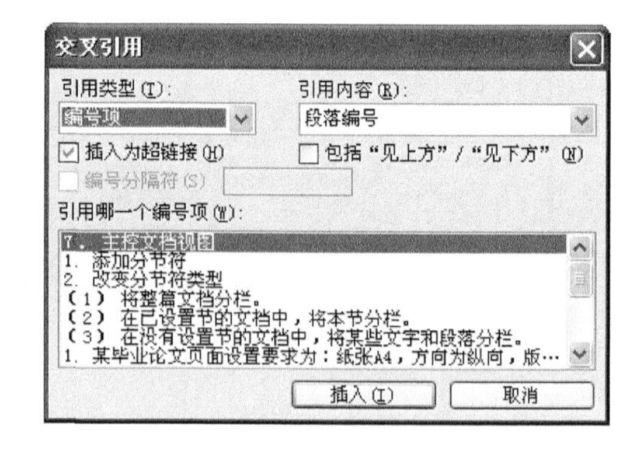

图 1-36 “交叉引用”对话框

4. 更新注释编号和交叉引用

如果对脚注和尾注进行了位置变更或删除等操作，Word 2003 会即时将变动的注释标记更新。而题注和交叉引用发生变更后却不会自动更新，需要用户要求“更新域”，Word 才会将其自动调整。其操作方法如下：

在该域上右击，然后在快捷键菜单中选择“更新域”命令，即可更新域中的自动编号。如果有多处域需要更新，可以选取整篇文档，然后在文档中右击，在快捷菜单中选择“更新域”命令，即可更新全篇文档中所有的域。采用快捷键更新全文的域更为方便，全选的快捷键是＜Ctrl＞+＜A＞，更新域的快捷键是＜F9＞，只需要在文档修改完成后，使用这两个快捷键即可更新域。

在题注中更新域主要是针对自动编号的更新，如果需要调整题注的标签，就无法实现。因此在文章最初设定题注标签时，请谨慎确定，否则在长文档中更改标签会是一个浩大的工程。交叉引用是对题注标签、编号、分隔符的整体引用，所以即便手动更新了题注标签，在交叉引用中仍然可以自动更新。

1.2.3　目录和索引

报告、书本、论文中一般总少不了目录和索引部分。目录和索引分别定位了文档中标题、关键词所在的页码，便于阅读和查找。在目录和索引的生成过程中，书签起到了很好的定位作用。

1. 目录

通常认为，目录就是文档中各级标题以及页码的列表，通常放在文章之前。Word 2003可以手动或是自动创建目录，单击目录可以跳转到所指向的位置。Word目录分为文档目录、图目录、表格目录等多种类型。

(1) 创建目录

创建目录有多种方式，使用制表位可以手工创建静态目录，操作方便，但一旦页码发生变更就无法自动更新。也可以使用标题样式、大纲级别等方法自动生成目录，该方法基于样式设置和大纲级别，因此要求前期在文档中预先设定，创建的目录可自动更新目录页码和结构，便于维护，对于毕业论文类的长文档尤为方便。

• 方法一：通过制表位创建静态目录。

制表位主要用于定位文字。一般按一次＜TAB＞键就右移一个制表位，按一次＜Backspace＞键左移一个制表位。打开“格式”菜单，选择“制表位”命令，出现“制表位”对话框，如图1-37所示，可根据实际需要设置制表位。

例如要创建论文目录，可根据目录中章节序号、章节标题、页码三部分内容的位置，分别设置其制表位位置(直接输入字符数)和对齐方式、前导符内容。设置后，可在Word页面上方的标尺上看到显示的三个制表位。随后，就可按＜Tab＞键输入相关内容。

不同对齐方式的制表位在标尺上显示的标志不同。以制表位为对齐位置，表示左对齐输入文本，表示居中对齐输入文本，表示右对齐输入文本，表示输入数字的小数点与制表位对齐，表示在制表位处生成一条贯穿段落的竖线。

熟悉了制表位的插入方法，可无需通过“制表位”对话框创建，通过单击改变标尺左侧的制表符标

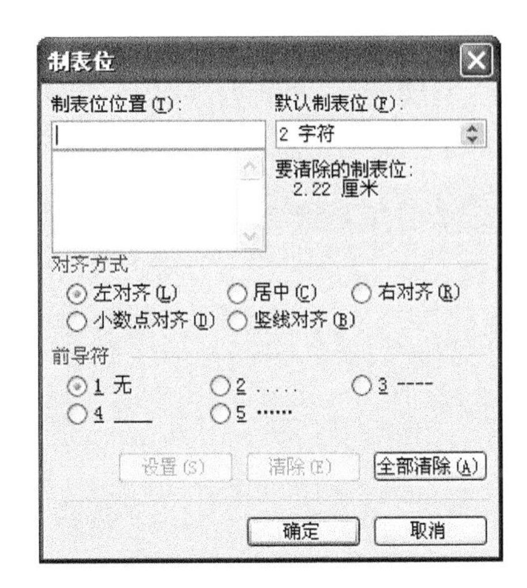

图1-37　“制表位”对话框

志，然后直接在标尺上单击也可在相应位置上插入制表符。

通过制表位创建的目录具有明显的缺点，就是目录为静态，更新维护不便。下文中介绍的几种都是动态目录的创建方法，可通过样式或大纲级别创建。

• 方法二：通过标题样式创建目录。

单击"插入"菜单，选择"引用"→"索引和目录"命令，切换到"目录"选项卡，如图 1-38 所示。

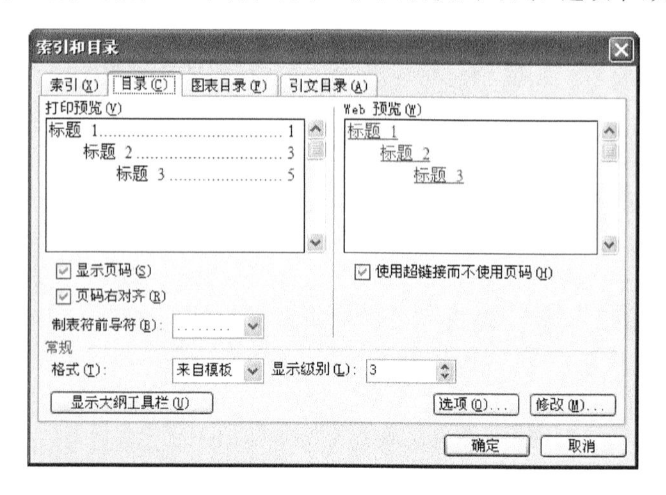

图 1-38 "目录"选项卡

打印预览框中显示，Word 2003 默认将套用内建样式标题 1、标题 2、标题 3 的文本，按照预览中显示的模式生成目录。Web 预览表示目录在 Web 浏览器中的显示效果，一般在网页中使用超链接而不使用页码。

根据应用需要，勾选"显示页码"以及"页码右对齐"两个复选框，并选择前导符样式和目录的格式以及目录中显示标题的级别(可以是 1～9 级)。

若一篇论文中设置了标题样式 1～4，希望设置 4 层的目录，可将"显示级别"改为 4，在打印预览框中将会出现从标题 1～4 逐层缩进的预览显示。

• 方法三：通过大纲级别及其他样式创建目录。

在 1.1.1 节视图方式部分曾经提到，文档结构图的结构都是依据大纲级别显示，标题样式与大纲级别默认逐级对应，故此可通过标题样式套用生成文档结构图。同样，目录生成也是依据相同的原理，可根据标题样式生成目录，亦可通过大纲级别生成。

在"索引和目录"对话框的"目录"选项卡中，单击"选项"按钮，出现如图 1-39 所示的"目录选项"对话框，可查看到目录默认建自标题 1～3，且目录级别分别对应为 1～3 级。若希望增加目录的层数，可根据实际情况设置标题 4～9 的目录级别，其效果与"目录"选项卡的"显示级别"相同。

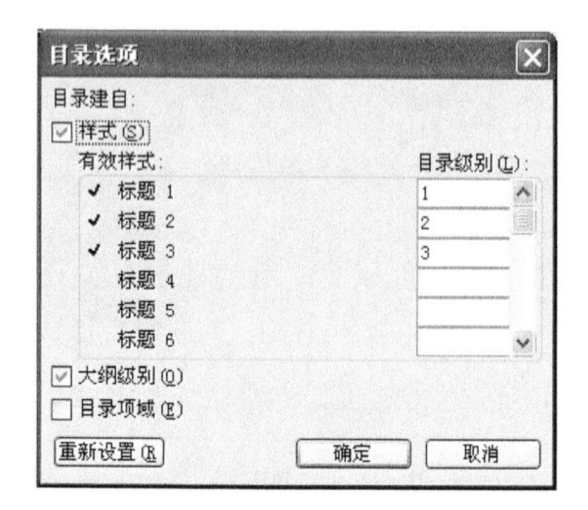

图 1-39 "目录选项"对话框

同时，Word 2003 默认目录也可建自大纲级别，即一段文本若未设置标题样式，但设置了大纲级别，亦可生成目录。

将目录级别右侧的滚动条向下拉动。将显示文档中其他使用中的样式，包括内建样式及自定义样式，同样可为样式设置目录级别，在目录中显示。

【例】 在一篇毕业论文中，如果正文中的各章节都已经根据需要设置为标题 1、标题 2，目录要求将摘要与标题 1 同样作为目录第一级别显示，而摘要在文中的样式为“摘要和关键词”，无法将其套用为标题 1 样式，应该如何处理？

第一步：通过为摘要设置大纲级别的方式创建目录。

在“索引和目录”对话框的“目录”选项卡中，单击“显示大纲”工具栏，或者在“视图”菜单上的“工具栏”中选择显示“大纲”工具栏。将光标置于“摘要”部分，在“大纲”工具栏中将“大纲级别”设置为 1 级。更新目录后，删除不需要的摘要文字即可。

注意：目录生成时会将大纲级别所在的整段文字（直至换行符）引用到目录中，可在目录中将文字删除。

第二步：通过为摘要和关键词样式设置目录级别创建目录。

在“目录选项”对话框中（注意不是“索引和目录”选项卡），下拉目录级别的滚动条，在有效样式列表中找到“摘要和关键词”样式，将该样式的目录级别设为 1，即可在目录中显示该样式。

注意：需要添加到目录中的样式必须是段落类型的样式，字符、表格、列表类的样式无法添加。

- 方法四：通过目录项域创建目录。

如图 1-39 所示，在“目录”选项的下方还有目录项域复选框，表明目录可建自目录项域。

目录项，就是可被引用创建为目录的文字。在通过标题样式创建模式时，就是将这些文字设为标题样式，Word 在自动创建目录时查找文中的标题样式，并将其引用到目录中。目录项也是一个创建目录时的标识，目录项本身是一个域。

创建方法：首先需标识文中的目录项，选中需要创建目录的文字，按下＜Alt＞＋＜Shift＞＋＜O＞组合键，弹出“标记目录项”对话框，如图 1-40 所示。其中有 3 个选项，目录项、目录项标识符和级别。为目录项选择相应的级别，然后单击“标记”按钮即可。此时在文字旁边会出现带隐藏符号的标记符（不会打印出来），用同样的方法再依次标记其他文字，完成后关闭“标记目录项”对话框。

图 1-40　标记目录项

随后与一般目录的创建方式一样，在“索引和目录”对话框的“目录”选项卡中可自动生成目录，但前提是必须在目录的“选项”对话框中，勾选了目录建自“目录项域”。

利用标记目录项来插入目录的优点在于，一篇文档可设置多个目录（只需将目录项标识符设置为不同），无需为文字设置样式。但由于标题样式在文档中使用非常广泛，通过标题样式创建目录仍为最快捷的方式，可以用大纲级别、其他样式和目录项域作为补充。

(2) 创建图表目录

图表目录是指文档中的插图或表格之类的目录。对于包含有大量插图或表格的书籍、论文，附加上一个插图或表格目录，会给用户带来很大的方便。图表目录的创建主要依据文中为图片或表格添加的题注。

在“索引和目录”对话框中，切换到“图表目录”选项卡，可以创建图表目录，如图 1-41 所示。该选项卡与“目录”选项卡比较相似，主要区别在于选项卡右下角的题注标签下拉列表。在题注标签列表中包括了 Word 2003 自带的标签以及自己新建的标签，可根据不同标签创建不同的图表目录。若选择标签为“图”，则可创建图目录。在右边勾选“包括标签和编号”复选框，则可生成类似于文章目录的图目录。

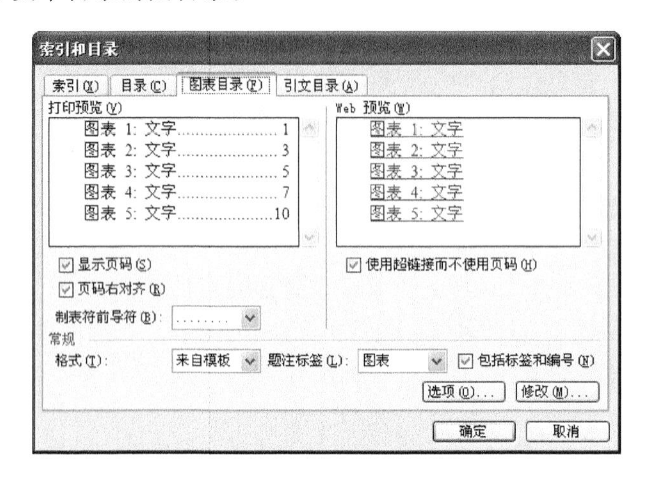

图 1-41 “图表目录”选项卡

图目录也可以通过其他样式生成。但与一般目录不同，图目录的生成无需涉及大纲级别。可以单击“图表目录”选项卡，单击“选项”，根据自选样式创建图目录，其设置方法与一般目录相同。

(3) 修改与更新目录

在目录和图表目录选项卡的右侧都设有修改按钮，可以通过修改目录改变目录的格式，使之满足个性化修饰的要求。

以修改一般目录为例，单击修改，打开如图 1-42 的“样式”对话框，修改目录即为改变目录的样式。Word 2003 提供了 9 个内建目录样式可供自由选择，如果这 9 个目录样式无法满足用户需要，可再单击“样式”对话框右下侧的“修改”按钮，修改目录样式。

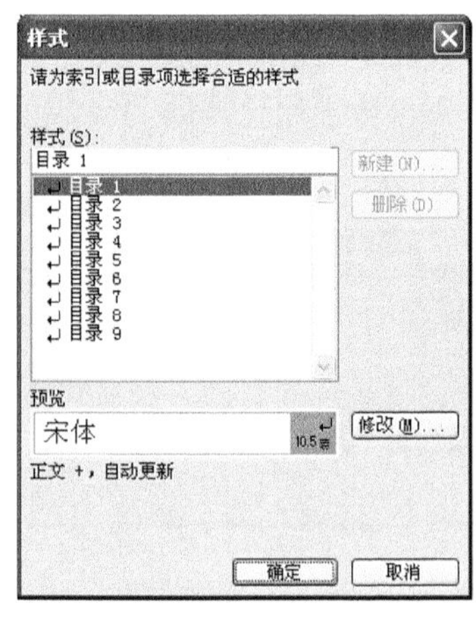

图 1-42 修改样式

同样，图表目录的修改也是通过修改图表目录样式实现的，但 Word 2003 只提供了一种图表目录样式，可直接根据需要对图表样式进行个性化修改。

当一篇长文档进行修改后，不仅目录中的页号会发生变化，结构上也可能存在变化，插入的目录需要更新。自动生成的目录带有灰色的域底纹，与题注、交叉引用一样，目录可以用更新域的方式来更新。在目录域{TOC}上右击、选择“更新域”命令，或将光标置于目录中，按快捷键<F9>，会显示“更新目录”对话框，可根据需要选择“只更新页码”或是“更新整个目录”。

如果目录出错经常表现为显示“错误！未定义书签。”字样。

(4) 删除目录

打开“大纲”工具栏，单击“转到目录”按钮。此时，目录中的所有标题都会被选中，按<Delete>键就可以将全部目录删除。

若要删除目录中的部分标题，只要把这些标题选中就可以按相同方法删除。

2．索引

索引可以列出一篇文章中重要关键词或主题的所在位置（页码），以便快速检索查询。索引常见于一些书籍和大型文档中。单击“插入”菜单，选择“引用”→“索引和目录”命令，选择索引选项卡，如图 1-43 所示。

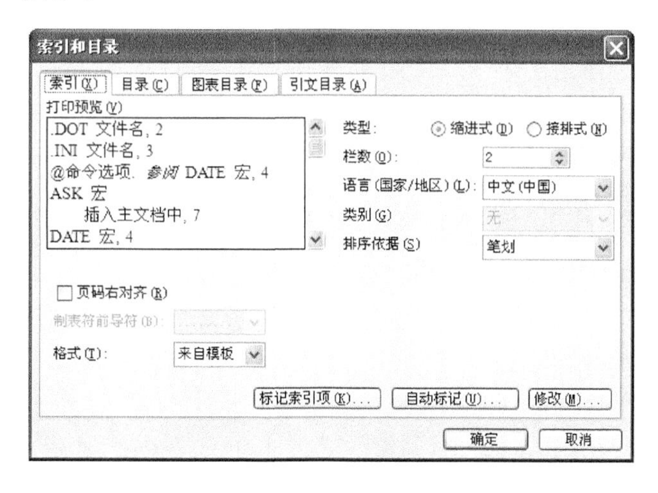

图 1-43　“索引”选项卡

与用标记目录项方式创建目录的原理一样，在创建索引前，必须对索引的关键词建立索引项，Word 2003 提供了标记索引项和自动索引两种方式建立索引项。索引项实质上是标记索引中特定文字的域代码，将文字标记为索引项时，Word 2003 将插入一个具有隐藏文字格式的域。

（1）标记索引项

采用标记索引项方式适用于添加少量索引项，单击“标记索引项”，打开如图 1-44 所示为“标记索引项”对话框。

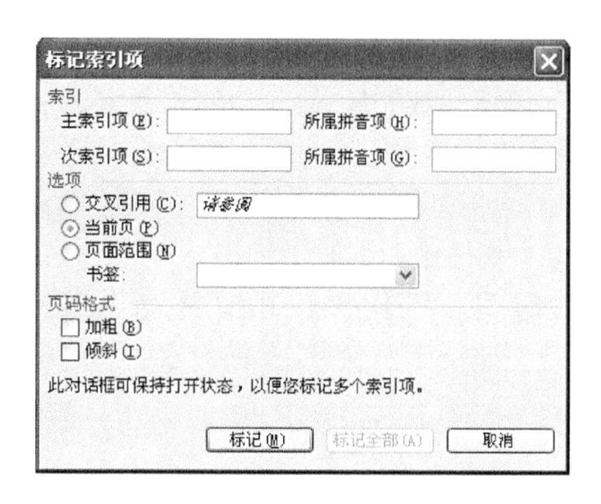

图 1-44　标记索引项

其中，主索引项内容的设置是要在进入“标记索引项”对话框前选取文档中要作为索引项的文字，或把插入点移至要输入索引项目的位置，在标记索引项中输入需索引的文字；次索引项内容可自行输入，若需加入第三层项目，可在“次索引项”框中的次索引项后输入冒号，再输入第三层项目文字。

若选取“交叉引用”选项，在其后的文本框中输入文本，就可以创建交叉引用；若选取“当前页”选项，可以列出索引项的当前页码；若选取“页面范围”选项，Word 会显示一段页码范围。如果一个索引项有几页长，必须先选取该文本，再选择“插入”菜单中“书签”命令，将索引项定义为书签。通过“页码格式”区中的“加粗”或“倾斜”复选框，可将索引页码设定为粗体或斜体。

单击“标记”按钮，可完成某个索引项目的标记。单击“标记全部”按钮，则文档中每次出现此文字时都会被标记。标记完成后，若需标记第二个索引项，请不要关闭“标记索引项”对话框框。在对话框外单击鼠标,进入页面编辑状态,查找并选择第二个需要标记的关键词,直至全部索引项标记完成。

标记索引项后,Word 2003 会在标记的文字旁插入一个{XE}域,若无法查看域,可单击“常用”工具栏上的显示/隐藏编辑标记,该域同样不会被打印出来。

虽然 Word 允许用户制作多达 9 层的索引,不过 2~3 层的索引最为实用。

(2) 自动索引

如果有大量关键词需创建索引,采用标记索引项命令逐一标记显得烦琐。Word 2003 允许将所有索引项存放在一张双列的表格中,再由自动索引命令导入,实现批量化索引项标记,这个含表格的 Word 文档被称为索引自动标记文件。单击“索引”选项卡上的“自动标记”按钮,即可弹出“打开索引自动标记文件”对话框进行操作。

在创建索引自动标记文件时,双列表格的第一列中键入要搜索并标记为索引项的文字,第二列中键入第一列中文字的索引项。如果要创建次索引项,请在主索引项后键入冒号再输入次索引项。Word 搜索整篇文档以找到和索引文件第一列中的文本精确匹配的位置,并使用第二列中的文本作为索引项。如果需要第三层索引,则依照主索引项,次索引项,第三层索引方式编写。

(3) 创建索引

手动或自动标记索引项后,就可以创建索引。将插入点移到要插入索引的位置。在“索引和目录”对话框的“索引”选项卡中设置,完成后单击确定,插入点后会插入一个{INDEX}域,即为索引。

如图 1-43 所示,在索引选项卡中,选取“缩进式”,次索引项相对主索引项以缩进方式排列。如果选取了“缩进式”类型,还可以选取“页码右对齐”复选框,使页码右对齐排列。选取“接排式”,次索引项与主索引项排列在同一行,必要时文字会自动换行;在“栏数”选项框中设置栏数,将生成的索引按多栏方式排放;排序依据可选择中文笔画或拼音方式。

修改索引即可修改索引的样式,与修改目录相似,Word 2003 也提供了 9 个内建索引样式可供自由选择。如果这 9 个索引样式无法满足需要,可再单击样式对话框右下侧的修改按钮,修改索引样式。

如果增加或删除了索引项,需更新索引,可以将光标置于原索引中,右键选择更新域,或者再次打开“索引和目录”对话框中的“索引”选项卡创建索引,出现“是否替换所选索引”对话框。单击确定,则原索引被更新;单击取消,则会建立一份新的索引。

(4) 删除索引

如果看不到索引域,单击“常用”工具栏上的“显示/隐藏编辑标记”按钮。

选中整个索引项域,即标记索引中特定文字的域代码 XE(索引项),包括括号{},然后按<Delete>键。

3. 书签

书签,是为了便于查找而在书中安插的一个实体标志。Word 2003 中的书签是一个虚拟标记,是为了便于以后引用而标识和命名的位置或文本。例如,可以使用书签来标识需要日后修订的文本,不必在文档中上下滚动来寻找该文本。

(1) 标记/显示书签

要在文中插入书签,首先选定需插入书签的文本,或者单击要插入书签的位置。打开“插入”菜单中的“书签”对话框,如图 1-45 所示,在“书签名”文本框中,键入或选择书签名,单击“添加”按钮即可。

注意:书签名必须以字母或者汉字开头,首字不能为数字,不能有空格,可以有下划线字符来分隔文字。

书签在文中默认不显示,可单击“工具”菜单,在“选项”对话框的“视图”选项卡选中“书签”复选框,要求显示书签。如果已经为一项内容指定了书签,该书签会以括号[ ]的形式出现(括号仅显示在屏幕上,不会打印出来)。如果是为一个位置指定的书签,则该书签会显示为 I 形标记。

(2) 定位到书签

在“书签”对话框中,选取“隐藏书签”复选框可显示包括隐藏书签在内的全部书签,然后在列表中选中所需书签的名称,单击定位,即可定位到文中书签的位置,非常方便。

图 1-45 “书签”对话框

(3) 书签和引用

可以通过引用书签的位置创建交叉引用。单击“插入”菜单中的“引用”命令,打开“交叉引用”对话框,将“引用类型”选择为“书签”,“引用内容”设为“书签文字”,则可以在文中指定位置与书签位置之间实现交叉引用。在“交叉引用”对话框中,若不勾选“插入为超链接”,则单击书签文字后无法链接跳转到书签插入的位置,如图 1-46 所示。

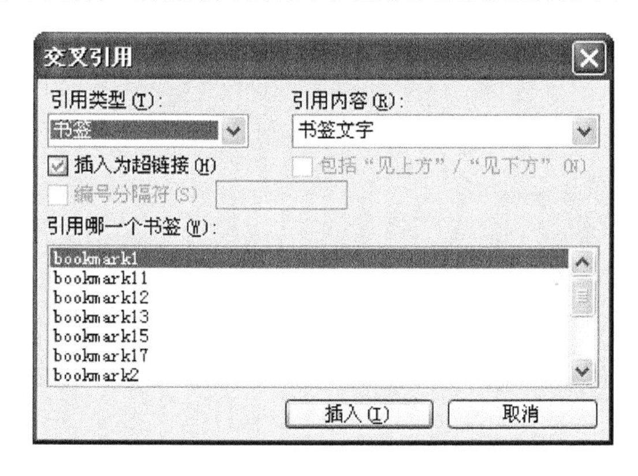

图 1-46 交叉引用到书签

事实上,书签在 Word 引用部分起的作用非常强大。比如,我们在使用交叉引用命令为题注创建交叉引用时,Word 会自动给创建的题注添加书签,并通过书签的定位作用,使用超链接链接书签所在的题注位置。这一系列的动作,都是通过域代码实现的。不仅是题注,引用到脚注和尾注、引用到编号项等都是按照交叉引用到书签的模式,创建超链接而成。

在前面目录一节中曾经提到,当文档自动生成目录后,若文中标题项发生了改变,目录中可能会显示出“错误！未定义书签。”字样,其原因正是缺失了用以定位目录项的书签。超链接到书签时未查找到书签,所以显示出错标记为“未定义书签”。同样,在索引一节中,也曾经提到将书签用于定位一个长索引项的位置,若该书签缺失,同样无法建立索引。

小技巧:

在一个目录中,若不希望单击超链接跳转到相应文字,可以全选整个文档的目录,然后按<Ctrl>+<6>快捷键,可取消所选文本的超链接功能。

利用书签和超链接的组合功能,可以手工创建具有超链接功能的目录。只需在文中给每个标题项插入书签,并给通过制表位创建的目录的每个标题创建页内超链接,链接到书签,就可以手工完成目录的创建。

1.2.4 模板

一般而言，凡是可以通过填空方式制作的文稿，都可称为“模板”。在 Word 2003 中，模板是一个预设固定格式的文档，模板的作用是保证同一类文体风格的整体一致性。使用模板能够在生成新文档时就包含某些特定元素，根据实际需要建立个性化的新文档，避免每次从头开始设定纸张大小、页边距、字体、页眉和页脚等，可以省时、方便、快捷地建立用户所需要的具有一定专业水平的文档。

模板中一般包含以下元素：

- 每个文档中的文字和图形，例如，页眉和页脚、插入日期、时间和文件名、占位符、徽标等。
- 使用“文件”菜单中的“页面设置”命令，设置页边距和其他页面设置选项。
- 样式。
- 宏项目项。
- 保存为自动图文集词条的文字和图形。
- 自定义工具栏、菜单和快捷键。

1. 文档与模板

在 Word 中，任何文档都衍生于模板，即使是在空白文档中修改并建立的新文档，也是衍生于 Normal 模板。

在“文件”菜单上单击“新建”或者是单击“常用”工具栏上的新建空白文档按钮，会自动生成一个空白文档。这个文档就是依据模板 Normal. dot 生成的，也继承了共用的 Normal 模板默认的页面设置、格式和内建样式设置。Word 文档基本上都是基于 Normal. dot 生成的，即使将新建文件另存为一个新模板，该模板也同样基于 Normal. dot，故可将 Normal. dot 称为模板的模板。

正是因为文档中存在着如下的三层关系：Normal. dot→文档基于的模板→文档，用户在调整样式、自动图文、工具栏或宏时，可以选择将变更保存在当前文档、当前文档的模板或者是 Normal 模板三个位置，而且不同的存储位置有不同的影响范围。

- 如果选择 Normal 模板，则所做的改变对以后的所有文档都有效。
- 如果选择当前文档名，则所做的改变只对本文档有效。
- 如果选择当前文档基于的模板名，则所做的改变对以后建立的基于该模板的文档有效。

例如，在调整页面设置之后，可单击“页面设置”对话框下方的“默认”按钮，将更改写入 Normal. dot，改变默认设置。这样，每次新建文件时，都可以根据自定义页面设置生成新文件。还可以在“新建样式”对话框下方，选择“添加到模板”复选框，将新建的样式添加到当前活动文档选用的模板中，从而使基于同样模板的文档都可以使用该样式，否则，新样式仅在当前的文档中存在。

注意：建议不要将过多更新添加到 Normal 模板中，可以想像，在新文件的建立过程中，过于臃肿的 Normal. dot 会导致载入速度变慢，启动时间变长。可以删除 Normal 模板，Word 2003 会自动重新生成一份，只是原先对模板所做的更改都不会被保留。

2. 模板类型

当某种格式的文档经常被重复使用时，最有效的方法就是使用模板。Word 2003 所提供的模板文档一般可分为两类：一类是系统向导和模板，另一类为用户自定义模板。系统向导和模板包括信函、传真、公文、备忘录、报告等，默认安装在 C:\Program Files\Microsoft Office\Templates\2052 文件夹中，其扩展名是 wiz(向导)和 dot(模板)。

而用户自定义模板存放的位置会由于 Windows 版本的不同而不同。对于 Windows 2000/NT/XP 用户，自定义模板会放到 C:\Documents and Settings\Administrator\Application Data\Microsoft\Templates 文件夹下。

(1) 系统向导和模板

单击“文件”菜单中的“新建”命令，出现“新建文档”任务窗格，如图 1-47 所示。在“模板”区域中，可以看到 Word 2003 提供的 4 种获取模板的方式：到网上搜索、OfficeOnline 模板、本机上的模板、网站上的模板，这 4 种方式已经足以获取常用的专业性文档模板。

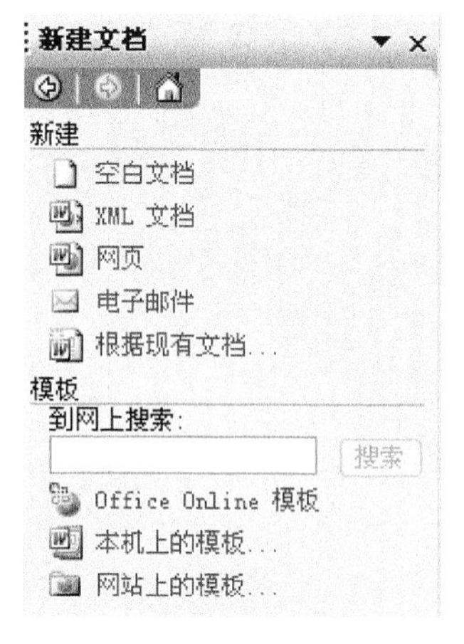

图 1-47 “新建文档”窗格

系统向导和模板可以在单击“本机上的模板”后显示的“模板”对话框中找到。若选择下载 OfficeOnline 中的模板，可在下载后将模板放入自定义模板所在的文件夹，以后就可按“本机上的模板”进行操作。

(2) 自定义模板

若 Word 2003 的系统模板无法满足实际需要，可自行创建一份模板，让其他用户依据模板进行规范化写作。例如，在毕业设计过程中，若希望数百份毕业论文都采用相同的格式要求撰写，最好的方法就是创建一份毕业论文模板，并以此撰写毕业论文。

若希望使用已有文档的内容、页面设置、样式与格式、宏、自动图文、工具栏、快捷键等设置，可以将其另存为模板。具体做法是：需选择“文件”菜单中的“另存为”命令，在“另存为”对话框的“保存类型”下拉列表中选择“文档模板”项，再指定好新模板的“文件名”和“保存位置”后，单击“保存”按钮即可。

在选择保存类型为模板后，Word 会默认将模板保存在自定义模板统一区域中，C:\Documents and Setings\Administrator\Application Data\Microsoft\Templates，便于在新建文件时选择。

若没有现有文档可参照，只能在空白文档中或者是利用 Word 系统模板创建模板。选择“文件”菜单中的“新建”命令，打开“新建文档”任务窗格，选择“本机上的模板”，切换到“常用”选项卡，然后修改系统模板创建模板或者是完全新建一个模板。

注意：存放在系统默认区域的模板就是系统模板，可修改后选择另存为模板，或者单击显示框中的空白文档，选择新建“模板”，直接新建空白模板，如图 1-48 所示。

3. 模板和加载项

有时使用一个模板创建文档并编辑一部分内容后，却发现另一个模板中的样式、宏、自动图文集更适合这个文档，为此，可以改变与现有文档模板的链接，应用新模板。但该设置只对当前文档有效。如果需要对 Word 中的全部文档都有效，可选择将模板添加为共用模板，这样在基于任何模板处理文档时都可使用宏、自动图文集词条以及自定义工具栏、菜单和快捷键设置等功能。默认情况下，Normal 模板就是共用模板。

在“工具”菜单的“模板和加载项”命令中，一般可以查看到当前默认文档模板是 Normal

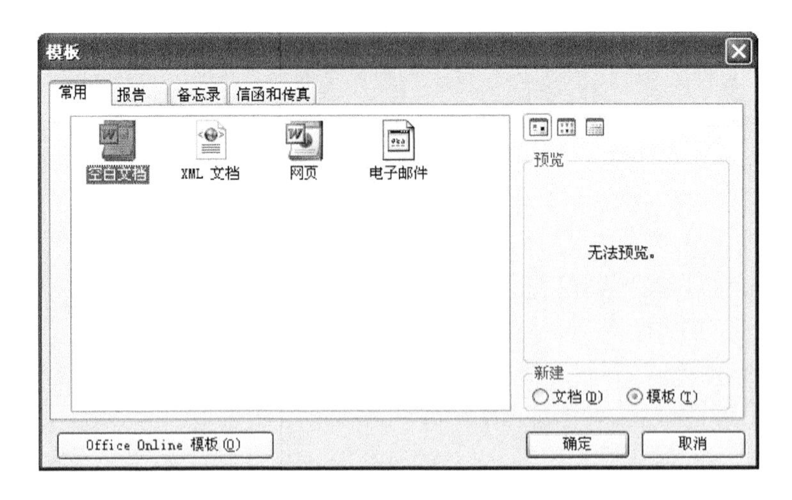

图 1-48 新建模板

模板。若 Normal 模板被修改,则直接影响新建空白文档后文档的样式。

"模板和加载项"对话框显示如图 1-49 所示。

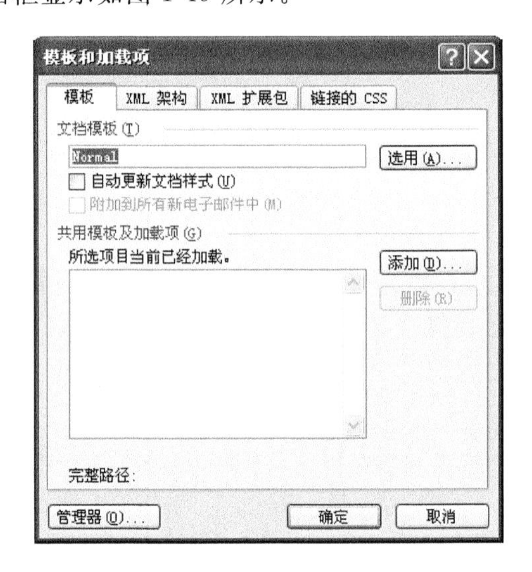

图 1-49 模板和加载项

- 单击"选用"按钮,可更新文档模板。更改后,可使用新模板的样式、宏、自动图文集,而不改变原有模板提供的文本和格式,页面设置也不受影响。
- 如果想用新模板的样式来更新文档,可选中"自动更新文档样式"复选框。
- 单击添加,可加载公共模板。装入模板后,保存在其中的项目在本次 Word 运行期间对任何文档都有效,但用这种方法装入的加载项和模板会在关闭 Word 时自动卸载。下次再启动 Word 时,如果还要使用,还得重复以上的步骤。如果在每次使用 Word 时,都要将某一模板加载为共用模板,可以将这个模板复制到 Word 的 STARTUP 文件夹中,这样 Word 启动时就会自动加载这个模板了。

注意:STARTUP 文件夹位于"工具"菜单中的"选项"对话框的"文件位置"选项卡,查看"启动"位置。

4. 管理模板

单击“模板和加载项”对话框下方的“管理器”按钮，可以打开“管理器”对话框。

在管理器的 4 个选项卡中，可以通过管理器来复制、删除或者重命名模板所包含的 4 部分重要内容：样式、自动图文集、工具栏以及宏方案项。如图 1-50 所示的管理器，可将第 1 章 Word 高级应用文档中的样式与 Normal 模板之间的样式相互复制。

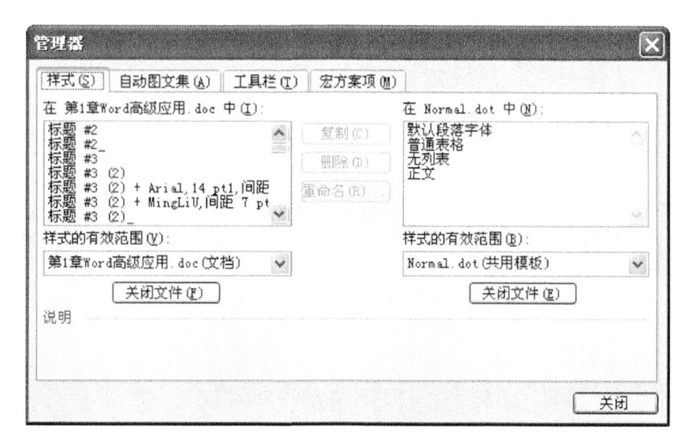

图 1-50　“管理器”对话框

1.3　域

域贯穿于 Word 许多有用的功能之中。在前面两节介绍的页码、目录、索引、题注、标签等内容中，域已伴随这些过程自动插入到文档中。由于域在 Word 中的广泛应用，全面而较为深入地了解域是十分必要的。在用 Word 处理文档时若能巧妙地应用域，会给我们的工作带来极大的方便。本节将进一步讨论域的概念、域操作和常用域的应用。

1.3.1　域的概念

在前面两节中，我们已经直接或间接地在运用域。例如，在文档中插入日期、页码和建立目录和索引过程中，域会自动插入文档，也许我们并没有意识到该过程涉及域。以在文档中插入“日期和时间”为例，如果选定了格式后单击“确定”，将按选定格式插入系统的当前日期和时间的文本，但不是域。如果在“日期和时间”对话框中选择了“自动更新”，再单击“确定”，如图 1-51 所示，则以选定格式插入了日期和时间域。虽然两种操作显示的结果相同，但是文本是不会再发生变化的，而域是可以更新的。单击日期时间域，可以看到域以灰色底纹突出显示。

那么，什么是域，域在文档中又起到什么作用呢？

Word 缔造者是这样描述域的：域是文档中可能发生变化的数据或邮件合并文档中套用信封、标签的占位符。可能发生变化的数据包括目录、索引、页码、打印日期、储存日期、编辑时间、作者、文件名、文件大小、总字符数、总行数、总页数等，在邮件合并文档中收信人单位、姓名、头衔等。

实际上我们可以这样理解域，域就像是一段程序代码，文档中显示的内容是域代码运行的结果。例如，在文档的页脚位置插入了页码后，文档会自动显示每页的页码。假设当前位置在

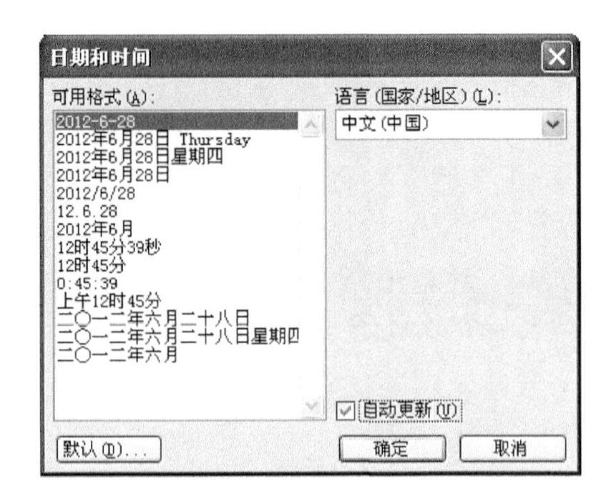

图 1-51 “日期和时间”对话框

文档第一页,可以看到页码显示为“1”,选中页码,页码是带有灰色底纹的 1,按下<Shift>+<F9>,页码显示为“{PAGE}”,再按下<Shift>+<F9>,页码又显示为 1。也就是说,在文档中插入的页码实际上是一个域,我们所看到的每页页码,是域代码“{PAGE}”的运行结果。<Shift>+<F9>是显示域代码和域结果的切换开关。

大多数域是可以更新的,当域的信息源发生了改变,可以更新域让它显示最新信息,这可以让文档变为动态的信息容器,而不是内容一直不变的静止文档。域可以被格式化。可以将字体、段落和其他格式应用于域结果,使它融合在文档中。域也可以被锁定,断开与信息源的链接并被转换为不会改变的永久内容,当然也可以解除域锁定。

通过域可以提高文档的智能性,在无须人工干预的条件下自动完成任务。例如,编排文档页码并统计总页数,按不同格式插入日期和时间并更新,通过链接与引用在活动文档中插入其他文档,自动编制目录、关键词索引、图表目录,实现邮件的自动合并与打印,为汉字加注拼音等。

1.3.2 域的构成

域代码一般由三部分组成:域名、域参数和域开关。域代码包含在一对花括号“{}”中,我们又将“{}”称为域特征字符。特别要说明的是,域特征字符不能直接输入,必须按下快捷键<Ctrl>+<F9>,或单击“插入”→“域”的操作自动建立。

域代码的通用格式为:{域名[域参数][域开关]},其中在方括号中的部分是可选的。域代码不区分英文大小写。

1. 域名

域名是域代码的关键字,必选项。域名表示了域代码的运行内容。Word 提供了 70 多个域名,此外的域名不能被 Word 识别,Word 会尝试将域名解释为书签。例如,域代码“{AUTHOR}”,AUTHOR 是域名,域结果是文档作者的姓名。

2. 域参数

域参数是对域名作的进一步的说明。

例如,域代码“{DOCPROPERTY Company\ * MERGEFORMAT}”,域名是 DOCPROPERTY,DocProperty 域的作用是插入指定的 26 项文档属性中的一项,必须通过参数指定。代码中的“Company”是DocProperty域的参数，指定文档属性中作者的单位。

3. 域开关

域开关通常可以让同一个域出现不同的域结果。域通常有一个或多个可选的开关，开关与开关之间使用空格进行分隔。

域开关和域参数的顺序有时是有关系的，但并不总是这样。一般开关对整个域的影响会优先于任何参数，影响具体参数的开关通常会立即出现在它们影响的参数后面。

三种类型的普通开关可用于许多不同的域并影响域的显示结果，它们分别是文本格式开关、数字格式开关和日期格式开关，这三种类型域开关使用的语法分别由“\ * ”、“\ # ”和“\@”开头。

一些开关还可以组合起来使用，开关和开关之间用空格进行分隔。

1.3.3 域的分类

Word 2003提供了9大类共73个域。

1. 编号

编号域用于在文档中插入不同类型的编号，在“编号”类别下共有10种不同域，如表1-3所示。

表1-3 “编号”类别

域名	说明
AutoNum	插入自动段落编号
AutoNumLgl	插入正规格式的自动段落编号
AutoNumOut	插入大纲格式的自动段落编号
BarCode	插入收信人邮政条码(美国邮政局使用的机器可读地址形式)
ListNum	在段落中的任意位置插入一组编号
Page	插入当前页码，经常用于页眉和页脚中创建页码
RevNum	插入文档的保存次数，该信息来自文档属性“统计”选项卡
Section	插入当前节的总页数
SectionPages	插入本节的编号
Seq	插入自动序列号，用于对文档中的章节、表格、图表和其他项目按顺序编号

2. 等式和公式

等式和公式域用于执行计算、操作字符、构建等式和显示符号，在“等式和公式”类别下共有4个域，如表1-4所示。

表1-4 “等式和公式”类别

域名	说明
=(Formula)	计算表达式结果
Advance	将一行内随后的文字的起点向上、下、左、右或指定的水平或垂直位置偏移，用于定位特殊效果的字符或模仿当前安装字体中没有的字符
Eq	创建科学公式
Symbol	插入特殊字符

3. 链接和引用

链接和引用域用于将外部文件与当前文档链接起来，或将当前文档的一部分与另一部分链接起来，在“链接和引用域”下共有 11 个域，如表 1-5 所示。

表 1-5 “链接和引用”类别

域名	说明
AutoText	插入指定的“自动图文集”词条
AutoTextList	为活动模板中的“自动图文集”词条创建下拉列表，列表会随着应用于“自动图文集”词条的样式而改变
Hyperlink	插入带有提示文字的超级链接，可以从此处跳转至其他位置
IncludePicture	通过文件插入图片
IncludeText	通过文件插入文字
Link	使用 OLE 插入文件的一部分
NoteRef	插入脚注或尾注编号，用于多次引用同一注释或交叉引用脚注或尾注
PageRef	插入包含指定书签的页码，作为交叉引用
Quote	插入文字类型的文本
Ref	插入用书签标记的文本
StyleRef	插入具有指定样式的文本

4. 日期和时间

在“日期和时间”类别下有 6 个域，如表 1-6 所示。

表 1-6 “日期和时间”类别

域名	说明
CreateDate	文档创建时间
Date	当前日期
EditTime	文档编辑时间总计
PrintDate	上次打印文档的日期
SaveDate	上次保存文档的日期
Time	当前时间

5. 索引和目录

索引和目录域用于创建和维护目录、索引和引文目录，“索引和目录”类别下共有 7 个域，如表 1-7 所示。

表 1-7 “索引和目录”类别

域名	说明
Index	基于 XE 域创建索引
RD	通过使用多篇文档中的标记项或标题样式来创建索引、目录、图表目录或引文目录
TA	标记引文目录项
TC	标记目录项
TOA	基于 TA 域创建引文目录
TOC	使用大纲级别(标题样式)或基于 TC 域创建目录
XE	标记索引项

6. 文档信息

文档信息域对应于文件属性的“摘要”选项卡上的内容,“文档信息”类别下共有 14 个域,如表 1-8 所示。

表 1-8　“文档信息”类别

域名	说明
Author	“摘要”信息中文档作者的姓名
Comments	“摘要”信息中的备注
DocProperty	插入指定的 26 项文档属性中的一项,而不仅仅是文档信息域类别中的内容
FileName	当前文件的名称
FileSize	文件的存储大小
Info	插入指定的“摘要”信息中的一项
Keywords	“摘要”信息中的关键字
LastSavedBy	最后更改并保存文档的修改者姓名,来自“统计”信息
NumChars	文档包含的字符数,来自“统计”信息
NumPages	文档的总页数,来自“统计”信息
NumWords	文档的总字数,来自“统计”信息
Subject	“摘要”信息中的文档主题
Template	文档选用的模板名,来自“摘要”信息
Title	“摘要”信息中的文档标题

7. 文档自动化

大多数文档自动化域用于构建自动化的格式,该域可以招待一些逻辑操作并允许用户运行宏、为打印机发送特殊指令转到书签。它提供 6 种域,如表 1-9 所示。

表 1-9　“文档自动化”类别

域名	说明
Compare	比较两个值,如果比较结果为真,返回数值 1;如果为假,则返回数值 0
DocVariable	插入赋予文档变量的字符串,每个文档都有一个变量集合,可用 VBA 编程语言对其进行添加和引用,可用此域来显示文档中文档变量内容
GoToButton	插入跳转命令,以方便查看较长的联机文档
If	比较两个值,根据比较结果插入相应的文字,IF 域用于邮件合并主文档,可以检查合并数据记录中的信息,如邮政编码或帐号等
MacroButton	插入宏命令,双击域结果时运行宏
Print	将打印命令发送到打印机,只有在打印文档时才显示结果

8. 用户信息

用户信息域对应于“选项”对话框中的“用户信息”选项卡,“用户信息”类别下包含 3 个域,如表 1-10 所示。

表 1-10　“用户信息”类别

域名	说明
UserAddress	“用户信息”中的通信地址
UserInitials	“用户信息”中的缩写
UserName	“用户信息”中的姓名

9. 邮件合并

邮件合并域用于在合并"邮件"对话框中选择"开始邮件合并"后出现的文档类型以构建邮件。"邮件合并"类别下包含14个域,如表1-11所示。

表1-11 "邮件合并"类别

域名	说明
AddressBlock	插入邮件合并地址块
Ask	提示输入信息并指定一个书签代表输入的信息
Compare	见表1-9"文档自动化"类别
Database	插入外部数据库中的数据
Fillin	提示用户输入要插入到文档中的文字,用户的应答信息会打印在域中
GreetingLine	插入邮件合并问候语
If	见表1-9"文档自动化"类别
MergeField	在邮件合并主文档中将数据域名显示在"《》"形的合并字符之中
MergeRec	当前合并记录号
MergeSeq	统计域与主控文档成功合并的数据记录数
Next	转到邮件合并的下一个记录
NextIf	按条件转到邮件合并的下一个记录
Set	定义指定书签名所代表的信息
SkipIf	在邮件合并时按条件跳过一个记录

1.3.4 域的操作

1. 插入域

有时,域会作为其他操作的一部分自动插入文档,例如前面谈到的插入"页码"和插入"日期和时间"操作都能自动在文档中插入Page域和Date域。如果明确要在文档中插入一个域,可以通过"插入"菜单实行,也可以通过快捷键<Ctrl>+<F9>产生域特征符后输入域代码。

单击"插入"→"域",打开如图1-52所示"域"对话框。在"域"对话框中选择"类别"和"域名",还可以进一步对"域属性"和"域选项"进行设置,单击"确定"按钮,在文档中插入指定的域。

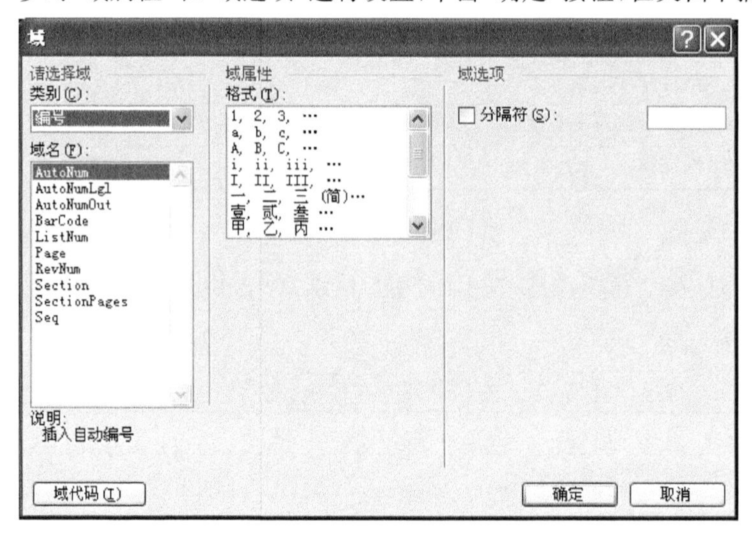

图1-52 插入域对话框

若在“域”对话框中单击“域代码”按钮，会在对话框中右上角显示域代码和域代码格式。可以在域代码编辑框更改域代码，我们可以借助域代码显示来熟悉域代码中域参数、域开关的用法。

当然，如果对域代码十分熟悉，也可以通过键盘操作直接输入域代码。在开始输入域代码之前，按＜Ctrl＞+＜F9＞键入域特征符“{}”，然后在花括号内开始输入域代码。

注意：键盘操作输入域代码后不直接显示为域结果，必须更新域后才能显示域结果。另外，域特征符“{}”不能直接用键盘上的字符进行输入。

2. 编辑域

在文档中插入域后，可以进一步修改域代码，也可以对域格式进行设置。

(1) 显示或隐藏域代码

打开“工具”菜单项，选择“选项”对话框下的“视图”选项卡，如图1-53所示，可以看到“域底纹”默认设置为“选取时显示”。这意味着当文档中包含域时，没必要知道它，除非选取它并试图修改时，底纹才显示。“选取时显示”选项在文档美观和获取信息之间达到平衡，当然也可以设置为“不显示”或“始终显示”域底纹。

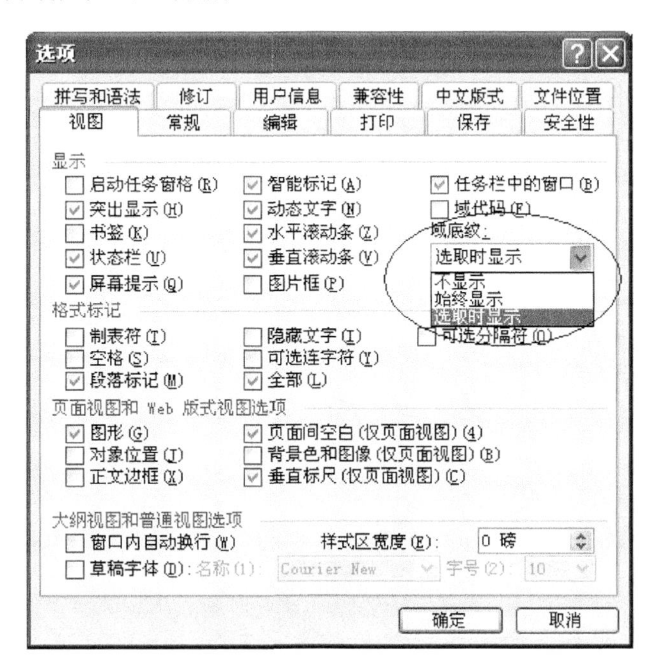

图1-53　“选项”|“视图”对话框

“视图”选项卡还可以对“域代码”是否显示进行设置，如果没有选择显示域代码，那么对域进行更新后会立即显示域结果。如果选择显示域代码，会使所有的域都显示为域代码。

如果只想查看当前域的域代码，可以选择域，通过快捷菜单“切换域代码”或快捷键＜Shift＞+＜F9＞，切换域的显示为域代码或域结果。

(2) 修改域代码

修改域的设置或域代码，可以在“域”对话框中操作，也可以在文档的域代码中进行编辑。

- 右击域，单击“编辑域”，打开“域”对话框，重新设置域。
- 选择域，切换域结果为域代码，直接对域代码进行编辑。

(3) 设置域格式

域也可以被格式化。可以将字体、段落和其他格式应用于域,使它融合在文档中。

在使用"域"对话框插入域时,许多域都有"更新时保留原有格式"选项,一旦选中,则域代码中自动加上"* MERGEFORMAT"域开关,这个开关会让 Word 保留任何已应用于域的格式,以便在以后更新域时保持域的原有格式。

(4) 删除域

与删除其他对象一样删除域。

3. 更新域

在键盘输入域代码后必须更新域后才能显示域结果,在域的数据源发生变化后也需要手动更新域后才能显示最新的域结果。

- 打印时更新域

在"选项"对话框"打印"选项卡中,将"更新域"打上"√",在文档输出时会自动更新文档中所有的域结果。

- 切换视图时自动更新域

在页面视图和 Web 版式视图方式切换时,文档中所有的域自动更新。

- 手动更新域

选择要更新的域或包含所有要更新域的文本块,通过快捷菜单"更新域"或快捷键＜F9＞手动更新域。

注意:有时更新城后,域显示为域代码,必须切换域代码后才可以看到更新后的域结果。

4. 常用域介绍

Word 2003 支持的域多达 73 个,以下介绍部分常用域的使用。

(1) Page 域

代码:{PAGE[* 格式]}。

作用:插入当前页的页码。

说明:单击"插入"→"页码",或单击"视图"→"页眉和页脚",单击"页眉和和页脚"工具栏上的"页码"按钮,Word 自动在页眉或页脚区插入了 Page 域。要在文档中显示页码,则直接在文档中插入 Page 域。

(2) Section 域

代码:{SECTION[\# 数字格式][* 格式]}。

作用:插入当前节的编号。

说明:节是指 Word 分节的节,不是一般章节的节。

示例:在文档中显示"第 *m* 节第 *n* 页"。

步骤:输入文字和域代码"第{SECTION}节第{PAGE}页",更新所有域。

(3) NumPages 域

代码:{NUMPAGES[\# 数字格式][* 格式]}。

作用:插入文档的总页数。

示例:在文档中显示"全文共 *m* 页"。

步骤:输入文字和域代码"全文共{NUMPAGES}页",更新所有域。

(4) NumChars 域

代码:{NUMCHARS[\# 数字格式][* 格式]}。

作用:插入文档的总字符数。

(5) NumWords 域

代码:{NUMWORDS[\#数字格式][*格式]}。

作用:插入文档的总字数。

(6) TOC 域

代码:{TOC[域开关]}。

作用:建立并插入目录。

说明:在1.2节中介绍了运用样式自动化产生目录,所建立的整个目录实际上就是TOC域。

(7) TC 域

代码:{TC "文字"[域开关]}。

作用:标记目录项。允许在文档任何位置放置可被Word收集为目录的文字,可以在Word内建"标题1"、"标题2"等样式或指定样式之外,辅助制作目录内容。

说明:TC域会被格式化为隐藏文字,而且不会在文档中显示域结果。如果要查看TC域,单击"显示/隐藏"按钮。

完成插入TOC域后,域结果显示为以目录项编制的目录。

(8) Index 域

代码:{INDEX[域开关]。

作用:建立并插入索引。

说明:Index域会以XE域为对象,收集所有的索引项,在1.2节中介绍的建立的索引就是Index域。

(9) XE 域

代码:{XE "文字"[域开关]}。

作用:标记索引项。经过XE域定义过的文字(词条),都会被收集到以Index域制作出来的索引中。

说明:与TC域类似,XE域会被格式化为隐藏文字,而且不会在文档中显示域结果。

如果要查看XE域,单击"显示/隐藏"按钮。

(10) StyleRef 域

代码:{StyleRef "样式"[域开关]}。

作用:插入具有指定样式的文本。

说明:将StyleRef域插入页眉或页脚,则每页都显示出当前页上具有指定样式的第一处或最后一处文本。

【例】 某文档的节标题样式是"标题2",设置页眉使得每页都显示当前节标题。

步骤1:光标定位到页眉。单击"视图"→"页眉和页脚"。

步骤2:插入StyleRef域。单击"插入"→"域",在"域"对话框中选择"链接和引用"类别、"StyleRef"域名、"标题2"样式名。域结果为本页中第一个具有"标题2"样式的文本。这样每页的页眉都自动提取显示当前页的节标题。

小提示：

StyleRef 域仅提取指定样式的文字，如果节编号是自动编号，那么节编号不会被提取出来。这种情况下，可以插入两个 StyleRef 域实现，一个提取“标题 2”样式的段落编号，另一个提取“标题 2”样式的文字。两个 StyleRef 域的域代码为：

{StyleRef “标题 2”\r}{StyleRef “标题 2”}

(11) PageRef 域

代码：{PageRef 书签名[域开关]}。

作用：插入包含指定书签的页码，用于交叉引用。

【例】 示例文字“2007 年中国 GDP 增长 11.7%，各项经济指标参见第 126 页的国家统计局 2007 年国民经济数据一览表”。

步骤 1：将被引用的 2007 年国民经济数据一览表设置为书签“economicdata”。

步骤 2：在引用处输入文字和域代码。“2007 年中国 GDP 增长 11.7%，各项经济指标参见第{PAGEREF economicdata\ * MERGEFORMAT}页的国家统计局 2007 年国民经济数据一览表。”

步骤 3：更新域。

(12) Ref 域

代码：{REF 书签名[域开关]}。

作用：插入用书签标记的文本。

(13) Seq 域

代码：{SEQ 名称[书签][域开关]}。

作用：依序为文档中的章节、表、图以及其他页面元素编号。

说明：要在文档中插入 Seq 域以便给表格、图表和其他项目编号，最简单的方法是单击“插入”→“引用”→“题注”。若新增、删除或移动页面元素及其 Seq 域，应更新其余所有 Seq 域。

(14) MergeField 域

代码：{MERGEFIELD 数据域名[域开关]}。

作用：在邮件合并主文档中将数据域名显示在“《》”形的合并字符之中。当主文档与所选数据源合并时，指定数据域的信息会插入在合并域中。

说明：MergeField 域是特殊的 Word 域，与数据源中的数据域对应。先要创建主文档并使之与数据源关联，然后在主文档中插入 MergeField 域与数据源中的数据域对应。在合并后，MergeField 域结果为指定数据域的信息，可以通过邮件合并向导完成邮件合并操作。

(15) Eq 域

代码：{Eq[域开关](参数)}

作用：生成数学公式。一般建议使用“公式编辑器”程序来创建复杂公式，如果想要编写行内公式或者没有安装“公式编辑器”，可使用 Eq 域代码编写。

示例：编辑 Eq 域代码输入分式。

步骤：输入域代码{Eq\f(x,y)}，更新域，即可显示分式 x/y。

说明：如需调用公式编辑器，可使用“插入”→“域”→选择类别“等式与公式”→选择域名“Eq”→在右侧的域属性框选择公式编辑器，或者通过“插入”→“对象”→在“新建”选项卡中选择“Microsoft 公式 3.0”，进入公式编辑器编辑状态。

5. 域的快捷键操作

域的快捷键操作都是含有＜F9＞或＜F11＞的组合键，运用快捷键使域的操作更简单、快捷。域键盘快捷键及其作用总览如表1-12所示。

表1-12　域的快捷键操作

快捷键	作用
＜F9＞	更新域，更新当前选择，集中所有域
＜Ctrl＞＋＜F9＞	插入域特征符，用于手动插入域
＜Shift＞＋＜F9＞	切换域显示，为当前选择集中的域打开或关闭域代码显示
＜Alt＞＋＜F9＞	查看域代码，为整个文档中所有的域打开或关闭域代码显示
＜Ctrl＞＋＜Slift＞＋＜F9＞	解除域链接，将所有合格的域转为硬文本，该域无法再更新
＜Alt＞＋＜Shift＞＋＜F9＞	单击域，等同于双击 MacroButton 和 GoToButton 域
＜F11＞	下一个域，选择文档中的下一个域
＜Shift＞＋＜F11＞	前一个域，选择文档中的前一个域
＜Ctrl＞＋＜F11＞	锁定域，防止选择的域被更新
＜Ctrl＞＋＜Slift＞＋＜F11＞	解锁域，解除域锁定使其可以更新

1.4　文档修订

一篇文档在最终形成前往往要通过多人或多次修改才能确定，批注和修订是用于审阅他人文档的两种方法。当审阅者只评论而不直接修改文档时，可以使用批注，批注在审阅者添加注释或对文本提出质疑时非常有用。修订则直接修改文档。启用修订功能时，作者或审阅者的每一次插入、删除、修改或是格式更改，都会被标记出来，用户可以根据需要接受或拒绝每处的更改。

1.4.1　修订操作

打开修订功能后，可以查看对文档的所有更改。当关闭修订功能后，可以对文档进行任何更改，而不会对更改的内容做出标记。

1. 打开修订

选择“工具”→“修订”命令，或者选择“视图”→“工具栏”→“审阅”命令，打开“审阅”工具栏，如图1-54所示，单击“修订”按钮，使其处于亮色显示，这时，修订功能处于打开状态。

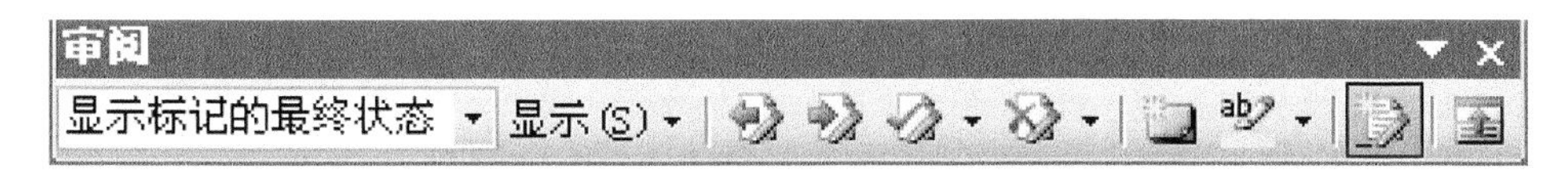

图1-54　“审阅”工具栏

也可双击文档下方状态栏中的“修订”字样，或者右击状态栏中的“修订”字样，然后在弹出的快捷菜单中选择“修订”命令，打开修订功能，这时状态栏上的“修订”二字以黑色突出显示。

启用修订可以防止误操作对文档带来的损害，提高了文档的严谨性。

2. 关闭修订

关闭修订功能之后，可以修订文档而不会对更改的内容做出标记。关闭修订功能不会删除任何已被跟踪的更改。

要关闭 Word 的修订功能，单击“审阅”工具栏中的“修订”按钮，或者双击状态栏中“修订”字样，使状态栏上的“修订”字样呈灰色显示，即为修订功能关闭状态。

1.4.2 批注操作

批注仅是对文档添加的注释，并没有改变文档的内容，它显示在文档的页边距或“审阅窗格”中的文本框中，不出现在正文中，所以批注不会影响文档的排版格式，也不会被打印出来。

批注适用于多人协作完成一篇文档的情况。例如，在完成毕业论文过程中，往往要请导师或其他同学对论文进行审定，他们在对论文进行审阅时，如果对论文中的哪个内容有不同看法或建议，可以插入批注，每个批注由审阅者名称开头，后面跟一个批注号。论文作者最后统一阅读批注，综合考虑每位审阅者的意见，并对论文进行最后修改。批注可以减少文档修改工作量，提高文档的编辑效率。

> **小提示：**
> 在普通视图和大纲视图下，批注框不显示在页边距区，插入批注时，文档会自动打开“主文档修订和批注”审阅窗格，批注操作将在审阅窗格中完成。

1. 插入批注

在文档中选择要添加批注的文本或对象，单击“插入”→“批注”命令，加了批注的文本或对象会被括号括起来并以一定的格式突出显示，如图 1-55 所示，在批注框中输入批注文本。

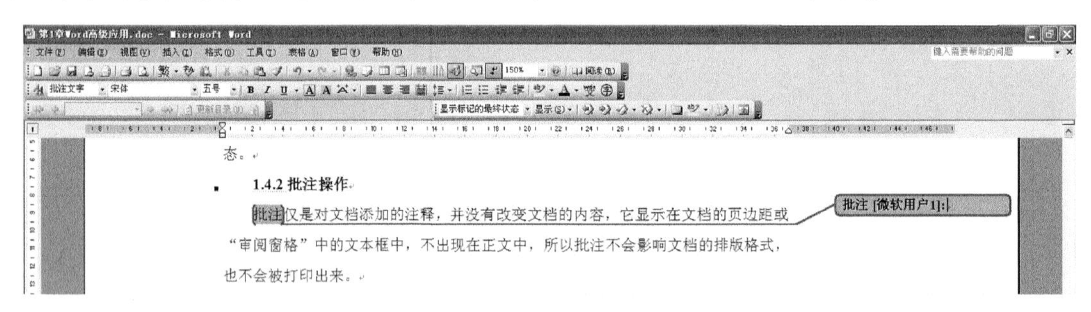

图 1-55 插入批注

2. 显示或隐藏批注

批注标记可以显示，也可以隐藏。单击“审阅”工具栏上的“显示”按钮右侧的箭头，勾选“√”，表示显示批注，反之则不显示批注。也可以选择“视图”→“标记”命令进行显示/隐藏标记操作。

3. 修改批注

右击添加了批注的文本或对象，单击“编辑批注”，鼠标将直接定位在批注框或审阅窗格，审阅者可对原来的注释内容进行修改。在页面视图或 Web 版式视图下，审阅者也可以直接将鼠标定位在批注框中的编辑点进行修改。

如果要修改添加了批注的文本或对象的突出显示颜色或批注框的格式，单击“审阅”工具栏上的“显示”→“选项”，打开“修订”对话框，如图 1-56 所示，对“批注颜色”和“批注框”进行设置。

图 1-56　“修订”对话框

4. 删除批注

对于文档中多余的批注，可以有选择性地进行单个或部分删除，也可以一次性删除所有批注。

- 删除单个批注，右击要删除的批注，单击“删除批注”。
- 删除所有批注，单击“审阅”工具栏中“拒绝所选修订”按钮右侧箭头，然后选择“删除文档中的所有批注”。
- 删除指定审阅者批注，必须先单独显示该审阅者的批注，然后对所显示的批注进行删除。具体操作方法为：单击“审阅”工具栏中“显示”→“审阅者”，将“所有审阅者”前的复选框“√”去掉，再重复一遍刚才的操作，将要删除的审阅者前的复选框打上“√”，接着单击“审阅”工具栏中“拒绝所选修订”按钮右侧箭头，然后单击“删除所有显示批注”，即可删除文档中所有指定审阅者所做的批注。

1.4.3　查看修订和批注

单击“审阅”工具栏上的“后一处修订或批注”或“前一处修订或批注”按钮，逐项向后或向前查看文档中所做的修订或批注。

单击“审阅”工具栏上的“审阅窗格”按钮。在“主文档修订和批注”窗格中可以查看所有的修订和批注，以及标记修订和插入批注的作者和时间。

如果参与修订或批注的审阅者超过一个，则选择所有或某个审阅者进行查看。

1.4.4 审阅修订和批注

在查看修订和批注的过程中，作者可以接受或拒绝审阅者的修订，采纳或忽略审阅者的批注。

1. 审阅修订

(1) 接受修订。

打开“审阅”工具栏，单击“接受所选修订”右侧下拉箭头，下拉的“接受修订”、“接受所有显示的修订”和“接受所有修订”菜单命令，分别接受单个修订、某个审阅者的修订和所有审阅者的修订。

当接受修订时，它将从修订转为常规文字或是将格式应用于最终文本。接受修订后，修订标记自动被删除。

(2) 拒绝接受修订。

单击“审阅”工具栏上“拒绝所选修订”右侧箭头，下拉的“拒绝修订/删除批注”、“拒绝所有显示的修订”和“拒绝对文档所做的所有修订”菜单命令，分别拒绝单个修订、某个审阅者的修订和所有审阅者的修订。

拒绝接受修订后，修订标记自动被删除。

2. 审阅批注

批注不是文档的一部分，作者只能参考批注的建议和意见。如果要将批注框内的内容直接用于文档，要通过复制、粘贴的方法进行操作。

1.4.5 打印文档的修订表

通过打印文档的修订表，可以集中查看修订和批注，方便对文档的进一步编辑。单击“文件”→“打印”，打开“打印”对话框，在“打印内容”的下拉列表框中选择“标记列表”。

注意：打印时，“打印内容”选择“文档”，将打印不带标记的文档；“打印内容”选择“显示标记的文档”，那么文档和批注以及修订全都打印出来。

1.4.6 保护文档以供审阅

Word 可以设置打开文档密码和修改文档密码，为文档提供第一层保护。单击“工具”→“选项”→“安全性”，打开图 1-57 所示的“安全性”对话框，分别对“打开文件时的密码”和“修改文件时的密码”进行设置。

在打开带有密码保护的文档时，必须先输入“打开文件时的密码”，再输入“修改文件时的密码”。第一个密码不正确将无法打开文档，第二个密码不输入，则只能以“只读”方式打开文档。

还可以进一步对文档进行编辑限制保护，保证他人在打开文档时，只能进行指定的编辑操作。这项保护文档的目的是防止他人随意修改文档；同时追踪修订，使文档的所有修改都标记下来，留待文档作者(或有能力取消文档保护的人)审阅修订后决定文档的终稿。

1. 保护文档

单击“工具”→“保护文档”，对“2. 编辑限制”下的“仅允许在文档中进行此类编辑：”复选框打“√”，在下拉列表中选择一个编辑选项。不允许他人对文档做任何修改，选择“未做任何修改(只读)”；只允许他人对文档进行批注操作，选择“批注”；要强制每个修改文档的人都被跟踪，选择“修订”，启用修订标记。接着单击“3. 启动强制保护”下的“是，启动强制保护”按钮，设

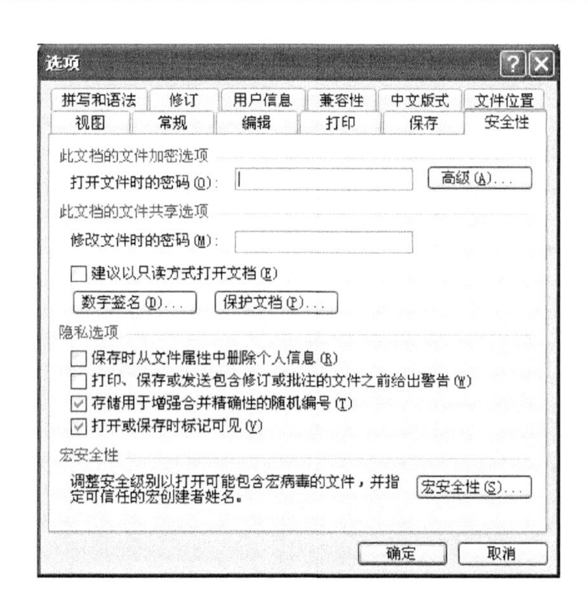

图 1-57 “安全性”对话框

置文档的编辑限制保护密码。

2. 取消文档保护

受到保护的文档,在图 1-57 中,“保护文档”按钮变成了“撤消文档保护”按钮。单击“撤消文档保护”,在“取消保护”对话框中输入保护文档时设置的密码,即可撤消对文档的保护。取消文档保护后,文档才能进行“接受修订”等操作。

1.4.7 比较并合并文档

在没有设置追踪修订功能的情况下,有人对文档做出了修改。这时,如果想知道哪些地方做过修改,可用“比较并合并文档”功能,让 Word 以修订方式标记两个文档之间的不同。

具体操作方法为:先打开原稿,单击“工具”→“比较并合并文档”,在“比较并合并文档”对话框中选择要比较的文档,即修改稿,单击“合并”按钮。两个文档的比较结果会以修订标记显示在被比较的文档中。

小提示:

在原稿中,单击“窗口”→“并排比较”,选择论文修改稿文档进行并排比较。在浏览过程中,两个并排比较的文档会同步滚动光标。

第 2 章　Excel 高级应用

Excel 2003 是美国微软(Microsoft)公司推出的一种电子表格处理软件，是 Microsoft Office 2003 套装办公软件的一个重要组件。它不但能方便地创建和编辑工作表，具有超强的数据分析能力，还为用户提供了丰富的函数和公式运算，以便能完成各类复杂数据的计算和统计。正是由于 Excel 2003 具有这些强大的功能，其被广泛地应用于财务、行政、人事、统计和金融等众多领域。

在进行本章的学习之前，读者应该先具备一些基础知识：工作簿的基本操作(新建、保存、保护等)、工作表的基本操作(设置数量、选择、插入、删除、重命名等)、单元格的基本操作(选取、编辑、注释等)、设置工作表的格式(数据格式、对齐方式、行高和列宽、单元格颜色和底纹等)、工作表的打印(版面设置、页眉和页脚等)。

本章主要从函数与公式的使用、数据的管理与分析两个角度来介绍 Excel 2003 的高级应用。

2.1　Excel 中数据的输入

Excel 2003 主要是对工作表进行操作，而表格中数据的输入方法的质量直接影响到工作效率，因此，首先要掌握 Excel 中数据的输入方法。

2.1.1　自定义下拉列表输入

在 Excel 2003 的使用过程中，有时需要输入如公司部门、职位、学历等有限选择项的数据，如果直接从下拉列表框中进行选择，就可以提高数据输入的速度和准确性了。有关下拉列表框的设置，可以通过使用“数据有效性”命令来完成。

下面以输入学位为例介绍利用下拉列表框输入数据，其具体的操作步骤如下。

步骤 1：选择需要输入学位数据列中的所有单元格。

步骤 2：选择“数据”菜单中“有效性”命令，打开“数据有效性”对话框，选择“设置”选项卡，并在“允许”下拉列表框中选择“序列”选项，在“来源”框中输入各学位名称，注意各学位之间以英文格式的逗号加以分隔，如图 2-1 所示。

步骤 3：单击“确定”按钮，关闭“数据有效性”对话框。

设置完成后，返回工作表中，选择需要输入学位列的任何一个单元格，在其右边将会显示一个下拉箭头，单击此箭头将出现一个下拉列表，单击某一选项即可输入。

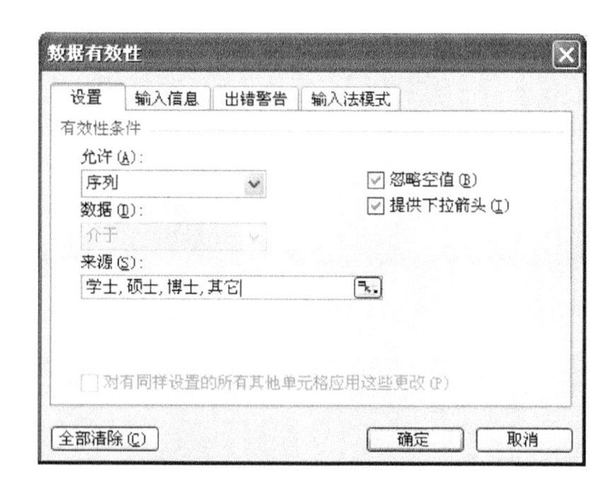

图 2-1　使用“数据有效性”设置下拉列表框

2.1.2　自动填充与自定义序列

当表格内某行或某列为有规律的数据时，可以使用 Excel 提供的“自动填充”功能。有规律的数据是指等差、等比、系统预定义序列和用户自定义序列。

自动填充根据初始值来决定以后的填充项，用鼠标指向初始值所在单元格右下角的小黑方块(称为填充柄)，此时鼠标指针更改形状变为黑十字，然后向右(行)或向下(列)拖拽至填充的最后一个单元格，即可完成自动填充。图 2-2 为自动填充的示例。

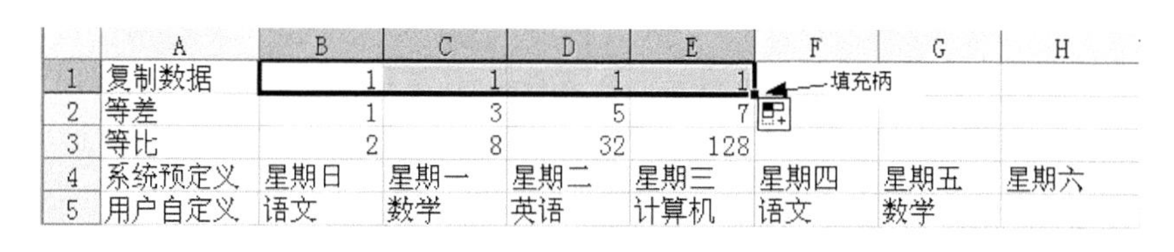

	A	B	C	D	E	F	G	H
1	复制数据	1	1	1	1			
2	等差	1	3	5	7			
3	等比	2	8	32	128			
4	系统预定义	星期日	星期一	星期二	星期三	星期四	星期五	星期六
5	用户自定义	语文	数学	英语	计算机	语文	数学	

图 2-2　“自动填充”示例

自动填充分 3 种情况。

(1) 填充相同数据(复制数据)。单击该数据所在的单元格，沿水平或垂直方向拖拽填充柄，便会产生相同数据。

(2) 填充序列数据。如果是日期型序列，只需要输入一个初始值，然后直接拖拽填充柄即可；如果是数值型序列，则必须输入前两个单元格的数据，然后选定这两个单元格，拖拽填充柄，系统默认为等差关系，在拖拽到的单元格内依次填充等差序列数据；如果需要填充等比序列数据，则可以在拖拽生成等差序列数据后，选定这些数据，通过执行“编辑”→“填充”→“序列”命令，在打开的“序列”对话框中选择类型为“等比序列”，并设置合适的步长(即比值，如 4)来实现，如图 2-3 所示。

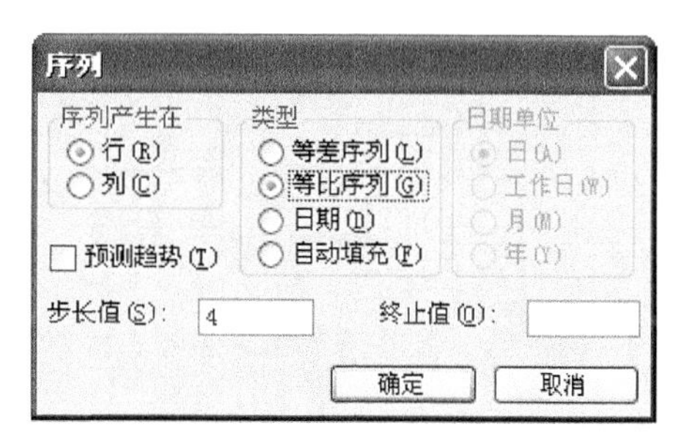

图 2-3　填充等比序列

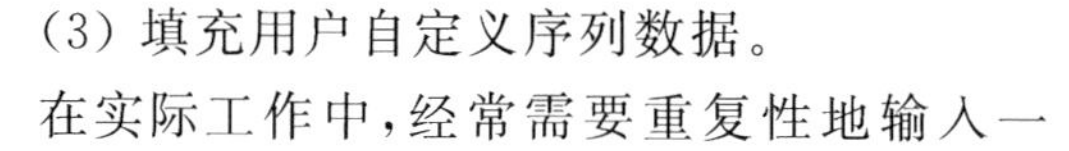

(3) 填充用户自定义序列数据。

在实际工作中，经常需要重复性地输入一

系列名称，如课程名称、商品名称等。可以将这些有序数据自定义为序列，节省输入工作量，提高效率。

通过工作表中现有的数据项或以临时输入的方式，可以创建自定义填充序列。建立自定义填充序列的操作步骤如下。

步骤 1：如果已经输入了将要作为填充序列的列表，请选定工作表中相应的数据区域。

步骤 2：选择“工具”菜单中的“选项”命令，弹出“选项”对话框，在对话框中选择“自定义序列”选项卡，如图 2-4 所示。

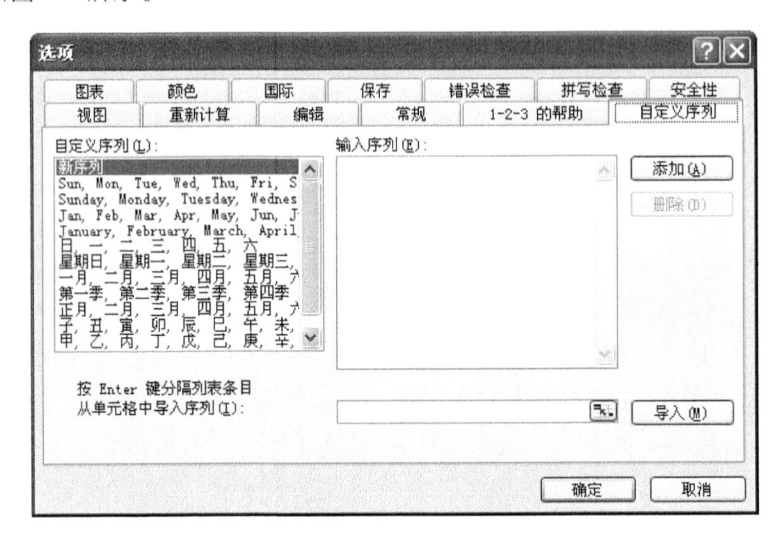

图 2-4　自定义序列

步骤 3：若要使用选定的列表，单击“导入”；若要键入新的序列列表，选择“自定义序列”列表框中的“新序列”选项，然后在“输入序列”编辑列表框中，从第一个序列元素开始输入新的序列。每键入一个元素，按一下＜Enter＞键。整个序列输入完毕后，单击“添加”按钮。

步骤 4：单击“确定”按钮即可完成自定义填充序列的创建。

在创建完成自定义填充序列之后，用户即可使用 Excel 中的填充柄进行填充，以达到数据的快速输入。

需要说明的是：在第一个单元格中，不一定要输入自定义序列中的第一个子项，它可以是序列中的任意一个子项。

若要更新自定义填充序列，可在如图 2-4 所示的自定义序列选项卡中，选择所需编辑的序列，在“输入序列”编辑列表框中进行改动，然后单击“添加”；若要删除自定义填充序列，则在自定义序列选项卡中选择所需删除的序列，单击“删除”即可。

需要注意的是：在 Excel 2003 中，系统自带的一些内置的日期和月份序列，用户不能对其进行编辑或删除，用户只能对用户自定义的序列进行编辑和修改。

2.1.3　条件格式

在 Excel 中提供了一个功能非常独特的数据管理功能——条件格式。通过设置数据条件格式，可以让单元格中的数据满足指定条件时就以特殊的标记（如：红色、数据条、图标等）显示出来。该功能可以让单元格根据不同的应用环境所设置的条件发生变化。

其具体操作步骤如下。

选中需要设置条件格式的单元格、列或行，单击“格式”菜单中的“条件格式”命令，弹出“条件格式”对话框，如图 2-5 所示。选择相应的条件选项后，单击“格式”按钮，在弹出的“单元格格式”对话框中对单元格的格式(字体、边框、图案)进行设置。设置完成后，单击“确定”按钮即可。

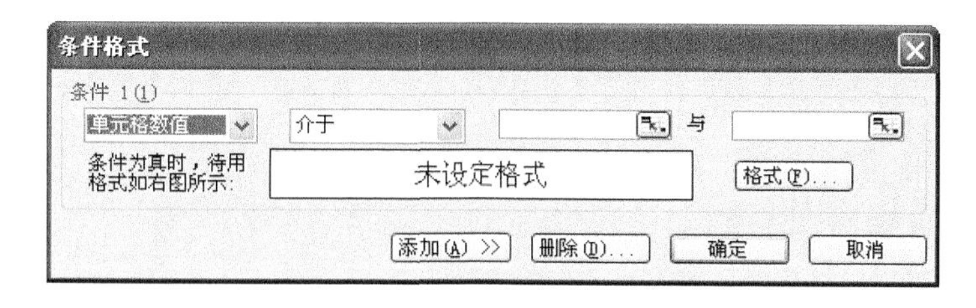

图 2-5 “条件格式”对话框

若同时有多个条件格式需要设置，可在“条件格式”对话框中单击“添加”按钮设置下一个条件格式。

2.1.4 数据输入技巧

用户可以在单元格中输入文本、数字、日期和时间等类型的数据，输入完毕后，Excel 会自行处理单元格中的内容。这一小节，将介绍特殊数据的输入方法和一些操作的便捷技巧。

1. 特殊数据输入

在使用 Excel 时，经常会遇到一些特殊的数据，直接输入的话，Excel 会将其自动转换为其他数据。因此，输入这些特殊数据时，需要掌握一些输入技巧。

(1) 输入分数。在单元格中输入分数时，如果直接输入分数，如“3/9”，Excel 会自动将其转换为日期数据。要输入分数时，需在输入的分数前加上一个“0”和一个空格。例如，如果要输入分数“1/5”，则在单元格中输入“0 1/5”，再按回车键即可完成输入分数的操作。

(2) 输入负数。输入负数时除了直接输入负号和数字外，也可以使用括号来完成。例如，如果要输入“－40”，则可以在单元格中输入“(40)”，再按回车键即可。

(3) 输入文本类型的数字。文本是指在键盘上可键入的任何符号。对于文本类型的数字，如学号、序号、邮政编码或电话号码等，需要在输入的数据前面加上英文单引号。否则，如果在单元格中直接输入这些数字，Excel 有时会自动将其转换为数值类型的数据。

例如，在单元格中输入“'0001”，就输入了“0001”；若直接输入“0001”，则 Excel 会自动转换为“1”。

(4) 输入特殊字符

在使用 Excel 时，有时需要输入一些特殊字符，可以选择菜单项“插入”→“符号”，通过打开的“符号”对话框来完成。

2. 快速输入大写中文数字

在使用 Excel 编辑财务报表中，常常需要输入大写中文数字，如果直接输入这些数字不仅效率低下，而且容易出错。利用 Excel 提供的功能可将输入的阿拉伯数字快速转换为大写中文数字。

其操作步骤如下：首先在需要输入大写中文数字的单元格中输入相应的阿拉伯数字，如“123”，然后选中该单元格，执行“格式”→“单元格”命令，打开“单元格格式”对话框后，选择“数字”选项卡，再在“分类”列表框中选择“特殊”选项，在“类型”列表框中选择“中文大写数字”选项，最后单击“确定”按钮即可，如图 2-6 所示。

图 2-6　设置中文大写数字

2.2　函数与公式

2.2.1　公式的概述

公式就是对工作表中的数值进行运算和判断的表达式，由运算数和运算符两个基本部分组成。运算数可以是常量、名称、数组、单元格引用和函数等。运算符用于连接公式中的运算数，是工作表处理数据的指令。

输入公式时，必须以等号“＝”开头。其语法表示为：“＝表达式”。

在 Excel 公式中，可以输入以下 5 种元素：运算符、单元格引用、值或字符串、函数及其参数、括号。

运算符

运算符即一个标记或符号，指定表达式内执行计算的类型。在 Excel 中，常用的运算符分为 4 类，如表 2-1 所示。

表 2-1　运算符

类型	表示形式	优先级
算术运算符	＋(加)、－(减)、*(乘)、/(除)、%(百分比)、^(乘方)	从高到低分为 3 个级别：百分比和乘方、乘和除、加和减
关系运算符	＝(等于)、＞(大于)、＜(小于)、＞＝(大于等于)、＜＝(小于等于)、＜＞(不等于)	优先级相同
文本运算符	&(文本的连接)	
引用运算符	:(区域)、,(联合)、空格(交叉)	从高到低依次为：区域、联合、交叉

其中，算术运算符用于完成基本数学运算；关系运算符用于比较两个数值大小关系，使用

这种运算符计算后将返回逻辑值“TURE”或“FALSE”；文本运算符用来连接两个或更多个文本字符串以产生一个组合文本；引用运算符用于对单元格区域的合并计算，如表 2-2 所示。

表 2-2　引用运算符

引用运算符	含义	示例
:(区域运算符)	包括两个引用在内的矩形区域内所有单元格的引用	A1:D3 表示引用从 A1 到 D3 的所有单元格
,(联合运算符)	对多个引用合并为一个引用	SUM(A1,D3)表示引用 A1 和 D3 这两个单元格
空格(交叉操作符)	产生同时隶属于两个引用的单元格区域的引用	SUM(A1:D1 B1:B5)表示引用相交叉的 B1 单元格

4 类运算符的优先级从高到低依次为：引用运算符、算术运算符、文本运算符、关系运算符。当多个运算符同时出现在公式中时，Excel 按运算符的优先级进行运算，优先级相同时，自左向右运算。如果需要改变运算符的优先级，可以使用小括号。

2.2.2　单元格的引用

在 Excel 的使用过程中，用户常常会遇到类似“A1、$A1、$A$1”这样的输入，其实这样的输入方式就是单元格的引用。通过单元格的引用，可以在一个公式中使用工作表上不同部分的数据，也可以在几个公式中使用同一个单元格的数值。另外，还可以引用同一个工作簿上其他工作表中的单元格，或者引用其他工作簿中的单元格。

1. 相对引用

Excel一般使用相对地址引用单元格的位置。相对地址总是以当前单元格位置为基准，在复制公式时，当前单元格改变了，在单元格中引入的地址也随之发生变化。相对地址引用的表示是，直接写列字母和行号，如 A1,D8 等。

例如，在图 2-7 中，E2 单元格的公式是“=C2+D2”，当鼠标指针移到填充柄上，向下拖动到各单元格时，就求出了其他学生的总分。这时，再单击 E3，发现 E3 的公式变为“=C3+D3”。

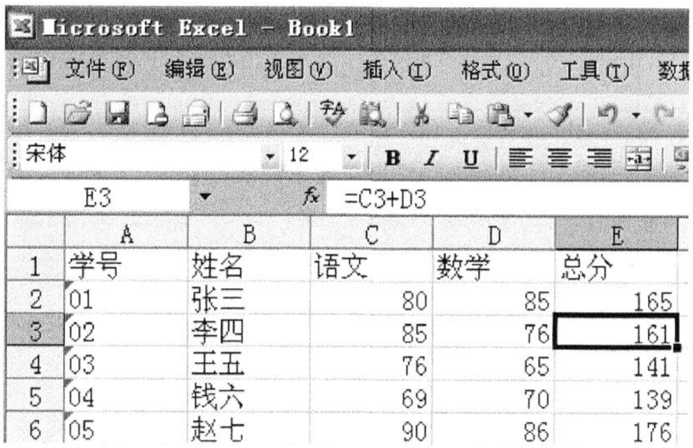

图 2-7　相对引用时公式的复制

由此可见，采用相对引用复制公式时，当公式的位置改变时，公式中单元格地址也会随之变化。

2. 绝对引用

如果在复制公式时，不想改变公式中的某些数据，即所引用的单元格地址在工作表中固定不变，它的位置与包含公式的单元格无关，这时就需要引用绝对地址。

绝对引用的方法是：在相应的单元格地址的列字母和行号前加“$”符号，这样在复制公式时，凡地址前面有“$”符号的行号或列字母，复制后将不会随之发生变化，如 $A$1，$D$8 等。

例如，将上例中的单元格 E2 的公式改为“= $C$2+ $D$2”，再将该公式复制到单元格 E3 时，结果如图 2-8 所示。可以看出，使用绝对引用的公式复制后没有发生任何的改变。

E3　=$C$2+$D$2

	A	B	C	D	E
1	学号	姓名	语文	数学	总分
2	01	张三	80	85	165
3	02	李四	85	76	165
4	03	王五	76	65	165
5	04	钱六	69	70	165
6	05	赵七	90	86	165

图 2-8　绝对引用时公式的复制

3. 混合引用

单元格的混合引用是指只对列或只对行采用绝对引用，如 $A1、A$1。当含有公式的单元格因插入、复制等原因引起行、列引用的变化时，公式中相对引用部分将会随公式位置的变化而变化，而绝对引用部分不会随公式位置的变化而变化。

例如，若将上例中单元格 E2 的公式改为“= $C2+D$2”，再将该公式复制到单元格 E3 中，结果如图 2-9 所示。可以看出，由于单元格 E3 相对于 E2 位置来说，只有行号发生了变化。而公式由 E2 复制到 E3 后，C2 的行号 2 前没有加 $，所以发生了改变。

E3　=$C3+D$2

	A	B	C	D	E
1	学号	姓名	语文	数学	总分
2	01	张三	80	85	165
3	02	李四	85	76	170
4	03	王五	76	65	161
5	04	钱六	69	70	154
6	05	赵七	90	86	175

图 2-9　混合引用时公式的复制

4. 三维引用

用户不但可以引用工作表中的单元格，还可以引用工作簿中多个工作表的单元格，这种引用方式称为三维引用。三维引用的一般格式为：“工作表标签！单元格引用”，例如，若要引用“Sheetl”工作表中的单元格 B2，则应该在相应单元格中输入“Sheetl！B2”。

5. 循环引用

在输入公式的时候，用户有时候会将一个公式直接或者间接引用了自己的值，即出现循环引用。例如，在单元格 A2 中输入“＝A1＋A2”，此时，Excel 中就会弹出一条信息提示框，提示刚刚输入的公式将产生循环引用，如图 2-10 所示。

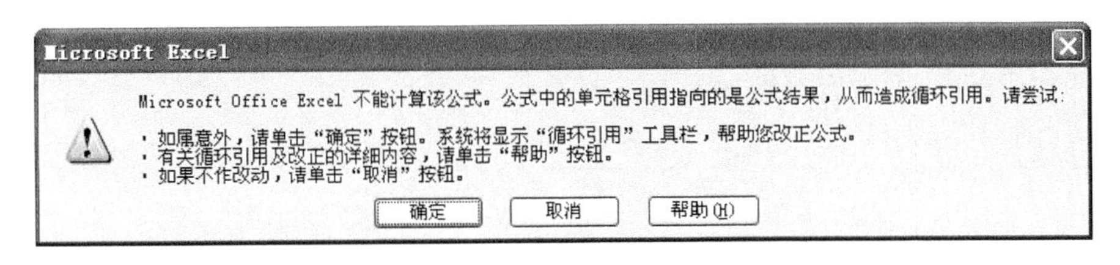

图 2-10　循环引用提示框

在弹出的信息提示框中，若单击了“确定”按钮，将打开“循环引用”工具栏，帮助修改公式，直到在状态栏中不出现“循环”字样。若单击“取消”按钮，将忽略循环引用信息，在状态栏中将显示信息“循环：A2”提醒用户。此时，如果打开迭代计算设置，Excel 就不会再次弹出循环引用提示。

设置迭代计算的操作方法为：选择“工具”菜单中的“选项”命令，打开“选项”对话框，再选择“重新计算”选项卡，如图 2-11 所示。然后勾选“迭代计算”复选框，设置“最多迭代次数”和“最大误差”，最后单击“确定”完成设置。

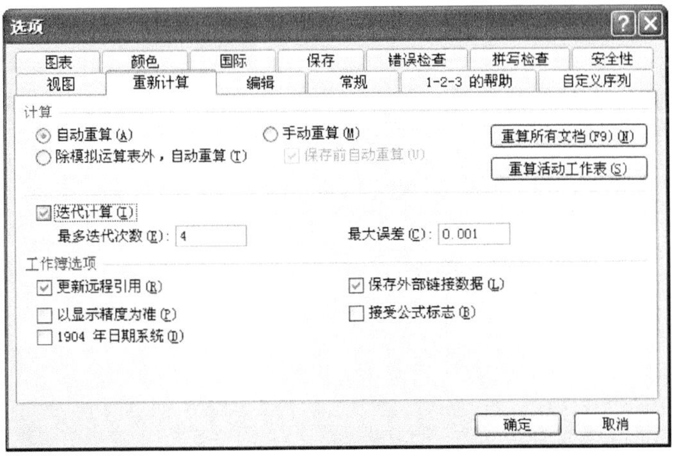

图 2-11　设置迭代计算

系统将根据设置的最多迭代次数和最大误差计算循环引用的最终结果，并将结果显示在相应的循环引用单元格中。

但是，在使用 Excel 时，最好关闭“迭代计算”设置，这样就可以得到对循环引用的提示，从而修改循环引用的错误。

2.2.3　函数及其应用

函数是 Excel 中系统预定义的公式，如 SUM、AVERAGE 等，函数通过引用参数接收数据，并返回计算结果。函数由函数名和参数构成，其格式为：

函数名(参数，参数……)

其中，函数名用英文字母表示，函数名后的括号是不可少的，参数在函数名后的括号内，参数可以是常量、单元格引用、公式或其他函数，参数的个数和类别由该函数的性质决定。

输入函数的方法有多种，常使用“常用”工具栏中的“插入函数”按钮f_x，或选择“插入”→“函数”命令，都会弹出“插入函数”对话框，如图 2-12 所示。从中选择需要的函数后，会在编辑栏下方出现如图 2-13 所示的对话框，称为“公式选项板”。利用它可以确定函数的参数、函数运算的数据区域等。

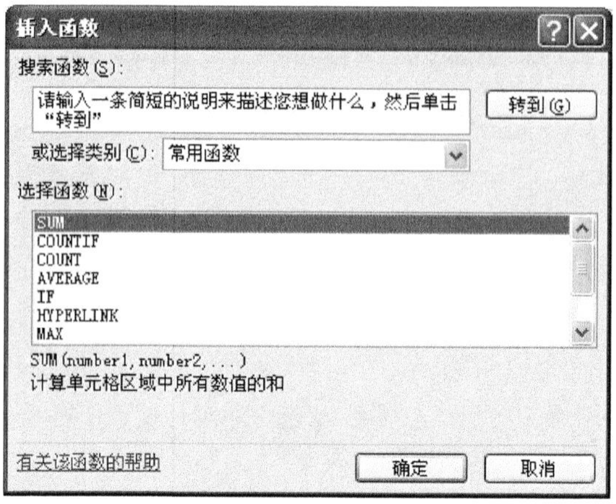

图 2-12 “插入函数”对话框

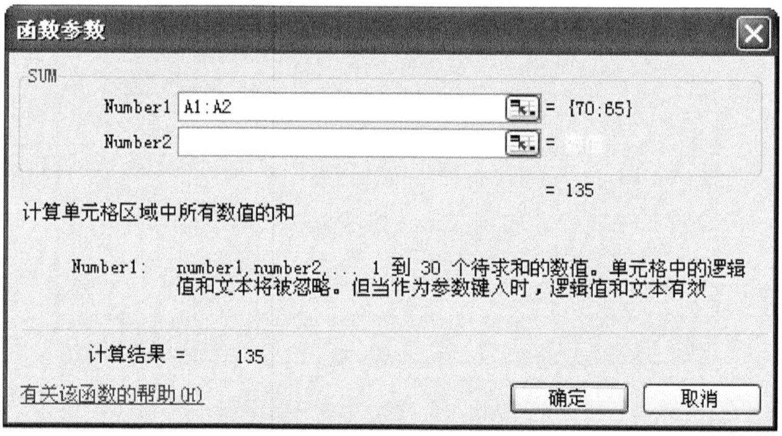

图 2-13 SUM 函数的选项板

当然，如果对函数比较熟悉的话，也可以直接在单元格或编辑栏中直接输入函数：“＝函数名(参数)”，如果参数不确定，可拖动鼠标在工作表中选取。

Excel 2003 为用户提供了丰富的函数，按类型划分有：常用函数、日期与时间函数、数学与三角函数、统计函数、逻辑函数、文本函数、查找与引用函数、财务函数、数据库函数、信息函数等。

1. 常用函数

常用函数中有 SUM、AVERAGE、IF、COUNT、MAX 等函数。这里重点介绍前三个函数。

(1) SUM 函数的应用

SUM 函数是返回指定参数所对应的数值之和，其完整的结构为：

SUM(number1,number2,…)

其中，number1，number2 等是指定的所要进行求和的参数。函数中可以包含的参数个数为 1～30，参数类型可以是数字、逻辑值和数字的文字表示等形式。

例如：A1：A4 中分别存放着数据 1～4，如果在 A5 中输入"SUM(A1：A4，10)"，则 A5 中显示的值为 20，编辑栏显示的是公式。

在 Excel 的函数库中，还有一种类似求和函数的条件求和函数——SUMIF 函数。该函数是用于对符合指定条件的单元格区域内的数值求和，其完整的格式为：

SUMIF(range, criteria, sum_range)

其中，range 表示的是条件判断的单元格区域；criteria 表示的是指定条件表达式；而 sum_range 表示的是需要计算的数值所在的单元格区域。

例如，如图 2-14 所示，要计算表中所有的总成绩之和，可在结果单元格中输入"＝SUMIF(C2：C6，"女"，F2：F6)"，按＜Enter＞键后就可得到所需结果。

Microsoft Excel - Book1

文件(F)　编辑(E)　视图(V)　插入(I)　格式(O)　工具(T)　数据(D)

宋体　12　B　I　U

F9　fx　=SUMIF(C2:C6,"女",F2:F6)

	A	B	C	D	E	F	G
1	学号	姓名	性别	语文	数学	总分	
2	01	张三	女	80	85	165	
3	02	李四	女	85	76	170	
4	03	王五	男	76	65	161	
5	04	钱六	男	69	70	154	
6	05	赵七	女	90	86	175	
7							
8					性别	总分	
9					女	510	
10					男		

图 2-14　SUMIF 函数使用

(2) AVERAGE 函数的应用

AVERAGE 函数是返回指定参数所对应数值的算术平均数，其完整的格式为：

AVERAGE(number1,number2,…)

其中，number1，number2 等是指定所要进行求平均值的参数。该函数只对参数的数值求平均数，如区域引用中包含了非数值的数据。则 AVERAGE 不把它包含在内。例如，A1：A4 中分别存放着数据 1～4，如果在 A5 中输入"＝AVERAGE(A1：A4，10)"，则 A5 中的值为 4，即为(1＋2＋3＋4＋10)/5。但如果在上例中的 A2 和 A3 单元格分别输入了文本，比如"语文"和"英语"，则 A5 的值就变成了 5，即为(1＋4＋10)/3，A2 和 A3 虽然包含在区域引用内，但并没有参与平均值计算。

(3) IF 函数的应用

IF 函数是一个条件函数，其完整的格式为：

IF(logical_test,value_if_true,value_if_false)

其中，第一个参数 logical_test 是当值函数的逻辑条件，第二个参数 value_if_true 是当值为"真"时的返回值，第三个参数 value_if_false 是当值为"假"时的返回值。IF 函数的功能为对满足条件的数据进行处理，条件满足，则输出 value_if_true；不满足，则输出 value_if_false。注意，在 IF 函数的三个参数中可以省略 value_if_true 或 value_if_false，但不能同时省略。另外，在 IF 函数中还可使用嵌套函数，最多可嵌套 7 层。

以统计成绩等级为例，若把成绩等级以 60 分为分界线划分为“及格”和“不及格”两种，则要在相应单元格中输入“=IF(E3>=60,"及格","不及格")”，然后按回车键即可。若按常用的五级制划分成绩，则要在相应单元格中输入“=IF(E3>=90,"优秀",IF(E3>=80,"良好",IF(E3>=70,"中等",IF(E3>=60,"及格","不及格"))))”，然后按回车键确认，如图 2-15 所示。

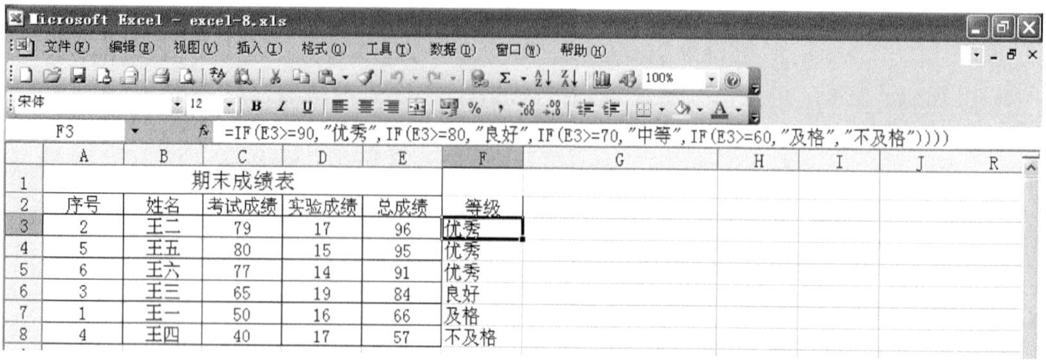

Microsoft Excel - excel-8.xls

文件(F) 编辑(E) 视图(V) 插入(I) 格式(O) 工具(T) 数据(D) 窗口(W) 帮助(H)

宋体 12 100%

F3 =IF(E3>=90,"优秀",IF(E3>=80,"良好",IF(E3>=70,"中等",IF(E3>=60,"及格","不及格"))))

	A	B	C	D	E	F
1	期末成绩表					
2	序号	姓名	考试成绩	实验成绩	总成绩	等级
3	2	王二	79	17	96	优秀
4	5	王五	80	15	95	优秀
5	6	王六	77	14	91	优秀
6	3	王三	65	19	84	良好
7	1	王一	50	16	66	及格
8	4	王四	40	17	57	不及格

图 2-15　IF 函数的使用

另外，IF 函数还能用于进行嵌套其他函数。

2. 财务函数

财务函数是财务计算和财务分析的专业工具，有了这些函数，可以很方便地解决复杂的财务运算，在提高财务工作效率的同时，更有效地保障了财务数据计算的准确性。下面介绍几种常用的处理财务中相关计算的函数。

(1) 使用 PMT 函数计算贷款按年、按月的偿还金额

PMT 函数是基于固定利率及等额分期付款方式，返回贷款的每期付款额，其完整的格式为：

PMT(rate,nper,pv,fv,type)

其中，rate 表示的是贷款利率；nper 表示的是该项贷款的总贷款期限或者总投资期；pv 表示的是从该项贷款(或投资)开始计算时已经入账的款项或一系列未来付款当前值的累积和；fv 表示的是未来值或在最后一次付款后希望得到的现金余额，如果忽略该值，将自动默认为 0；type 是一个逻辑值，用以指定付款时间是在期初还是在期末，1 表示期初，0 表示期末，其默认值为 0。

例如，某人购房时决定向银行贷款 30 万元，年利息为 6.38%，贷款年限为 20 年，计算贷款按年偿还和按月偿还的金额各是多少。如图 2-16 所示。

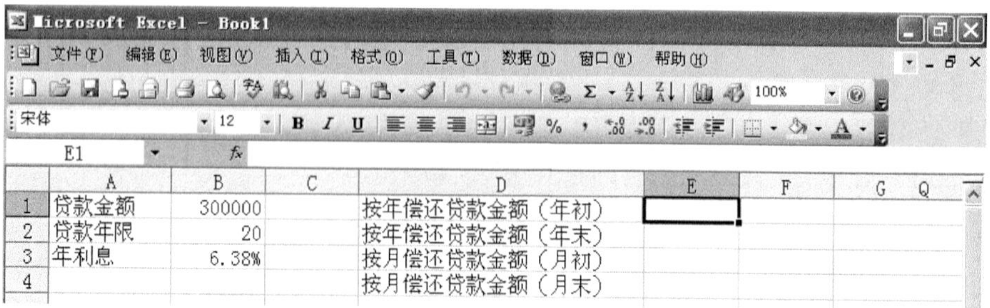

Microsoft Excel - Book1

文件(F) 编辑(E) 视图(V) 插入(I) 格式(O) 工具(T) 数据(D) 窗口(W) 帮助(H)

宋体 12 100%

E1

	A	B	C	D	E
1	贷款金额	300000		按年偿还贷款金额（年初）	
2	贷款年限	20		按年偿还贷款金额（年末）	
3	年利息	6.38%		按月偿还贷款金额（月初）	
4				按月偿还贷款金额（月末）	

图 2-16　贷款偿还表

操作方法如下。

分别在单元格 El、E2、E3、E4 中使用 PMT 函数，从弹出的参数设定窗口设定相应的参数，或在各个单元格中直接输入函数。

E1:=PMT(B3,B2,B1,0,1)

E2:=PMT(B3,B2,B1,0,0)

E3:=PMT(B3/12,B2 * 12,B1,0,1)

E4:=PMT(B3/12,B2 * 12,B1,0,0)

计算结果如图 2-17 所示。

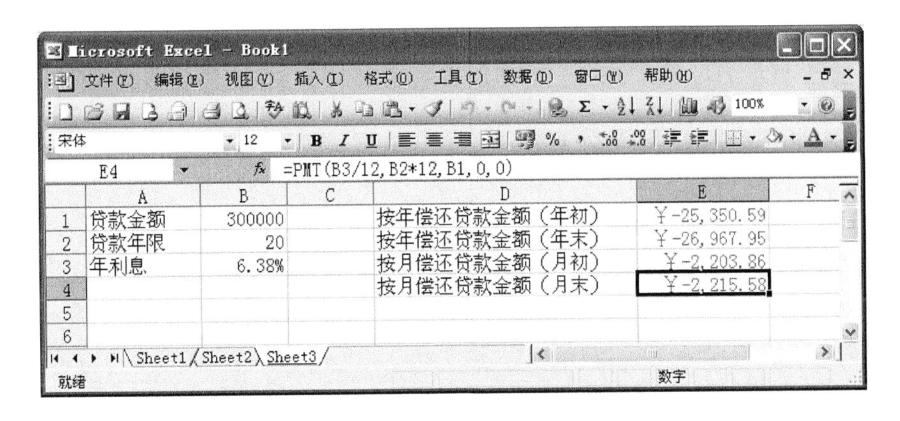

图 2-17　使用 PMT 函数计算贷款还款金额结果

(2) 使用 IPMT 函数计算贷款每月应付的利息额

IPMT 函数是基于固定利率及等额分期付款方式，返回投资或贷款在某一给定期限内的利息偿还额，其完整的格式为：

IPMT(rate,per,nper,pv,fv)

其中，rate 表示的是各期利率；per 表示的是用于计算利息数额的期数，介于 1～nper 之间；nper 表示总投资(或贷款)期，即该项投资(或贷款)的付款期总数；pv 表示的是从该项投资(或贷款)开始计算时已经入账的款项或一系列未来付款当前值的累积和；fv 表示的是未来值或在最后一次付款后希望得到的现金余额，如果忽略该值，将自动默认为 0。

例如，以上例中的贷款偿还表为例，计算前 6 个月应付的利息金额为多少元。其操作方法如下。

分别在单元格 E6、E7、E8、E9、E10、E11 中使用 IPMT 函数，从弹出的参数设定窗口设定相应的参数，或在各个单元格中直接输入函数。

E6:=IPMT($B$3/12, 1, $B$2 * 12, $B$1, 0)

E7:=IPMT($B$3/12, 2, $B$2 * 12, $B$1, 0)

E8:=IPMT($B$3/12, 3, $B$2 * 12, $B$1, 0)

E9:=IPMT($B$3/12, 4, $B$2 * 12, $B$1, 0)

E10:=IPMT($B$3/12, 5, $B$2 * 12, $B$1, 0)

E11:=IPMT($B$3/12, 6, $B$2 * 12, $B$1, 0)

计算结果如图 2-18 所示。

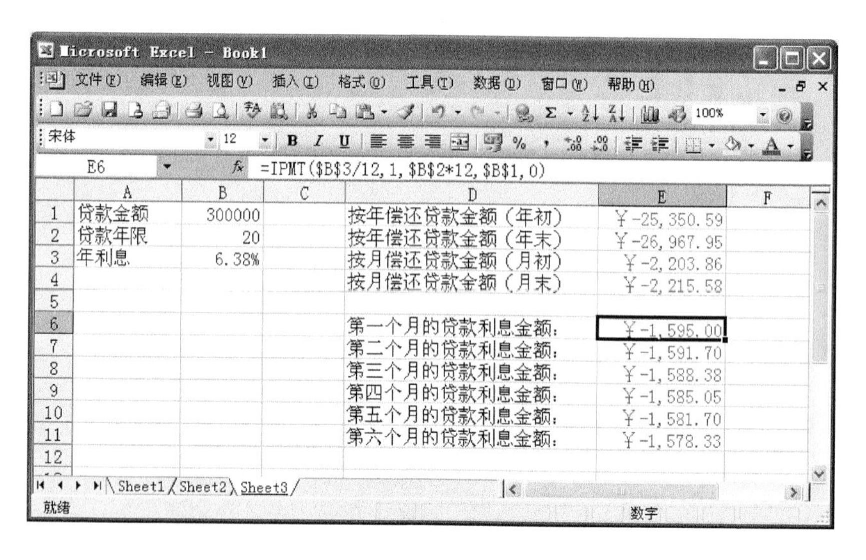

图 2-18 使用 IPMT 函数计算贷款还款金额结果

(3) 使用 FV 函数计算投资未来收益值

FV 函数是基于固定利率及等额分期付款方式，返回某项投资的未来值，其完整的格式为：

FV(rate, nper, pmt, pv, type)

其中，rate 表示的是各期利率；nper 表示总投资(或贷款)期，即该项投资(或贷款)的付款期总数；pmt 表示的是各期所应支付的金额；pv 表示的是现值，即从该项投资开始计算时已经入账的款项或一系列未来付款的当前值的累积和，也称为本金；type 是一个逻辑值，用以指定付款时间是在期初还是在期末，1 表示期初，0 表示期末，其默认值为 0。

例如，某店铺管理者为某项工程进行投资，先投资 5 000 元，年利率 6%，并在接下来的 5 年中每年再投资 5 000 元。那么 5 年后应得到的金额是多少？

操作方法为：首先选定要输入结果的单元格，然后使用 FV 函数，从弹出的参数设定窗口设定相应的参数即可。

(4) 使用 PV 函数计算某项投资所需要的金额

PV 函数计算的是一系列未来付款的当前值的累积和，返回的是投资现值，其完整的格式为：

PV(rate, nper, pmt, fv, type)

其中，rate 表示的是贷款利率；nper 表示的是该项贷款的总贷款期限或者总投资期；pmt 表示的是各期所应支付的金额；fv 表示的是未来值或在最后一次付款后希望得到的现金余额，如果忽略该值，将自动默认为 0；type 是一个逻辑值，用以指定付款时间是在期初还是在期末，1 表示期初，0 表示期末，其默认值为 0。

例如，某个项目预计每年投资 15 000 元，投资年限 10 年，其回报年利率是 15%，那么预计投资多少金额？

操作方法为：首先选定要输入结果的单元格，然后使用 PV 函数，从弹出的参数设定窗口设定相应的参数即可。

(5) 使用 SLN 函数计算设备每日、每月、每年的折旧值

SLN 函数计算的是某项资产在一个期限中的线性折旧值，其完整的格式为：

SLN(cost, salvage, life)

其中，cost 表示的是资产原值；salvage 表示的是资产在折旧期末的价值，即资产残值；life 表示的是折旧期限，即资产的使用寿命。

例如，某店铺企业拥有固定资产总值为 60 000 元，使用 10 年后的资产残值估计为 8 000 元，那么每天、每月、每年固定资产的折旧值为多少？

操作方法为：首先选定要输入结果的单元格(如 B4、B5、B6)，然后使用 SLN 函数，从弹出的参数设定窗口设定相应的参数，或在各个单元格中直接输入函数。

B4：=SLN(A2, B2, C2 * 365)

B5：=SLN(A2, B2, C2 * 12)

B6：=SLN(A2, B2, C2)

计算结果如图 2-19 所示。

Microsoft Excel - Book1

B4　=SLN(A2, B2, C2*365)

	A	B	C	D
1	固定资产金额	资产残值	使用年限	
2	60000	8000	10	
3				
4	每天的折旧值	￥14.25		
5	每月的折旧值	￥433.33		
6	每年的折旧值	￥5,200.00		

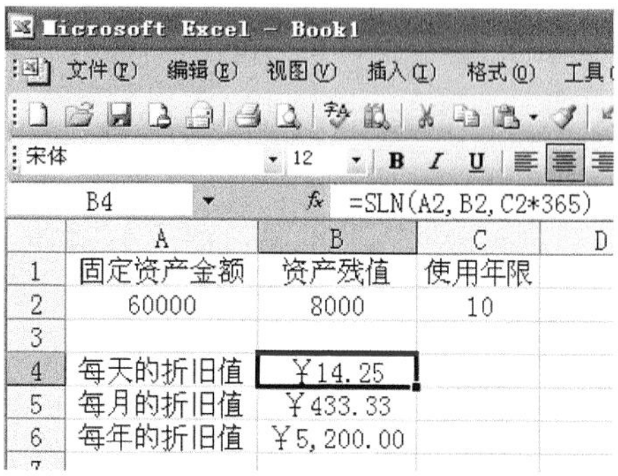

图 2-19　使用 SLN 函数计算

3. 文本函数

在 Excel 2003 中，用户常常会遇到比较两个字符串的大小，改变文本标题设置等操作，这时可以使用 Excel 函数库中的文本函数，来帮助用户设置关于文本方面的操作。文本函数可以处理公式中的文本字符串，下面介绍几个常用的文本函数。

(1) EXACT 函数

EXACT 函数用来比较两个文本字符串是否相同。如果两个字符串相同，则返回“TRUE”；反之，则返回“FALSE”。需要注意的是，EXACT 函数在判别字符串的时候，会区分英文的大小写，但不考虑格式设置的差异，其完整的格式为：

EXACT (text1,text2)

其中，参数 text1 和 text2 表示的是两个要比较的文本字符串。例如，在 A1 单元格中输入“excel 2003”，在 A2 单元格中输入“excel 2003”。然后在 A3 单元格中输入函数“=EXACT(A1,A2)”。则该函数的执行结果为“FALSE”，因为两个字符串的第 1 个英文字母有大小写的不同，所以两个单元格的内容也就不同。另外，在字符串中如果有多余的空格，也会被视为不同。

(2) CONCATENATE 函数

CONCATENATE 函数是将多个字符文本或单元格中的数据连接在一起，显示在一个单元格中，其完整的格式为：

CONCATENATE(text1,text2,…)

其中，参数 text1,text2,…表示的是需要连接的字符文本或引用的单元格，该函数最多可以附带 30 个参数。需要注意的是，如果其中的参数不是引用的单元格，且为文本格式的，请给参数加上英文状态下的双引号。

另外，如果将上述函数改为使用“&”符连接也能达到相同的效果。

(3) SUBSTITUTE 函数

SUBSTITUTE 函数可以实现替换文本字符串中的某个特定字符串，其完整的格式为：

SUBSTITUTE(text, old_text, new_text, instance_num)

其中,参数 text 是原始内容或是单元格地址;参数 old_text 是要被替换的字符串;参数 new_text 是替换 old_text 的新字符串。执行函数实现的是将字符串中的 old_text 部分以 new_text 替换。如果字符串中含有多组相同的 old_text 时,可以使用参数 instance_num 来指定要被替换的字符串是文本字符串中的第几组。如果没有指定 instance_num 的值,默认情况下,文本中的每一组 old_text 都会被替换为 new_text。

(4) REPLACE 函数

REPLACE 函数与 SUBSTITUTE 函数具有类似的替换功能,但它的使用方式较 SUBSTITUTE 函数稍有不同——REPLACE 函数可以将某几位的文字以新的字符串替换,例如,将一个字符串中的前 5 个字用“@”替换。

REPLACE 函数的具体语法结构为:

REPLACE(old_text, start_num, num_chars, new_text)

其中,参数 old_text 是原始的文本数据,参数 start_num 可以设置要从 old_text 的第几个字符位置开始替换,参数 num_chars 可以设置共有多少字符要被替换,参数 new_text 则是要用来替换的新字符串。

(5) SEARCH 函数

SEARCH 函数是用来返回指定的字符串在原始字符串中首次出现的位置。一般在使用时,会先用 SEARCH 函数来决定某一个字符串在某特定字符串的位置,再用 REPLACE 函数来修改此文本。

SEARCH 函数的具体语法结构为:

SEARCH(find_text, within_text, start_num)

其中,参数 find_text 是要查找的文本字符串,参数 within_text 则指定要在哪一个字符串查找,参数 start_num 则可以指定要从 within_text 的第几个字符开始查找。需要注意的是,在 find_text 中,可以使用通配符,例如,问号“?”和星号“*”。其中问号“?”代表任何一个字符,而星号“*”可代表任何字符串。如果要查找的字符串就是问号或星号,则必须在这两个符号前加上“~”符号。

(6) 从文本中提取字符的函数

MID 函数,其作用就是返回文本串中从指定位置开始特定数目的字符,该数目由用户指定(另有一个名为 MIDB 的函数,其作用与 MID 完全一样,不过 MID 仅适用于单字节文字,而 MIDB 函数则可用于汉字等双字节字符),利用该功能我们就能从身份证号码中分别取出个人的出生年份、月份及日期,然后再加以适当的合并处理即可得出个人的出生年月日信息。

MID 和 MIDB 函数的具体语法结构为:

MID (text, start_num,num_chars)

MIDB (text, start_num,num_bytes)

其中,text 是包含要提取字符的文本串;start_num 是文本中要提取的第一个字符的位置(文本中第一个字符的 start_num 为 1,第二个为 2,……以此类推);num_chars 则是指定希望 MID 从文本中返回字符的个数;num_bytes 则是指定希望 MIDB 从文本中返回字节的个数。例如,一个人的身份证号码 A=“342201198 * * * * * 7276”,则 MD(A,7,2)就是从身份证号码的第 7 位开始取 2 位数字。

LEFT、RIGHT 函数分别为从字符串的左端、右端提取指定字符数量的字符。LEFT、

RIGHT 函数的具体语法结构为：

LEFT (text, num_chars)

RIGHT (text, num_chars)

其中，text 是包含要提取字符的文本串；nun_chars 则是指定希望从文本中返回字符的个数。例如，一个人的身份证号码 A＝“342201198 * * * * *7276”，则 LEFT(A,2)就是身份证号码的前两位“34”，同理 RIGHT(A,2)就是身份证号码后两位“76”。

4. 日期与时间函数

在 Excel 2003 中，日期与时间函数是在数据表的处理过程中非常重要的处理工具。利用日期与时间函数，可以很容易地计算当前的时间等。日期与时间函数可以用来分析或操作公式中与日期和时间有关的值。下面将介绍几个常用的日期与时间函数。

(1) DATE 函数

DATE 函数是计算某一特定日期的系列编号，其完整的格式为：

DATE(year, month, day)

其中，参数 year 表示为指定年份；month 表示每年中月份的数字；day 表示在该月份中第几天的数字。如果所输入的月份 month 值大于 12，将从指定年份一月份开始往上累加。例如，DATE(2008,14,2)返回 2009-2-2。如果所输入的天数 day 值大于该月份的最大天数时，将从指定月数的第一天开始往上累加。例如，DATE(2008, 1,35)返回 2008-2-4。

另外，由于 Excel 使用的是从 1900-1-1 开始的日期系统，所以若 year 介于 0 到 1899 之间，则 Excel 会自动将该值加上 1900，再计算 year。例如，DATE(108, 8,8)会返回 2008-8-8；若 year 介于 1900 到 9999 之间，则 Excel 将使用该数值作为 year。例如，DATE(2008,7, 2)将返回 2008-7-2；若 year 小于 0 或者大于 10000，则 Excel 会返回错误值 #NUM!。

(2) DAY 函数

DAY 函数是返回指定日期所对应的当月中的第几天的数值，介于 1 到 31 之间，其完整的格式为：

DAY(serial_number)

其中，参数 serial_number 表示指定的日期或数值。关于 DAY 函数的使用有两种方法：一种是参数 serial_number 使用的是日期输入，例如，在相应的单元格中输入“＝DAY("2008-1-1")”，则返回值为 1；另一种参数 serial_number 使用的是数值的输入，例如，在相应的单元格中输入“＝DAY(39448)”，则返回值为 1。在 Excel 中，系统将 1900 年 1 月 1 日对应于序列号 1，后面的日期都相对于这个时间对序列号进行累加，例如 2008 年 1 月 1 日所对应的序列号为 39448。

在使用 DAY 函数的时候，用户可以发现在 DAY 函数参数设定窗口内，在键入的日期值的同时，参数输入栏的右边会同时换算出相应的序列号，如图 2-20 所示。

图 2-20　DAY 函数参数设定窗口

(3) TODAY 函数

TODAY 函数是返回当前系统的日期,其完整的格式为:

TODAY( )

其语法形式中无参数,若要显示当前系统的日期,可以在当前单元格中直接输入公式 TODAY( )。

(4) TIME 函数

TIME 函数是返回某一特定时间的小数值,它返回的小数值为 0～0.99999999,代表 00:00:00(12:00:00AM)～23:59:59(11:59:59PM)的时间,其完整的格式为:

TIME(Hour, Minute, Second)

其中,参数 Hour 表示的是 0～23 的数,代表小时;参数 Minute 表示的是 0～59 的数,代表分;参数 Second 表示的是 0～59 的数,代表秒。根据指定的数据转换成标准的时间格式,可以使用 TIME 时间函数来实现,例如,在相应单元格中输入"=TIME(6,35,55)",按<Enter>键后显示标准时间格式"6:35:55 AM",又如输入"=TIME(22,25,30)",按<Enter>键后显示标准时间格式"10:25:30 PM"。

5. 查找与引用函数

在一个工作表中,可以利用查找与引用函数功能按指定的条件对数据进行快速查询、选择和引用。查找与引用函数用于查找(查看)列表或表格中的值。下面介绍几个常用的查找与引用函数。

(1) VLOOKUP 函数

VLOOKUP 函数可以从一个数组或表格的最左列中查找含有特定值的字段,再返回同一行中某一指定列中的值,其完整的格式为:

VLOOKUP (lookup_value, table_array, col_index_num,range_lookup)

其中,参数 lookup_value 是要在数组中搜索的数据,它可以是数值、引用地址或文本字符串;参数 table_array 是要搜索的数据表格、数组或数据库;参数 col_index_num 则是一个数字,代表要返回的值位于 table_array 中的第几列;参数 range_lookup 是个逻辑值,如果其值为"TRUE"或被省略,则返回部分符合的数值;也就是说,会返回等于或仅次于 lookup_value 的值;如果该值为"FALSE"时,VLOOKUP 函数只会查找完全符合的数值,如果找不到,则返回错误值"#N/A"。另外,如果 range_lookup 为"TRUE",则 table_array 第一列的值必须以递增次序排列,这样才能找到正确的值。如果 range_lookup 是"FALSE",则 table_array 不需要先排序。

(2) HLOOKUP 函数

HLOOKUP 函数可以用来查询表格的第一行的数据,其完整的格式为:

HLOOKUP (lookup_value, table_array, row_index_num, range_lookup)

其中,参数 lookup_value 是要在表格第一行中搜索的值,参数 table_array 与参数 range_lookup 的定义与 VLOOKUP 函数类似,参数 row_index_num 则代表所要返回的值位于 table_array 列中第几行。

(3) LOOKUP 函数

上述的 VLOOKUP 函数与 HLOOKUP 函数只可以从最左列或最上行来查询其他数据,如果要更具灵活性的函数,则可以使用 LOOKUP 函数。LOOKUP 函数有两种语法形式:向量和数组,其中以向量形式比较常用。

向量形式的LOOKUP函数完整的格式为：

LOOKUP(lookup_value, lookup_vector, result_vector)

其中，参数lookup_value是要查找的数据，参数lookup_vector是一个单行或单列的范围，其内容可以是文字、数字或逻辑值，但要以递增方式排列，否则不会返回正确的值。参数result_vector是个单行或单列的范围，其大小应与lookup_vector相同。在查询时，如果LOOKUP函数无法找到完全符合的lookup_value，则会采用在lookup_value中仅次于lookup_value的值。

LOOKUP函数的另一种语法形式为数组形式。这种形式的LOOKUP函数会在数组的第一行(或第一列)搜索指定的值，然后返回最后一行(或列)的同一位置上单元格的内容。由于只能返回最后一列或最后一行的值，限制太多，所以一般都以HLOOKUP或VLOOKUP函数来代替数组形式的LOOKUP函数。

6. 数据库函数

数据库函数用于对存储在数据清单或数据库中的数据进行分析，判断其是否符合特定的条件。在Excel 2003函数库中共有12个数据库函数。如果能够灵活运用这类函数，就可以方便地分析数据库中的数据信息。在所有的数据库函数中，根据各自函数所具有的功能不同，可分为数据库信息函数和数据库分析函数两大类。前者的主要功能是直接获取数据库中的信息，后者的主要功能是分析数据库的数据信息。

这一类函数具有一些共同特点。

- 每个函数均有三个参数：database、field和criteria。这些参数指向函数所使用的工作表区域。
- 除了GETPIVOTDATA函数之外，其余12个函数都以字母D开头。
- 如果将字母D去掉，可以发现其实大多数数据库函数已经在Excel的其他类型函数中出现过了。比如，DAVERAGE将D去掉的话，就是求平均值的函数AVERAGE。

典型的数据库函数表达的完整格式为：

函数名称(database,field,criteria)

其中，参数database为构成数据清单或数据库的单元格区域。数据库是包含一组相关数据的数据清单，其中包含相关信息的行为记录，而包含数据的列为字段。数据清单的第一行包含着每一列的标志项。

参数field为指定函数所使用的数据列，数据清单中的数据列必须在第一行具有标志项。field可以是文本，即两端带引号的标志项，也可以是代表数据清单中数据列位置的数字。如1表示第一列，2表示第二列，以此类推。

参数criteria为一组包含给定条件的单元格区域。任意区域都可以指定给参数criteria，但是该区域中至少包含一个列标志和列标志下方用于设定条件的单元格。

下面介绍几个常用的函数。

(1) 数据库信息函数

数据库信息函数的主要功能是获取数据库的数值信息和单元格统计信息。通过这些函数，可以返回数据库的有效信息。

- DCOUNT函数

DCOUNT函数的功能是返回列表或数据库中满足指定条件的记录字段(列)中包含数值的单元格的个数，其函数的完整格式为：

DCOUNT (database, field, criteria)

下面以计算图 2-21 的实例表中性别为“女”且“分数”大于 80 分的人数为例，介绍 DCOUNT 函数的应用。

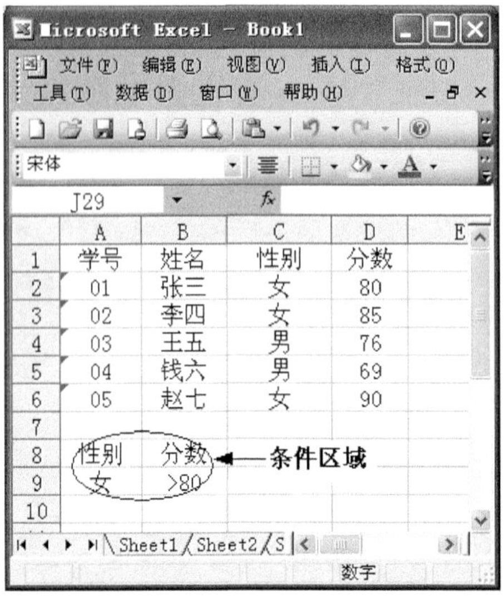

	A	B	C	D	E
1	学号	姓名	性别	分数	
2	01	张三	女	80	
3	02	李四	女	85	
4	03	王五	男	76	
5	04	钱六	男	69	
6	05	赵七	女	90	
7					
8	性别	分数			
9	女	>80			
10					

条件区域

图 2-21 选择区域输入条件区域数据

其具体操作方法为：首先在表中选择任何空白区域输入条件区域数据，然后在输出结果单元格中输入公式“=DCOUNT(A1:D6,4,A8:B9)”，按回车键，即可得到目标分数(女性，且分数在 80 分以上)的人数。

- DGET 函数

DGET 函数用于从列表或数据库的列中提取符合指定条件的单个值，其函数的完整格式为：

DGET(database, field, criteria)

其操作方法与 DCOUNT 函数类似，这里不再赘述。值得注意的是：对于 DGET 函数，如果没有满足条件的记录，则返回错误值“#VALUE!”。如果有多个记录满足条件，将返回错误值“#NUM!”。

- DCOUNTA 函数

DCOUNTA 函数返回列表或数据库中满足指定条件的记录字段(列)中非空单元格的个数，其函数的完整格式为：

DCOUNTA(database, field, criteria)

其操作方法与 DCOUNT 函数类似，这里也不再赘述。

(2)数据库分析函数

数据库分析函数的主要功能是对数据库的数据进行统计、整理和分析，灵活使用这类函数，可以很方便地对数据库数据进行各种比较复杂的分析。

- DAVERAGE 函数

DAVERAGE 函数是计算列表或数据库的列中满足指定条件的数值的平均值，其函数的完整格式为：

DAVERAGE (database,field,critria)

下面以计算图2-21的实例中女生的平均成绩为例，介绍DAVERAGE函数的应用。

其具体操作方法为：首先在表中选择任何空白区域输入条件区域数据，然后在输出结果单元格中输入公式"=DAVERAGE（A1:D6,4,A8:A9）"，按回车键，即可得到所有女生的平均成绩。

• DMAX函数

DMAX函数的功能是返回列表或数据库的列中满足指定条件的最大值，其函数的完整格式为：

DMAX(database, field, criteria)

有关DMIN函数的用法与DMAX类似，在此不再赘述。

• DPRODUCT函数

DPRODUCT函数用来返回列表或数据库中满足指定条件的记录字段（列）中数值的乘积，其函数的完整格式为：

DPRODUCT（database, field, criteria)

• DSUM函数

DSUM函数是用来返回列表或数据库中满足指定条件的记录字段（列）中的数字之和，其函数的完整格式为：

DSUM(database,field,criteria)

数据库函数还包含其他的一些函数，如DVAR函数、DVARP函数、DSTDEV函数和DSTDEVP函数，但是由于这些函数不太常用，在此就不再一一介绍，有兴趣的读者可以参考相关教程自行学习。

7. 其他类型的函数

在Excel 2003函数库中，除了以上介绍的常用函数、财务函数、文本函数、日期与时间函数、查找与引用函数、数据库函数之外，还有统计函数、信息函数、逻辑函数、数学与三角函数以及工程函数。所有的函数都对应于相应的应用，下面仅介绍另外一些比较常用的函数。

(1) IS类函数

ISTEXT函数是用来测试单元格中的数据是否为文本，其返回值为逻辑值"TURE"或"FALSE"，其完整的格式为：

ISTEXT(value)

其中，参数value是想要测试的值或单元格地址。例如，在B2单元格中输入"测试单元格数据!"，然后在C2单元格中使用函数，将value值设定为B2，单击"确定"按钮，将显示结果"TURE"，这一结果说明B2单元格中的数据为文本形式。又如，在B3单元格中输入"2008"，然后在C3单元格中使用函数，将value值设定为B3，单击"确定"按钮，将显示结果"FALSE"，这一结果说明B3单元格中的数据为非文本形式。

在Excel函数库中，IS类函数除了ISTEXT函数之外，还有其他用来测试数值或引用类型的工作表函数，它们会检查数值的类型，并且根据结果返回"TRUE"或"FALSE"。

(2) TYPE函数

TYPE函数是另一种测试单元格是否为文本的函数，其可以返回测试值的数据类型，其完整的格式为：

TYPE(value)

其中，参数value可以是任何数据值，如数字、文本、逻辑值等。如果测试值value是数字，则函数会返回 1；如果测试值 value 是文本，则函数会返回 2；如果测试值 value 是逻辑值，则函数会返回 4；如果测试值 value 是错误值，则函数会返回 16；如果测试值 value 是数组型，则函数会返回 64。

(3) 计数函数 COUNT

COUNT 函数是用于返回数字参数的个数，即统计数组或单元格区域中含有数值类型的单元格个数，其完整的格式为：

COUNT(value1, value2, …)

其中，value1, value2,…表示包含或引用各种类型数据的参数，函数可以最多附带上 1～30 个参数，其中只有数字类型的数据才能被统计。

类似于 COUNT 函数这样的计数类函数还有 COUNTA、COUNTBLANK、COUNTIF 等。下面简单介绍这 3 个计数函数。

COUNTA 函数返回参数组中非空值的数目，即计算数组或单元格区域中数据项的个数。其完整的格式为：COUNTA(value1, value2, …)，其中 value1, value2,…表示包含或引用各种类型数据的参数(最多使用 1～30 个参数)，参数类型可以是任何类型，包括空格，但不包括空白单元格。

COUNTBLANK 函数计算某个单元格区域中空白单元格的数目，其完整的格式为：COUNTBLANK (range)，其中参数 range 表示的是需要计算其中空白单元格数目的区域。

COUNTIF 函数计算区域中满足给定条件的单元格的个数，其完整的格式为：COUNTIF (range, criteria)，其中参数 range 表示的是需要计算其中满足条件的单元格数目的单元格区域，参数 criteria 表示的是确定哪些单元格将被计算在内的条件，其形式可以是数字、表达式或文本。

(4) 排位统计函数 RANK

RANK 函数的功能是返回一个数值在一组数值中的排位，其完整的格式为：

RANK(number, ref, order)

其中，mumber 表示需要计算其排位的一个数字，ref 表示包含一组数字的数组或引用，其中的非数值型参数将被忽略，order 表示为一数字，指明排位的方式。若 order 为零或缺省，则按降序排列的数据清单进行排序；若 order 不为零，则按升序的数据清单进行排位。例如，如果区域 A1: A5 中分别含有数 7、5、4、1 和 2，则 RANK(A2,A1:A5)等于 2，而 RANK(A2,A1:A5, 1)等于 4。

(5) 四舍五入函数 ROUND

ROUND 函数的功能是根据指定的位数，将数字四舍五入，其完整的格式为：

ROUND (number, num_digits)

其中，参数 number 为将要进行四舍五入的数字，num_digits 是用户希望得到的数字的小数点后的位数。需要说明的是：如果 num_digits＞0，则舍入到指定的小数位，例如，公式“=ROUND(3.1415926,2)”，其值为 3.14；如果 num_digits=0，则舍入到整数，例如，公式“=ROUND(3.1415926,0)”，其值为 3；如果 num_digits＜0，则在小数点左侧(整数部分)进行舍入。例如，公式“=ROUND(759.7852,-4)”，其值为 800。

在 Excel 函数库中，类似于 ROUND 函数这样的四舍五入函数还有 ROUNDDOWN、ROUNDUP 等，下面简单介绍这两个四舍五入函数。

ROUNDDOWN 函数是按指定位数舍去数字指定位数后面的小数，其完整的格式为：

ROUNDDOWN(number, num_digits)

其中，参数 number 为将要进行四舍五入的数字，num_digits 是用户希望得到的数字的小数点后的位数。例如，单元格中输入“＝ROUNDDOWN(3.158,2)”，则会出现数字 3.15，将两位小数后的数字全部舍掉。

ROUNDUP 函数是按指定位数向上舍入数字指定位数后面的小数，其完整的格式为

ROUNDUP (number, num_digits)

其中，参数 number 为将要进行四舍五入的数字，num_digits 是用户希望得到的数字的小数点后的位数。例如，在单元格中输入“＝ ROUNDUP (3.158,2)”，则会出现数字 3.16，将两位小数后的数字入上去，除非其后为零。

(6) 求最大值函数 MAX 和求最小值函数 MIN

MAX 函数是用于求参数列表中对应数字的最大值，其完整的格式为：

MAX(number1, number2,…)

MIN 函数是用于求参数列表中对应数字的最小值，其完整的格式为：

MIN(number1, number2, …)

其中，以上两个函数中参数 number1，number2，…表示要从中找出最大值或最小值的 1～30 个数字参数。

在 Excel 函数库中，与 MAX 函数和 MIN 函数对应的还有 MAXA 函数和 MINA 函数。这两个函数的功能类似于 MAX 函数和 MIN 函数，也是分别返回参数列表中对应数字的最大值和最小值。它们的完整格式分别为：

MAXA(value1, value2, …)

MINA(value1, value2, …)

其中，参数 value1，value2，…表示要从中找出最大值或最小值的 1～30 个参数。但值得注意的是，这两个函数的参数类型可以是数字、空参数、逻辑值或数字的文本表示等形式，这也是这两个函数与 MAX 函数和 MIN 函数的最大区别。在使用 MAXA 函数和 MINA 函数过程中，若单元格中为逻辑值 TRUE 的参数，则计算结果为 1；若单元格中为文字或逻辑值 FALSE 的参数，则计算结果为 0；若参数不包含任何值，则返回 0。

(7) AND 函数

AND 函数用于当所有条件都满足时，返回的结果为“TRUE”(真)；反之，返回的结果为“FALSE”(假)。所以它一般用来检验一组数据是否都满足条件，其完整的格式为：

AND(logical1, logical2, logical3,…)

其中，logical1，logical2，logical3，…表示测试条件值或表达式，不过最多有 30 个条件值或表达式。例如，单元格 A1＝28，B1＝500，在 C1 中输入“＝AND(A1＞＝20, B1＞＝500)”，则返回值为“TRUE”。

(8) OR 函数

OR 函数用于当所有条件都不满足时，返回的结果为“FALSE”(假)；反之，返回的结果为“TRUE”(真)。所以它一般用来检验一组数据是否都不满足条件，其完整的格式为：

OR(logical1, logical2, logical3,…)

其中，logical1, logical2, logical3，…表示测试条件值或表达式，不过最多有 30 个条件值或表达式。例如单元格 A1＝9，B1＝21，在 C1 中输入“＝OR(A1＞＝10,B1＞20)”，则返回值为“TRUE”；当输入“＝OR(A1＞＝10,Bl＜20)”，则返回值为“FALSE”。

2.3 Excel 中数组的使用

2.3.1 数组的概述

数组就是单元的集合或是一组处理的值的集合。可以写一个数组公式，即输入一个单个的公式，它执行多个输入操作并产生多个结果，每个结果显示在一个单元格区域中。数组公式可以看成有多重数值的公式，它与单值公式的不同之处在于它可以产生一个以上的结果。一个数组公式可以占用一个或多个单元区域，数组的元素可多达 6 500 个。

对于数组在 Excel 中的使用，最基本的就是在 Excel 中输入数组公式。在此，以图 2-22 所示的学生成绩表为例，计算每个学生的总成绩，其具体的操作步骤如下。

(1) 选定需要输入公式的单元格或单元格区域，在此例中为“F2:F6”。

(2) 在单元格“F2”中输入公式“=D2:D6+E2:E6”，按<Shift>+<Ctrl>+<Enter>组合键。(注意不要按<Enter>键，在此仅输入公式的方法与输入普通公式的方法一样)。

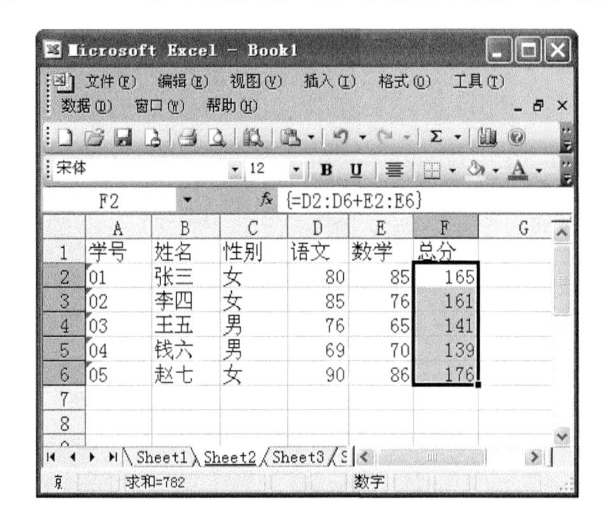

图 2-22 数组公式应用举例

此时，用户可以看到单击 F2:F6 中的任意单元格，在编辑栏中都会出现一个用大括号“{}”框住的公式，即“{=D2:D6+E2:E6}”，这就是一个数组公式，表示将 D2:E6 整个区域的数据当作一个整体(即一个单元格)来进行处理。所以不能对其中的任意一个单元格作任何的单独处理，必须针对整个数组进行处理。

注意：不要自己输入大括号，否则，Excel 会认为输入的是一个正文标签。

2.3.2 数组常数

一个基本的公式可以按照一个或多个参数或者数值来产生出一个单一的结果，用户既可以输入对包含数值的单元格的引用，又可以输入数值本身。在数组公式中，通常使用单元格区域引用，但也可以直接输入数值数组，输入的数值数组称为数组常量。

数组中使用的常量可以是数字、文本、逻辑值（“TRUE”或“FALSE”）和错误值等。数组有整数型、小数型和科学计数型。文本则必须使用引号引起来，例如“星期一”。在同一个数组常量中可以使用不同类型的值。数组常量中的值必须是常量，不可以是公式。数组常量不能含有货币符号、括号或百分比符号。所输入的数组常量不得含有不同长度的行或列。

数组常量可以分为一维数组与二维数组。一维数组包括垂直和水平数组。在一维水平数组中元素用逗号分开，如{10,20,30,40,50}；在一维垂直数组中，元素用分号分开，如{100;200;300;400;500}。而对于二维数组中，常用逗号将一行内的元素分开，用分号将各行分开。

2.3.3 编辑数组

一个数组包含数个单元格，这些单元格形成一个整体。所以，数组中的单元格不能单独进行编辑、清除和移动，也不能插入或删除单元格，在对数组进行操作（编辑、清除、移动单元格，插入、删除单元格）之前，必须先选取整个数组，然后进行相应的操作。操作步骤如下。

(1) 选定数组：可以单击数组公式中的任一单元格，或选定数组公式所包含的全部单元格。

(2) 单击编辑栏中的数组公式，或按＜F2＞键，便可对数组公式进行修改（此时{}会自动消失）。

(3) 完成修改后再按＜Shift＞＋＜Ctrl＞＋＜Enter＞组合键，此时可看到修改后的计算结果。

如果要删除数组，可以选定要删除的数组，按下＜Ctrl＞＋＜Delete＞组合键或选择“编辑”菜单中的“清除”命令即可完成。

2.4 数据管理与分析

Excel具有强大的数据管理与分析能力，能够对工作表中的数据进行排序、筛选、分类汇总等，还能够使用数据透视表对工作表的数据进行重组，对特定的数据行或数据列进行各种概要分析，并且可以生成数据透视图，直观地表示分析结果。其操作简便，直观高效，比一般的数据库更胜一筹，充分发挥了它在表格处理方面的优势，使电子表格得到广泛应用。

2.4.1 数据列表

1. 创建数据列表

由于排序、筛选、汇总等操作需要通过数据列表来进行，因此在操作前应先创建好数据列表。数据列表，也叫数据清单，它是工作表中包含相关数据的一系列数据行，可以像数据库一样接受浏览与编辑等操作。在执行查询、排序或汇总数据等操作时，Excel会自动将数据列表视作数据库，其中列作为数据库中的字段，列标题作为数据库中的字段名称，行作为数据库中的记录。

数据列表的创建方法如下：选定要创建列表的数据区域，然后选择Excel的“数据”→“列表”→“创建列表”菜单项。例如，要把如图 2-23 所示的学生成绩数据表建立成数据列表，可选中 A2:G7 区域进行操作。

实际上，如果一个工作表只有一个连续数据区域，并且这个数据区域的每个列都有列标题，那么系统会自动将这个连续数据区域识别为数据列表。如图 2-23 所示，该学生成绩表在排序的时候会自动使用 A2:G7 区域建立一个数据列表，而不需要手动建立。

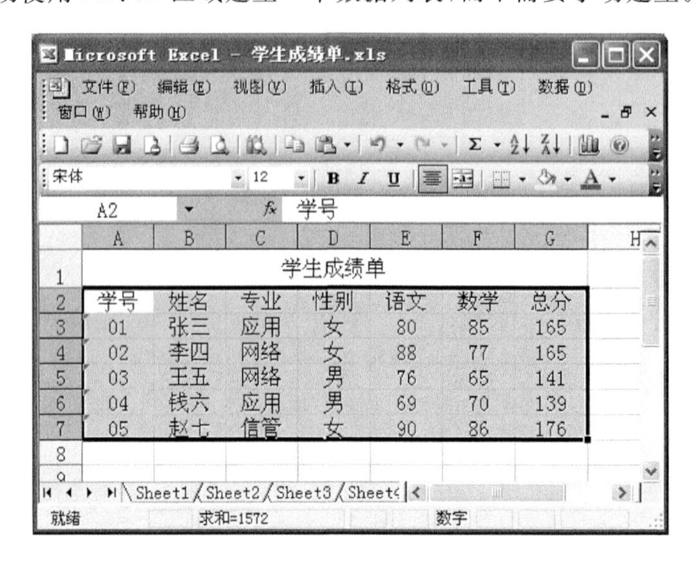

图 2-23 建立数据列表

在创建数据列表时，应注意以下规则。

(1) 一个工作表中一般只创建一个数据列表，应尽量避免在一个工作表中创建多个数据列表。

(2) 数据列表中的每一列应包括相同类型的数据。

(3) 在同一工作表中，数据列表与其他数据间至少要留出一个空列和一个空行，使数据列表独立于其他数据。

(4) 关键数据置于列表的顶部或底部。这样可避免将关键数据放到数据列表的左右两侧。因为这些数据在 Excel 筛选数据列表时可能会被隐藏。

(5) 在数据列表的第一行中创建列标题。

(6) 不要在数据列表中插入空行和空列。

(7) 单元格的开始处不要插入多余的空格。因为单元格开头和末尾的多余空格会影响排序与搜索，可采用缩进单元格内文本的办法来代替空格。

2. 使用记录单

当数据表或列表中的数据记录太多时，要查看、修改或编辑其中的某条记录很困难，为了解决这个问题，Excel 提供了记录单功能。

只有每列数据都有标题的工作表才能够使用记录单功能。图 2-23 所示的工作表就符合记录单的使用要求。单击学生成绩数据列表中的任一单元格，从“数据”下拉菜单中选择“记录单”命令，进入如图 2-24 所示的数据记录单对话框。

记录单显示出了数据列表的第 1 行记录，这时可以直接修改其中各字段的数据。“还原”按钮可以把已经修改过的记录还原为初始值；如果要删除记录单上显示的记录，可以单击记录单上的“删除”按钮；单击记录单上的“下一条”按钮，可使记录单显示下一数据行，单击“上一条”按钮，可显示当前行的上一数据行，用这两个按钮可以查看所有数据行；单击“新建”按钮可向记录单添加新的记录，该记录会被添加在数据表的最后一行。操作完成后，单击“关闭”按钮即可。

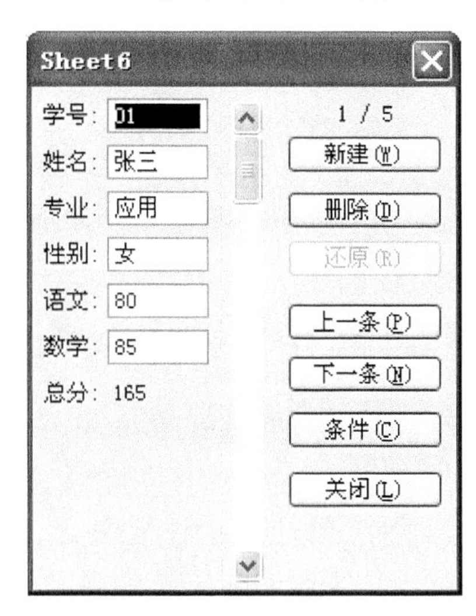

图 2-24 记录单

记录单具有条件查询的功能，并且还允许使用通配符查找。例如，要查询“语文”大于 80 的记录，只须单击“条件”按钮，并在“语文”栏中输入“＞80”，再单击“下一条”/“上一条”按钮或按回车查看满足条件的记录。再如，要在学生成绩单中查找姓张的学生成绩，可以用“张 * ”作为查找条件，该查询条件的意思是以张开头的任意长度的任何字符串。

由此可见，数据记录单是一种对话框，利用它可以很方便地在数据列表中输入或显示一行完整的信息或记录。它最突出的用途是查找和删除记录。当使用数据记录单向新的数据列表中添加记录时，数据列表每一列的顶部必须具有列标题。

注意：在数据记录单中一次最多只能显示 32 个字段。

2.4.2 数据排序

数据排序的功能是按一定的规则对数据进行整理和排列，为进一步处理数据作好准备。Excel 2003 提供了多种对数据列表进行排序的方法，既可以按升序或降序进行排序，又可以按用户自定义的方式进行排序。

1. 普通排序

数据排序是一种常用的表格操作方式，通过排序可以对工作表进行数据重组，提供有用的信息。例如，对每月所有商品的销售数量进行排序，可以方便地看出商品的销售情况。

最简单的排序操作是使用“常用”工具栏中的排序按钮，其中 为升序排序按钮， 为降序排序按钮。如要对图 2-23 中“总分”列数据进行从大到小排序，操作时只需要单击“总分”单元格，然后按 即可。

图 2-25 “排序”对话框

遇到排序字段的数据出现相同值时，要求排列顺序由其他条件决定。这种情况下，使用“常用”工具栏中的排序按钮就不能满足要求。这时，可以使用“数据”下拉菜单中的“排序”命令进行操作。操作时，屏幕上将显示如图 2-25 所示的“排序”对话框，可以使用的各选项功能如下所述。

- 主要关键字：通过下拉菜单选择排序字段，右边的单选按钮可控制按升序或降序的方式进行排序。
- 次要关键字：设置方法同“主要关键字”。如果前面设置的“主要关键字”列中出现了重复项，就按次要关键字来排序重复的部分。

- 第三关键字：设置方法同“主要关键字”。如果前面设置的“主要关键字”与“次要关键字”列中都出现了重复项，就按第三关键字来排序重复的部分。
- 有标题行：在数据排序时，列表的第一行作为标题行不参与排序。
- 无标题行：在数据排序时，列表的第一行与其他行一起参与排序。

注意：如果排序结果与所预期的不同，说明排序数据的类型有出入。若想得到正确的结果，就要确保列中所有单元格属于同一数据类型。

【例】 将图 2-23 中已建立好的“学生成绩单”按“总分”递减排序，当“总分”相等时按“语文”递减排序(注意标题行不参加排序)。

操作步骤如下。

(1) 单击要排序的数据列表中的任一单元格，或选中要排序的整个单元格区域。本例中，可单击 A2:G7 中的任一单元格，也可以选择整个 A2:G7 区域。

(2) 选择“数据”→“排序”命令，弹出“排序”对话框，如图 2-25 所示。

(3) 从“主要关键字”下拉列表中选择“总分”为排序的第一关键字，并选择其旁边的“降序”按钮。

(4) 在“次要关键字”下拉列表中选择“语文”为排序的第二关键字，并选择其旁边的“降序”按钮。

(5) 在“我的数据区域”中选择“有标题行”单选钮，单击“确定”按钮完成操作。其结果如图 2-26 所示。

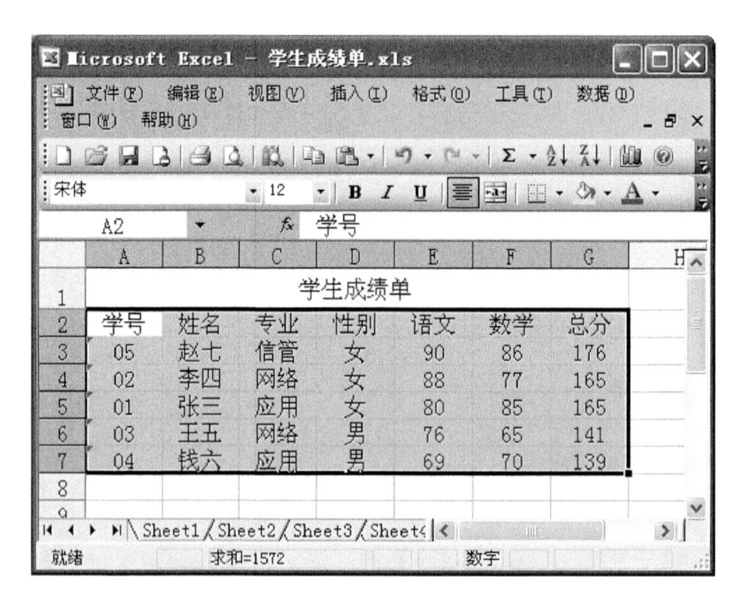

图 2-26　排序结果

2. 自定义排序

有时，我们需要按照一种指定的次序进行排序，而不是按照数值或者文本的顺序排序。例如，要把图 2-23 中的成绩表中的“专业”按照“信管、应用、网络”这个自定义顺序排列，而不是字母或笔画顺序。要完成这样的排序，需要先建立一个用户自定义序列“信管、应用、网络”，操作步骤见 2.1.2 节。

把自定义序列“信管、应用、网络”添加到系统中后，就可以使用自定义排序对学生成绩单进行排序,具体操作步骤如下。

(1) 单击图 2-23 中 A2:G7 中的任一单元格,或选择整个 A2:G7 区域,然后选择“数据”→“排序”菜单项。

(2) 在弹出的“排序”对话框中,单击“选项”按钮,系统将弹出“排序选项”对话框,在“排序选项”对话框的“自定义排序次序”下拉列表中选择前面建立的自定义序列,如图 2-27 所示。然后单击“确定”按钮回到“排序”对话框。

(3) 在“排序”对话框中选择“专业”作为主要关键字,排序方式为“升序”,选择“总分”作为次要关键字,排序方式为“降序”,单击“确定”按钮即可得到如图 2-28 所示的结果。

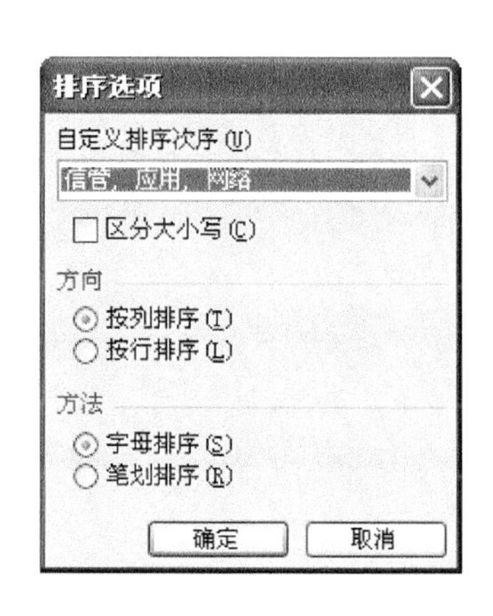

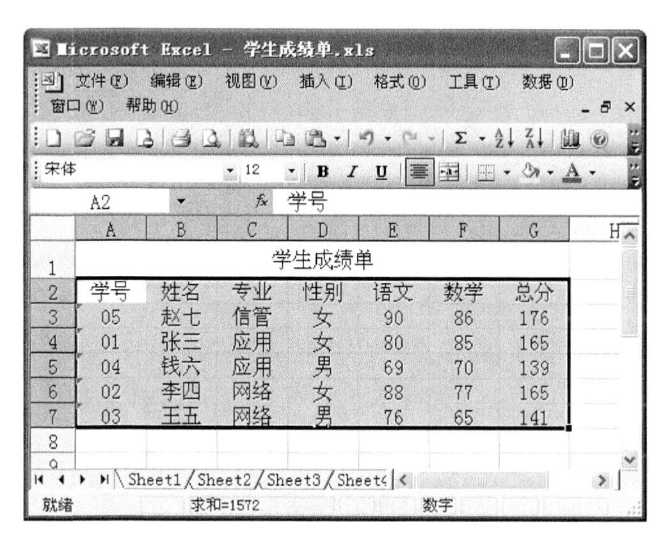

图 2-27　“排序选项”对话框　　　　图 2-28　按“专业”排序结果

3. 排序规则

按递增方式排序的数据类型及其数据的顺序如下。

- 数字:根据其值的大小从小到大排序。
- 文本和包含数字的文本:按字母顺序对文本项进行排序。Excel 从左到右一个字符一个字符依次比较,如果对应位置的字符相同,则进行下一位置的字符比较,一旦比较出大小,就不再比较后面的字符。如果所有的字符均相同,则参与比较的文本就相等。

例如,若一个单元格中含有文本“iPhone(16 G)”,另一个单元格含有“iPhone(8 G)”,当进行排序时,首先比较第 1 个字符,它们都是 i,所以就比较它们的第 2 个字符,由于都是 P,所以进行下一个字符的比较,一直到第 8 个字符,由于字符“1”小于“8”,就结束了比较,即“iPhone(16 G)”排在“iPhone(8 G)”之前。

- 逻辑值:False 排在 True 之前。
- 错误值:所有的错误值都是相等的。
- 空白(不是空格):空白单元格总是排在最后。
- 汉字:汉字有两种排序方式,一种是按照汉语拼音的字典顺序进行排序,如“手机”与“储存卡”按拼音升序排序时,“储存卡”排在“手机”的前面;另一种排序方式是按笔画排序,以笔画的多少作为排序的依据,如以笔画升序排序,“手机”应排在“储存卡”前面。

递减排序的顺序与递增顺序恰好相反，但空白单元格将排在最后。

日期、时间也当文字处理，是根据它们内部表示的基础值排序。

2.4.3 数据筛选

数据筛选是一种用于查找数据的快速方法，筛选将数据列表中所有不满足条件的记录暂时隐藏起来，只显示满足条件的数据行，以供用户浏览和分析。Excel 提供了自动和高级两种筛选数据的方式。

1. 自动筛选

自动筛选为用户提供了在具有大量记录的数据列表中快速查找符合某些条件的记录的功能。筛选后只显示出包含符合条件的数据行，而隐藏其他行。

现以查询图 2-23 中所有女生成绩为例，说明“自动筛选”的具体操作步骤如下。

(1) 单击学生成绩单中的任一单元格。

(2) 选择“数据”→“筛选”→“自动筛选”命令，此时，在数据列表中第一行的每个字段右边将出现一个下拉按钮，单击需要进行筛选的列标题“性别”的下拉列表，Excel 会显示出该列中所有不同的数据值，如图 2-29 所示，其中各项的意义解释如下：

- 全部，显示出工作表中的所有数据，相当于不进行筛选。
- 前 10 个，该选项表示只显示数据列表中的前若干个数据行，不一定就是 10 个，个数可以修改。
- 自定义，该选项表示自己可以自定义筛选条件。
- 男、女，这些内容是“性别”列中的所有数据，选择其中的某项内容，Excel 就会以所选内容对数据列表进行筛选。

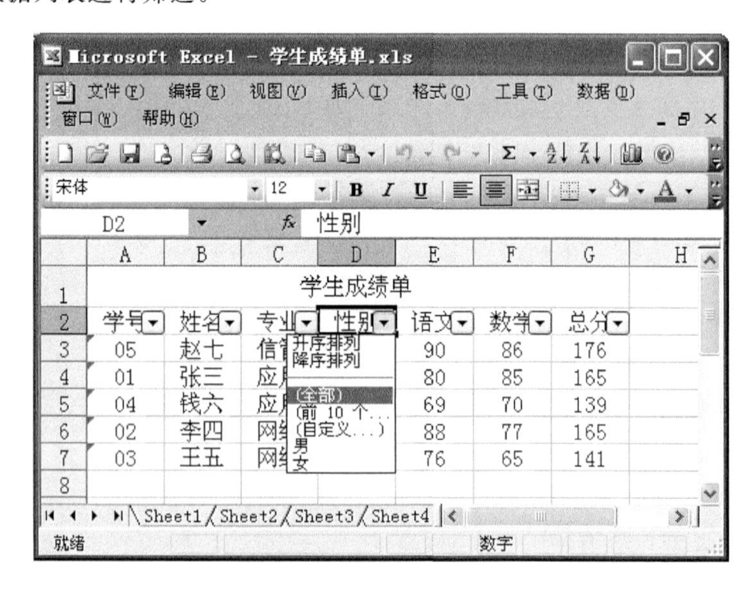

图 2-29 自动筛选

(3) 如要查看女生的成绩，只需在下拉列表中选择“女”，系统就会显示如图 2-30 所示的结果。

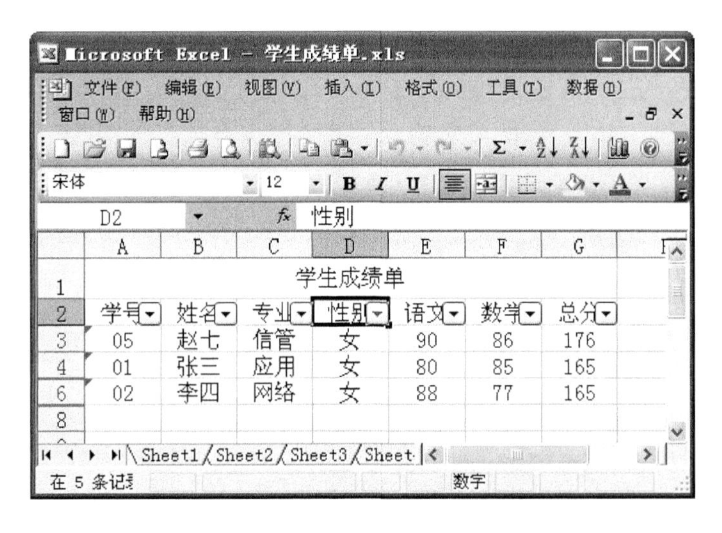

图 2-30 选择“女”自动筛选结果

在此例中，若要找出女生中语文成绩最好的前两名学生，则在执行“性别”为“女”的操作之后，再单击“语文”列的下拉列表，选择“(前 10 个…)”，打开“自动筛选前 10 个”对话框，如图 2-31 所示，然后在“显示”的下拉列表中选择“最大”，在编辑框中输入“2”即可。

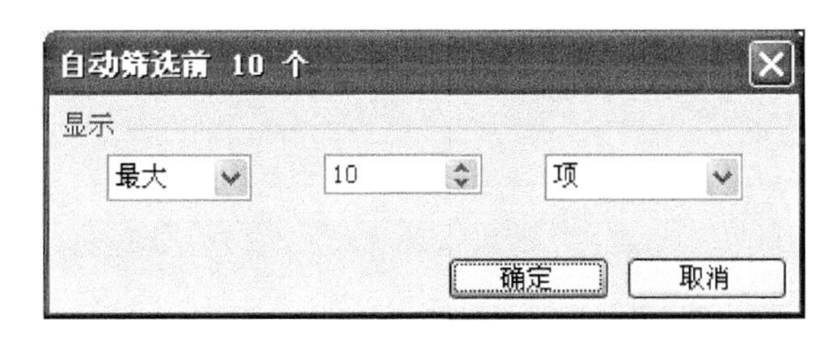

图 2-31 “自动筛选前 10 个”对话框

若还需要查询女生中语文成绩在 85 分以上并且小于 100 分的记录，则在执行“性别”为“女”的操作之后，再单击“语文”列的下拉列表，选择“(自定义…)”，打开“自定义筛选方式”对话框，如图 2-32 所示执行相应操作即可得到想要的结果。

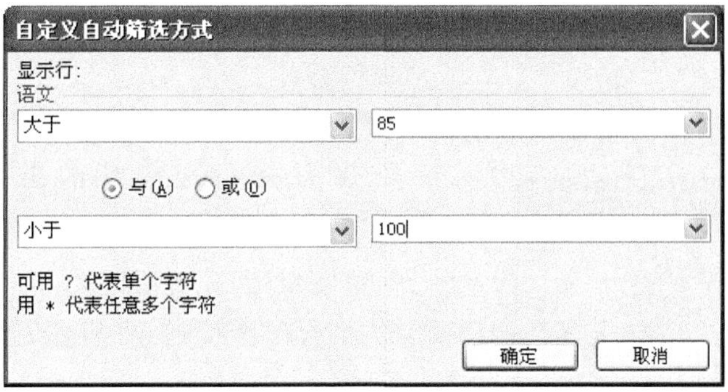

图 2-32 “自定义自动筛选方式”对话框

注意：如果要在数据列表中恢复筛选前的显示状态，只需要再次选择“数据”→“筛选”→“自动筛选”菜单项，这时会发现该菜单项前面的“√”消失，数据列表就恢复成筛选前状态。

2. 高级筛选

自定义筛选只能完成条件简单的数据筛选,如果筛选的条件比较复杂,自定义筛选就会显得比较麻烦。对于筛选条件较多的情况,可以使用高级筛选功能来处理。

使用高级筛选功能,必须先建立一个条件区域,用来指定筛选条件。条件区域的第一行是所有作为筛选条件的字段名,这些字段名与数据列表中的字段名必须一致,条件区域的其他行则输入筛选条件。需要注意的是,条件区域和数据列表不能连接,必须用空行或空列将其隔开。

条件区域的构造规则是:同一列中的条件是“或”,同一行中的条件是“与”;若有两个或两个以上不同字段表示“或”运算时,条件表达式应输入在不同的行。

前面我们使用自动筛选的自定义方式查询女生中语文成绩在 85 分以上并且小于 100 分的记录,要进行两步筛选才能够得到结果,现在我们可以使用高级筛选进行查询,操作步骤如下。

(1) 将条件中涉及的字段名“性别”、“语文”复制到数据列表下方的空白处,然后在其对应的下一行输入条件表达式,如图 2-33 所示。

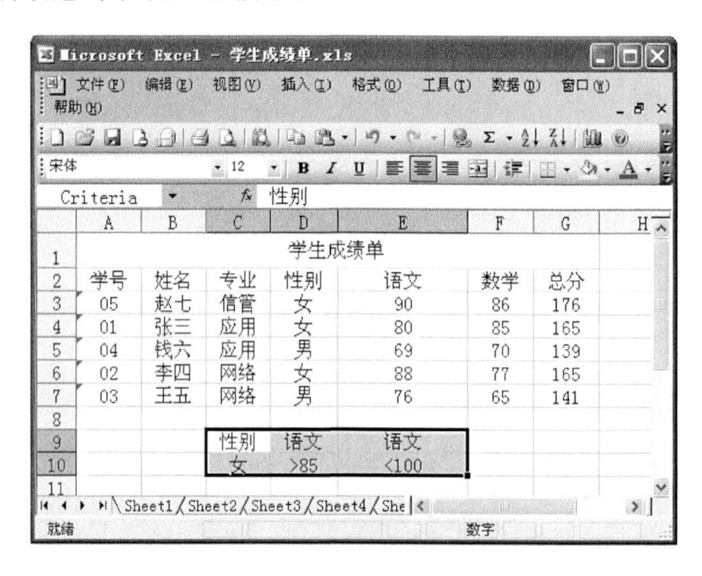

图 2-33 条件区域的构造

图 2-34 “高级筛选”对话框

(2) 单击数据列表中的任一单元格,然后选择“数据”→“筛选”→“高级筛选”菜单项,打开如图 2-34 所示的“高级筛选”对话框。

(3) 指定数据列表区域和条件区域。可在对应的文本框中直接输入区域范围,或单击文本框右边的区域选择按钮,在源数据列表中用鼠标拖动选择数据区域。

(4) 指定保存结果的区域。若筛选后要隐藏不符合条件的数据行,并让筛选的结果显示在数据列表中，可选择“在原有区域显示筛选结果”单选按钮。若要将符合条件的数据行复制到工作表的其他位置，则需要选择“将筛选结果复制到其他位置”单选按钮，并通过“复制到”编辑框指定粘贴区域的左上角单元格位置的引用。Excel 会以此单元格为起点，自动向右、向下扩展单元格区域，直到完整地存入筛选后的结果。

(5) 单击“确定”按钮，结果如图 2-35 所示。

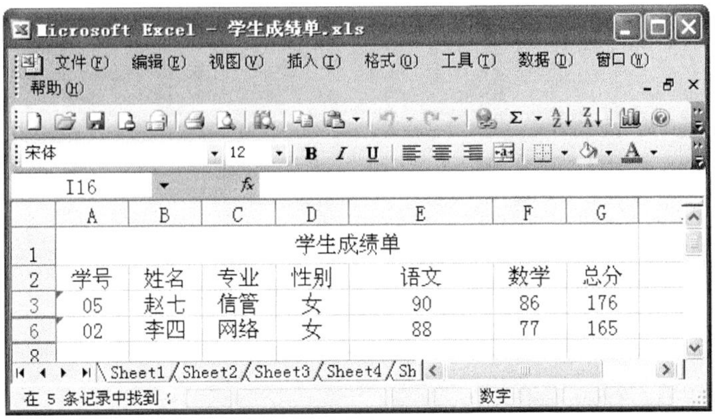

	A	B	C	D	E	F	G
1	学生成绩单						
2	学号	姓名	专业	性别	语文	数学	总分
3	05	赵七	信管	女	90	86	176
6	02	李四	网络	女	88	77	165

图 2-35 “高级筛选”后的结果

如果要将数据列表恢复到筛选前的状态，可以选择“数据”→“筛选”→“全部显示”命令即可。

【例】 分析图 2-23 中学生成绩表，找出总分高于平均分的学生。

由于平均分不是一个常数条件，而是对工作表数据进行计算的结果。假如先计算出平均成绩，再用计算结果进行筛选，这样当然可以完成任务，但是这样做比较死板，一旦数据有变化，这个筛选结果就不正确了。

那么是否可以在筛选条件中包含一个平均值计算公式呢？答案是肯定的，Excel 的高级筛选允许建立计算条件。建立计算条件须满足下列 3 条原则：

- 计算条件中的标题可以是任何文本或空白，不能与数据列表中的任一列标相同，这一点与前面指定的条件区域刚好相反；
- 必须以绝对引用的方式引用数据列表外的单元格；
- 必须以相对引用的方式引用数据列表内的单元格。

了解了计算条件的规则之后，我们可以按照下面的方法建立计算条件。

如图 2-36 所示，在单元格 C10（或任一空白单元格）中输入平均值计算公式“=AVERAGE(G3:G7)”，该公式的计算结果为 157.2；在 E9 中输入计算条件的列标，其值须满足上述的第 1 条原则，如输入“高于平均分”；在 E10 中输入计算条件公式“=G3> $C$10”，输入该公式须满足上述的第 2、3 条规则，G3 是数据列表中的单元格，因此只能使用相对引用的方式。C10 包含平均值公式，是数据列表之外的单元格，只能采用绝对引用的方式。

计算条件建立好之后，按照前面介绍的步骤进行高级筛选，数据区域是 A2:G7，条件区域是 E9:E10，筛选的结果如图 2-37 所示。

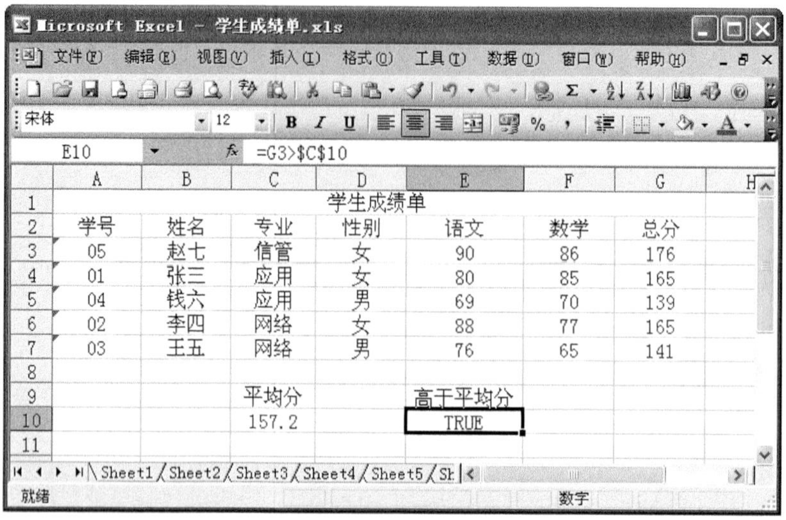

Microsoft Excel - 学生成绩单.xls

文件(F) 编辑(E) 视图(V) 插入(I) 格式(O) 工具(T) 数据(D) 窗口(W) 帮助(H)

宋体 12

E10 =G3>$C$10

	A	B	C	D	E	F	G
1				学生成绩单			
2	学号	姓名	专业	性别	语文	数学	总分
3	05	赵七	信管	女	90	86	176
4	01	张三	应用	女	80	85	165
5	04	钱六	应用	男	69	70	139
6	02	李四	网络	女	88	77	165
7	03	王五	网络	男	76	65	141
8							
9			平均分		高于平均分		
10			157.2		TRUE		
11							

Sheet1 Sheet2 Sheet3 Sheet4 Sheet5

就绪 数字

图 2-36 建立计算条件

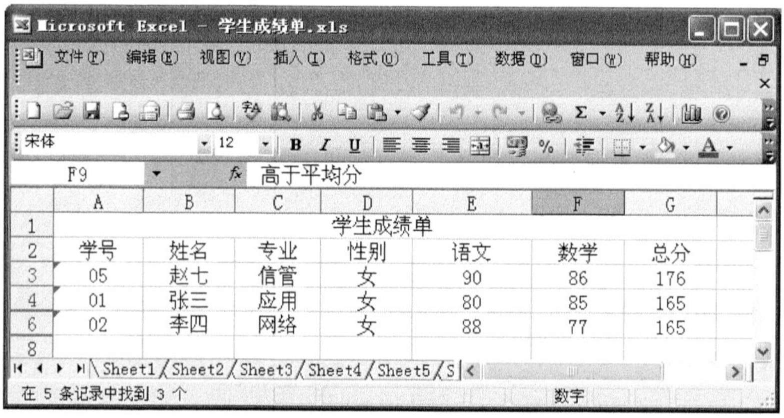

Microsoft Excel - 学生成绩单.xls

文件(F) 编辑(E) 视图(V) 插入(I) 格式(O) 工具(T) 数据(D) 窗口(W) 帮助(H)

宋体 12

F9 高于平均分

	A	B	C	D	E	F	G
1				学生成绩单			
2	学号	姓名	专业	性别	语文	数学	总分
3	05	赵七	信管	女	90	86	176
4	01	张三	应用	女	80	85	165
6	02	李四	网络	女	88	77	165
8							

Sheet1 Sheet2 Sheet3 Sheet4 Sheet5

在 5 条记录中找到 3 个 数字

图 2-37 使用计算条件后的结果

2.4.4 分类汇总

分类汇总是对数据列表指定的行或列中的数据进行汇总统计，统计的内容可以由用户指定，通过折叠或展开行、列数据和汇总结果，从汇总和明细两种角度显示数据，可以快捷地创建各种汇总报告。

1. 分类汇总概述

Excel 可自动计算数据列表中的分类汇总和总计值。当插入自动分类汇总时，Excel 将分级显示数据列表，以便为每个分类汇总显示或隐藏明细数据行。Excel 分类汇总的数据折叠层次最多可达 8 层。

若要插入自动分类汇总，我们必须先对数据列表进行排序，将要进行分类汇总的行组合在一起，然后为包含数字的数据列计算分类汇总。

分类汇总为分析汇总数据提供了非常灵活有用的方式，它可以完成以下工作：

- 显示一组数据的分类汇总及总和；
- 显示多组数据的分类汇总及总和；
- 在分组数据上完成不同的计算。如求和、统计个数、求平均值(或最大值、最小值)、求总体方差等。

2. 创建分类汇总

在创建分类汇总之前，首先要保证要进行分类汇总的数据区域必须是一个连续的数据区域，而且每个数据列都有列标题；然后必须对要进行分类汇总的列进行排序。这个排序的列标题称为分类汇总关键字，分类汇总时只能指定排序后的列标题为汇总关键字。

仍以图 2-23 中学生成绩表为例，在对分类字段“专业”排序后，结果如图 2-28 所示。现插入 Excel 的自动分类汇总，操作步骤如下。

(1) 单击数据区域中的任一单元格，然后选择“数据”→“分类汇总”菜单项，打开如图 2-38 所示的“分类汇总”对话框。

(2) 从“分类字段”下拉列表中选择要进行分类的字段，要求分类字段必须已经排序好，在本例中，我们选择“专业”作为分类字段。

(3) “汇总方式”下拉列表中列出了所有汇总方式(统计个数、计算平均值、求最大值或最小值及计算总和等)。在本例中，我们选择“平均值”作为汇总方式。

(4) “选定汇总项”的列表中列出了所有列标题，从中选择需要汇总的列(可以同时选择多个)，列的数据类型必须和汇总方式相符合。在本例中我们选择“总分”作为汇总项。

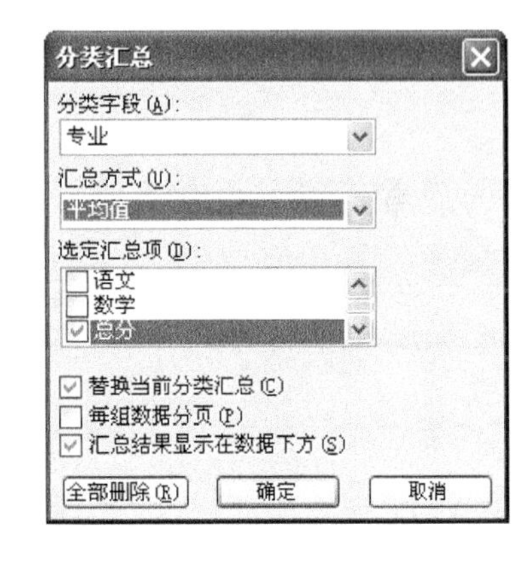

图 2-38　“分类汇总”对话框

(5) 选择汇总数据的保存方式，有 3 种方式可以选择，可同时选中，默认选择是第 1 项和第 3 项。

- 替换当前分类汇总：选中时，最后一次的汇总会取代前面的分类汇总。
- 每组数据分页：选中时，各种不同的分类数据分页显示。
- 汇总结果显示在数据下方：选中时，在原数据的下方显示汇总计算的结果。

分类汇总结果如图 2-39 所示，图中左边是分级显示视图，各分级按钮的功能解释如下。

- 显示明细按钮 + ：单击按钮显示本级别的明细数据。
- 隐藏明细按钮 - ：单击按钮隐藏本级别的明细数据。
- 行分级按钮 1 2 3 ：指定显示明细数据的级别。例如，单击 1 就只显示 1 级明细数据，数据只有一个总计和，单击 3 则显示汇总表的所有数据。

在 Excel 中我们也可以对多项指标进行汇总，并且可以进行嵌套分类汇总。如要求在求各专业学生平均成绩的基础上再统计各专业的人数，汇总结果如图 2-40 所示。

这需要分两次进行分类汇总。先按上例的方法求平均值，再在平均值汇总的基础上统计各专业人数。统计人数“分类汇总”对话框的设置如图 2-41 所示。需要注意的是“替换当前分类汇总”复选框不能选中，选定汇总项只有“专业”，其余已选定的汇总项要清除，单击“确定”按钮。

Microsoft Excel - 学生成绩单.xls
文件(F) 编辑(E) 视图(V) 插入(I) 格式(O) 工具(T) 数据(D) 窗口(W) 帮助(H)
宋体 12
J19

	A	B	C	D	E	F	G
1			学生成绩单				
2	学号	姓名	专业	性别	语文	数学	总分
3	05	赵七	信管	女	90	86	176
4			**信管 平均值**				176
5	01	张三	应用	女	80	85	165
6	04	钱六	应用	男	69	70	139
7			**应用 平均值**				152
10			**网络 平均值**				153
11			**总计平均值**				157.2

Sheet1 / Sheet2 / Sheet3 / Sheet4 / Sheet5 / Shee
就绪 数字

图 2-39 分类汇总结果

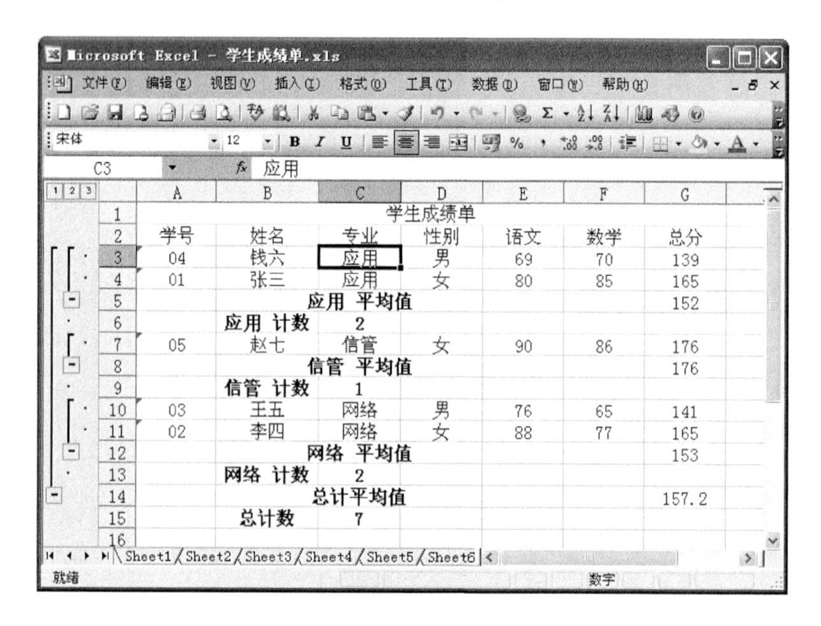

Microsoft Excel - 学生成绩单.xls
文件(F) 编辑(E) 视图(V) 插入(I) 格式(O) 工具(T) 数据(D) 窗口(W) 帮助(H)
宋体 12
C3 应用

	A	B	C	D	E	F	G
1			学生成绩单				
2	学号	姓名	专业	性别	语文	数学	总分
3	04	钱六	应用	男	69	70	139
4	01	张三	应用	女	80	85	165
5			**应用 平均值**				152
6		**应用 计数**	2				
7	05	赵七	信管	女	90	86	176
8			**信管 平均值**				176
9		**信管 计数**	1				
10	03	王五	网络	男	76	65	141
11	02	李四	网络	女	88	77	165
12			**网络 平均值**				153
13		**网络 计数**	2				
14			**总计平均值**				157.2
15		**总计数**	7				

Sheet1 / Sheet2 / Sheet3 / Sheet4 / Sheet5 / Sheet6
就绪 数字

图 2-40 嵌套分类汇总结果

分类汇总
分类字段(A): 专业
汇总方式(U): 计数
选定汇总项(D): 学号 / 姓名 / ☑专业
替换当前分类汇总(C)
每组数据分页(P)
☑汇总结果显示在数据下方(S)
全部删除(R) 确定 取消

图 2-41 统计人数"分类汇总"对话框设置

3. 删除分类汇总

若要取消分类汇总的显示结果，恢复到数据列表的初始状态，只需要在“分类汇总”对话框中单击“全部删除”按钮即可，此操作只会删除分类汇总，不会删除原始数据。

2.4.5　使用数据透视表

数据透视表是一种对大量数据快速汇总和建立交叉列表的交互式表格，不仅能够改变行和列以查看源数据的不同汇总结果，也可以显示不同页面以筛选数据，还可以根据需要显示区域中的明细数据。数据透视图则是一个动态的图表，它可以将创建的数据透视表以图表的形式显示出来。

1. 数据透视表概述

数据透视表是通过对源数据表的行、列进行重新排列，提供多角度的数据汇总信息。用户可以旋转行和列以查看源数据的不同汇总，还可以根据需要显示感兴趣区域的明细数据。在使用数据透视表进行分析之前，首先应掌握数据透视表的术语，如表 2-3 所示。

表 2-3　数据透视表常用术语

坐标轴	数据透视表中的一维，例如行、列或页
数据源	为数据透视表提供数据列表或数据库
字段	数据列表中的列标题
项	组成字段的成员，即某列中单元格的内容
概要函数	用来计算表格中数据的值的函数，默认的概要函数是用于数字值的 SUM 函数、用于统计文本个数的 COUNT 函数
透视	通过重新确定一个或多个字段的位置来重新安排数据透视表

如果要分析相关的汇总值，尤其是要汇总较大的数据列表，并对每个数字进行多种比较时，可以使用数据透视表。在数据透视表中，源数据中的每列或字段都成为汇总多行信息的数据透视表字段。数据字段提供要汇总的值。

当然这样的报表也可以通过数据的分类、排序或汇总计算实现，但操作过程可能会非常复杂。

2. 创建数据透视表

数据透视表的创建可以通过“数据透视表和数据透视图向导”进行，在向导的提示下，用户可以方便地为数据列表或数据库创建数据透视表。利用向导创建数据透视表需要 3 个步骤，它们分别是：第 1 步，选择所创建的数据透视表的数据源类型；第 2 步，选择数据源的区域；第 3 步，设计将要生成的数据透视表的版式和选项。

仍以本节开头的图 2-23 中数据列表为例进行操作，其具体步骤如下。

(1) 单击用来创建数据透视表的数据列表中任一单元格。

(2) 选择“数据”→“数据透视表和数据透视图向导”命令，弹出“数据透视表和数据透视图向导—3 步骤之 1”对话框，如图 2-42 所示。选择数据透视表的数据源为“Microsoft Office Excel 数据列表或数据库”，所需创建的报表类型为“数据透视表”，实际上默认情况下选择的就是这两个。

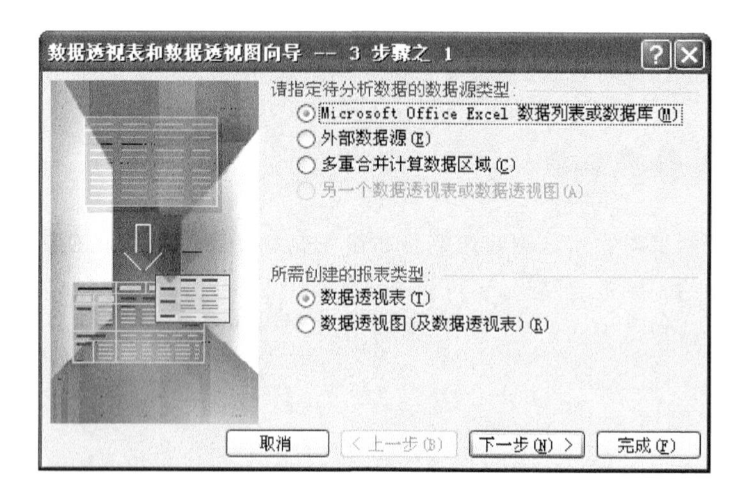

图 2-42 “数据透视表和数据透视图向导—3 步骤之 1”对话框

其中,数据来源主要有以下 4 个。

- Microsoft Office Excel 数据列表或数据库:每列都带有列标题的工作表。
- 外部数据源:其他程序创建的文件或表格,如 Dbase、Access、SQL Server 等。
- 多重合并数据计算区域:工作表中带标记的行和列的多重范围。
- 另一个数据透视表或数据透视图:先前创建的数据透视表。

(3) 单击“下一步”按钮,弹出“数据透视表和数据透视图向导—3 步骤之 2”对话框,如图 2-43 所示。这步主要用于确定数据透视表的数据源区域。如果活动单元格在数据列表中时,向导将自动选定这个范围。若要改变数据区域,可单击区域选择按钮重新选择数据区域,或在“选定区域”编辑框中直接输入数据源区域。

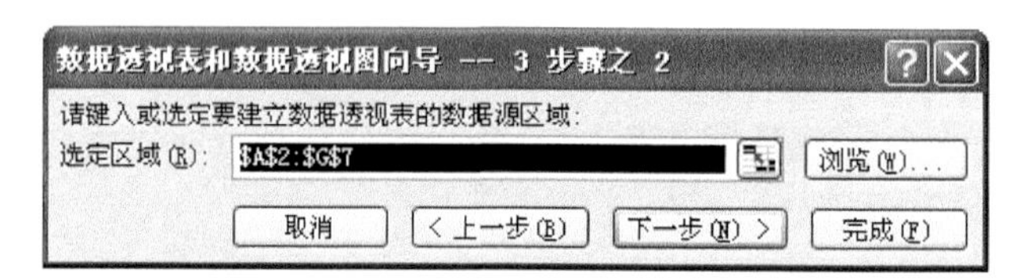

图 2-43 “数据透视表和数据透视图向导—3 步骤之 2”对话框

(4) 单击“下一步”按钮,弹出“数据透视表和数据透视图向导—3 步骤之 3”对话框,如图 2-44 所示。在这一步中可以设置数据透视表的布局(也可以不设置),布局的设置关系到数据透视表的数据显示和正确性。单击“布局”按钮打开布局对话框,如图 2-45 所示。对话框的右半部分列出了数据源中的所有字段,可以将这些字段按钮拖放到左半部分图中的行、列、页和数据上。左半部分图中的组成元素解释如下。

- 行:拖放到行中的数据字段。该字段的每一个数据项将占据透视表的一行。
- 列:与行对应,拖放到列中的字段,该字段的每一个数据项将占一列。
- 页:行和列相当于 X 轴和 Y 轴,确定一个二维表格,页相当于 Z 轴。拖放到页中的字段,Excel 将按该字段的数据项对透视表进行分页。
- 数据:进行计算或汇总的字段名称。

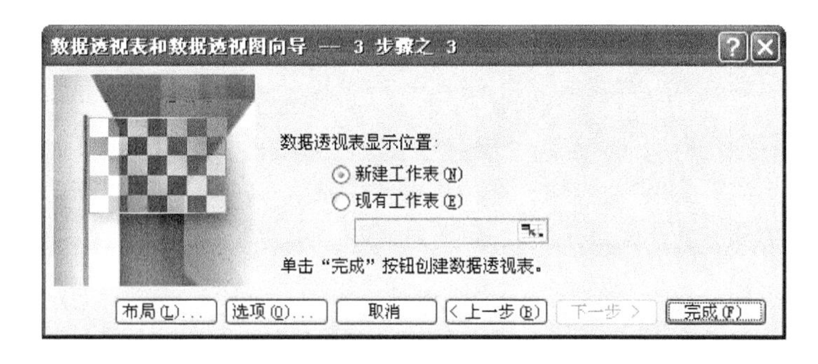

图 2-44 "数据透视表和数据透视图向导—3 步骤之 3"对话框

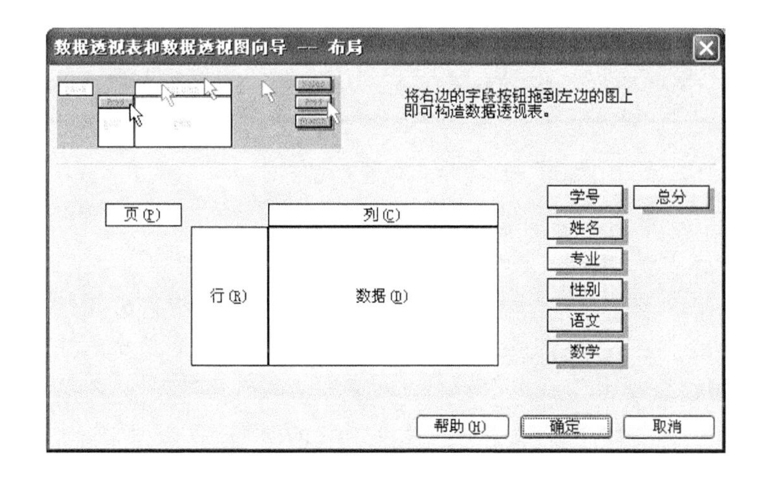

图 2-45 布局对话框

在本例中,我们把"专业"拖放到"行"中,把"姓名"拖放到"列"中,把"总分"拖放到"数据区域"中,如图 2-46 所示,单击"确定"按钮,就会返回到图 2-44,然后单击"完成"按钮,系统会新建一个工作表,生成的数据透视表如图 2-47 所示。

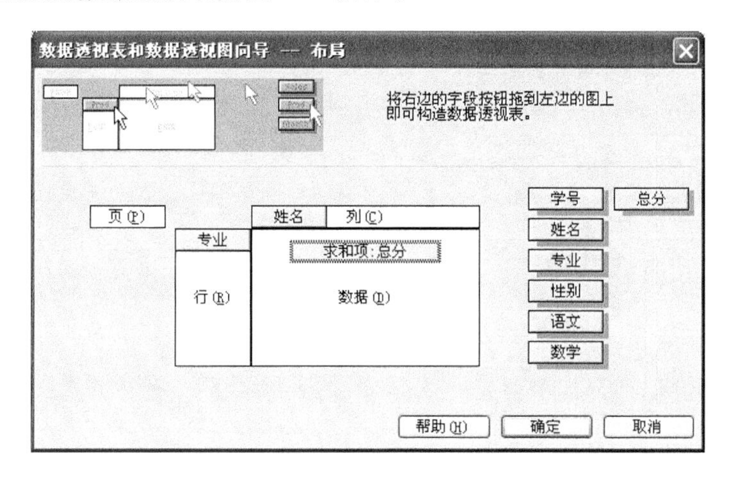

图 2-46 设置好的布局

图 2-47 是一个非常有用的分析汇总数据的表格,它分别从行和列进行分析数据。另外,在此表的基础上还可以做出各种数据分析图。

求和项:总分	姓名					
专业	李四	钱六	王五	张三	赵七	总计
信管					176	176
应用		139		165		304
网络	165		141			306
总计	165	139	141	165	176	786

图 2-47 生成的数据透视表

数据透视表是一个非常友好的数据分析和透视工具。表中的数据是“活”的，可以“透视”表中各项数据的具体来源，即明细数据。例如，想要查看总分“786”的详细信息，只需双击这个数据所在的 G8 单元格，Excel 就会在一个新工作表中显示其详细记录，即图 2-28 所示内容。

数据透视表生成之后，最好将工作表的名称进行重命名，给它取个有意义的名字。

3. 修改数据透视表

创建好数据透视表之后，根据需要有可能要对它的布局、数据项、数据汇总方式与显示方式、格式等进行修改。

(1) 修改数据透视表的布局

一般情况下，我们并不推荐使用向导创建数据透视表，而是直接在生成的数据透视表中来设置布局，只要在向导的第 3 步中不设置布局，直接单击“完成”按钮，就可以生成一个数据透视表，如图 2-48 所示。

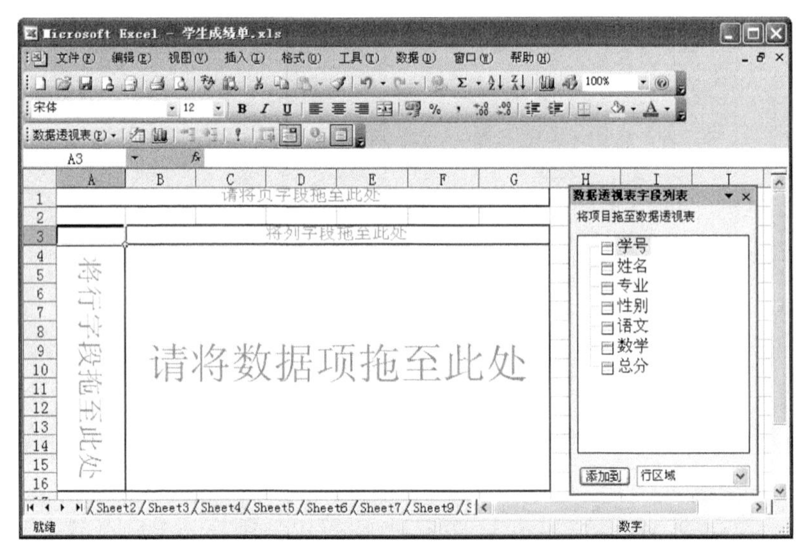

图 2-48 没有设置布局的数据透视表

在工作表中可以将数据透视表字段列表中的字段拖动到行、列、数据和页字段处，直接修改数据透视表的布局，修改的过程都是可视化的。例如，我们将“专业”字段拖到标有“将行字段拖至此处”的区域，工作表就会在每一行显示一个类别；再将“姓名”字段拖到标有“将列字段拖至此处”的区域，将“总分”字段拖到标有“请将数据项拖至此处”的区域，就可以得到与图 2-47 相同的数据透视表。

在生成的数据透视表中，可以根据需要对布局进行修改。

- 若要重排字段，请将这些字段用鼠标拖到其他区域。
- 若要删除字段，请将其拖出数据透视表。方法是：按住鼠标左键将字段拖出数据透视表区域即可。
- 若要隐藏拖放区域的外边框，请单击数据透视表外的某个单元格。
- 若要添加多个数据字段，则应按所需顺序排列这些字段。方法是：用鼠标右击数据字段，指向快捷菜单上的“顺序”，然后使用“顺序”菜单上的命令移动该字段。

(2) 修改数据透视表的数据项

如果不想在数据透视表中显示某些数据行或数据列，或要调整数据项显示的位置，可以通过简单的修改数据透视表的数据项达到目的。

- 隐藏或显示行、列中的数据项。例如，在图 2-47 所示的数据透视表中，不想显示网络班的总分，可以单击“专业”字段旁边的下拉列表条，系统会显示如图 2-49 所示的对话框，将对话框中“网络”前面的复选标志清除，然后单击“确定”按钮，数据透视表中就没有“网络”这一行的数据了。隐藏列字段数据项的操作方法与此相同，只需单击列字段的下拉列表条，从下拉列表中清除不想显示的数据项前面的复选标志即可。
- 调整数据项显示的位置。数据透视表中数据项可以根据需要移动至合适的位置，修改的方法也是比较简单的，拖动数据项的名称到合适的位置释放即可。

(3) 修改数据透视表的数据汇总方式和显示方式

在默认情况下，数据透视表采用 SUM 函数对其中的数值项进行汇总，用 COUNT 函数对文本类型字段项进行计数。

但有时 SUM 和 COUNT 函数并不能满足透视需要，如平均值、百分比、最大值之类的计算。实际上，Excel 提供了很多汇总方式，在数据透视表中可以使用这些函数。操作方法是：双击数据透视表中的数据字段，系统会弹出“数据透视表字段”对话框，如图 2-50 所示，在对话框中从“汇总方式”中选择需要的函数。

图 2-49 行字段数据项列表

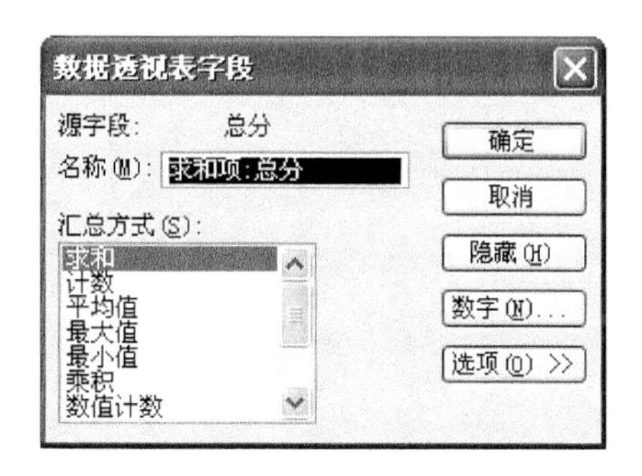

图 2-50 “数据透视表字段”对话框

默认情况下，数据透视表中的数据是以数值方式显示，也可以根据需要将它修改为其他的数据显示形式，如显示为小数、百分数或其他需要的形式。操作方法是：单击图 2-50 对话框中的“选项”按钮，会在下方显示数据显示方式，从其下拉列表框中选择合适的显示方式即可。例如，把数据显示方式设为“占总和的百分比”。

(4) 修改数据透视表的格式

数据透视表的格式可以修改，像格式化工作表一样。将数据透视表的格式设置成各种需要的样式。用户可以使用“自动套用格式”命令将 Excel 内置的数据透视表格式应用于选中的数据透视表，对于数据区域的数字格式，可以根据需要进行修改。

自动套用数据透视表格式时，首先选定数据透视表，然后单击“数据透视表”工具栏中的“设置报告格式”按钮，打开“自动套用格式”对话框。在对话框中选择要应用的格式即可。

对于数据区域的数字格式，可以在图 2-50 所示的“数据透视表字段”对话框单击“数字”按钮，打开“单元格格式”对话框进行设置。

如数据源数据发生了变化，单击“数据透视表”工具栏的“更新数据”按钮即可。

4. 制作数据透视图

数据透视图表是利用数据透视的结果制作的图表，数据透视图总是与数据透视表相关联的。如果更改了数据透视表中某个字段的位置，则透视图中与之相对应的字段位置也会改变。数据透视表中的行字段对应于数据透视图中的分类字段，而列字段则对应于数据透视图中的列字段。数据透视表中的页字段和数据字段分别对应于数据透视图中的页字段和数据字段。

数据透视图的创建有两种方法。

(1) 在“数据透视表和数据透视图向导”的第 1 步中将所需创建的报表类型选为“数据透视图(及数据透视表)”，这样就会同时创建数据透视表和数据透视图，其他步骤与创建数据透视表相同。在设置完数据透视表的布局后，在生成数据透视表的同时，也会生成相应的数据透视图。

(2) 如果已经单独创建了数据透视表，那么只要单击常用工具栏中的“图表向导”或“数据透视表”工具栏中的“图表向导”按钮，系统会自动插入一个新的数据透视图。

两种方法都可以很方便地生成一个数据透视图。在数据透视图生成之后，我们可以修改数据透视图的布局、隐藏或显示数据项、汇总方式和数据显示方式等。对数据透视图的操作会对数据透视表做出相应的修改。

另外，数据透视图可以通过单击“图表”菜单下的“图表类型”和“图表选项”命令，在打开的相应对话框中修改它的图表类型和图表选项。

其中，图表类型包括标准类型和自定义类型，选中一种图表类型后可以按住“按住不放可查看示例”来预览数据透视图的显示效果。

2.4.6 数据导入与导出

1. 文本文件的导入与导出

文本文件是计算机中一种通用格式的数据文件，大多数软件系统都可直接操作文本文件，如 Office 软件中的 Word、Excel、Access、PowerPoint 等以及数据库软件中的 Oracle、SQL Server 等。很多时候为了提高工作效率，我们会考虑很多软件兼顾着用。比如，为了更快速有效地算出一些数据，我们将文本文件的数据导入到 Excel 中进行计算。

与 Excel 交换数据的文本文件通常是带分隔符的文本文件(.txt),一般用制表符分隔文本的每个字段,也可以使用逗号分隔文本的每个字段。

(1) 导入文本文件到 Excel 工作表中

导入文本文件有两种方法,可以通过打开文本文件的方式来导入,也可以通过导入外部数据的方式来导入。

• 通过打开文本文件来导入。

步骤 1:启动 Excel,选择“文件”→“打开”菜单项,在系统弹出“打开”对话框中,从“文件类型”下拉列表中选择“文本文件”,在文件名中输入要导入的文本文件名(如“学生成绩表.txt”),然后单击“打开”按钮。Excel 将启动“文本导入向导”,打开向导的第 1 步对话框,如图 2-51 所示。

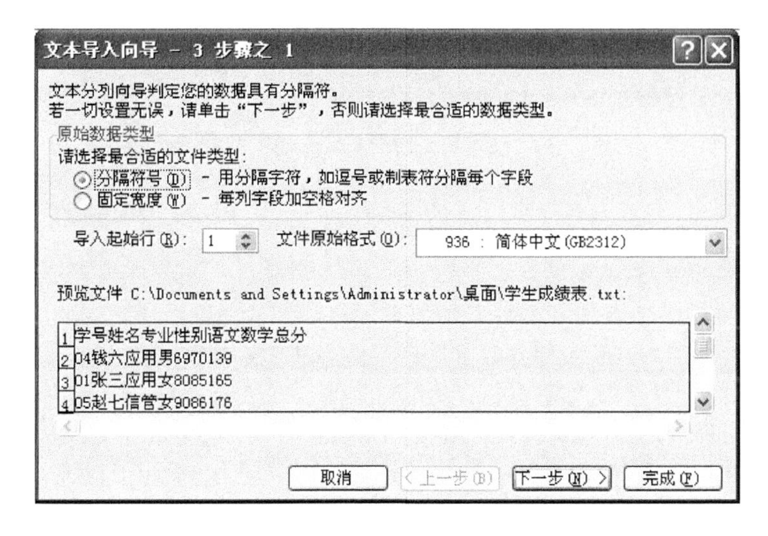

图 2-51　“文本导入向导—3 步骤之 1”对话框

步骤 2:向导的第 1 步主要是设置文本文件中各列数据之间的间隔符,这与导入的文件相关。在本例中,我们选择“分隔符号”,并在导入起始行中输入 1,即要把标题行导入到 Excel 工作表中。如不要标题行,可将导入起始行改为 2,然后单击“下一步”按钮,进入向导的第 2 步对话框,如图 2-52 所示。

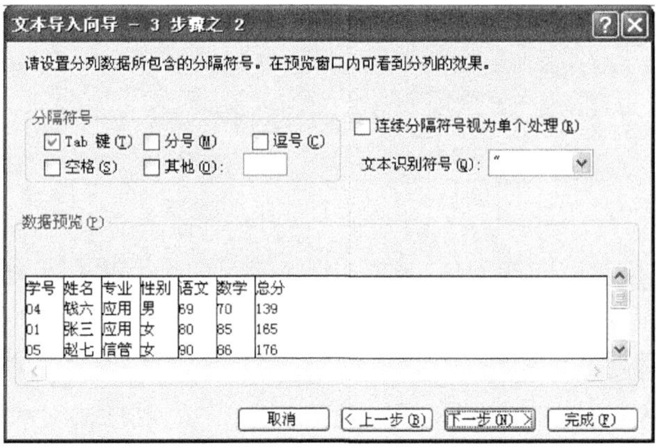

图 2-52　“文本导入向导—3 步骤之 2”对话框

步骤3:向导的第2步主要是设置用作分隔文本数据列的具体符号。本例中我们选择＜Tab＞键,然后单击"下一步"按钮,打开向导的第3步对话框,如图2-53所示。

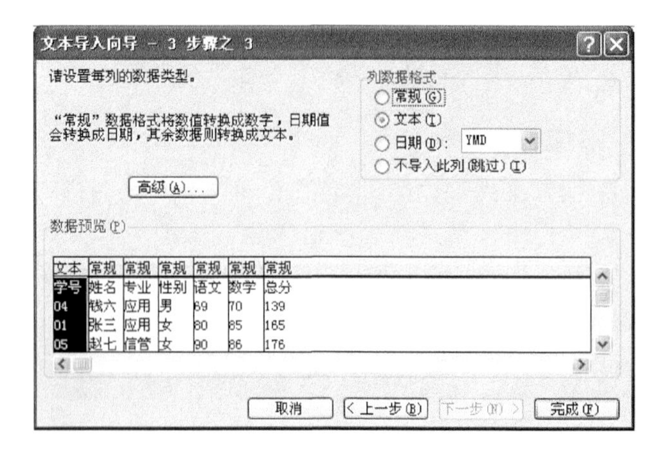

图2-53 "文本导入向导—3步骤之3"对话框

步骤4:向导的第3步主要是设置每列的数据类型。本例中,我们将"学号"列设置成文本。最后单击"完成"按钮,系统就会将该文本文件导入到Excel中。

• 以导入外部数据的方式导入。

步骤1:单击要用来放置文本文件数据的单元格。

步骤2:选择"数据"→"导入外部数据"→"导入数据"菜单项,在系统弹出的"选取数据源"对话框中,从"文件类型"下拉列表中选择"文本文件",在文件名中输入要导入的文本文件名(如"学生成绩表.txt"),然后单击"打开"按钮。Excel将启动"文本导入向导",其操作步骤与第1种方法基本相同,不再赘述。

步骤3:完成"文本导入向导"的第3步后,单击"完成"按钮,系统将打开"导入数据"对话框,如图2-54所示。在此对话框中输入导入数据的放置位置,本例中为"A1",单击"确定"即可将数据导入到指定的位置。

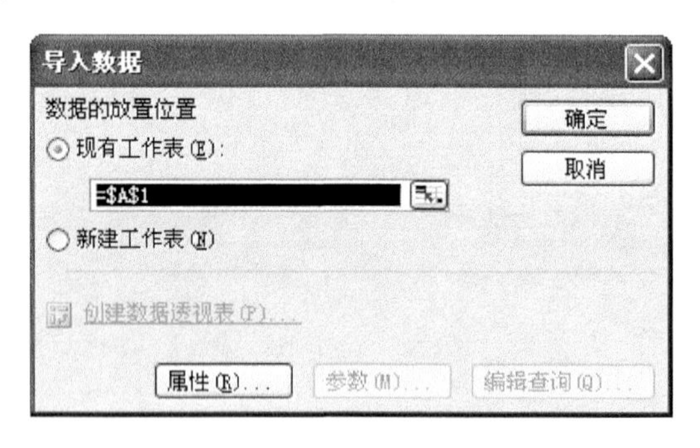

图2-54 "导入数据"对话框

(2) 导出到文本文件

Excel工作表中的数据可以直接保存为文本文件。方法是:使用"文件"→"另存为"菜单项将Excel工作表转换为文本文件。

这里值得注意的是,在保存时,应注意在"保存类型"框中选择文本文件(制表符分隔)格式。在保存的时候,它会出现一个提示对话框,提醒您工作表可能包含文本文件格式不支持的功能,单击确定即可。

2. 外部数据库的导入

对 Excel 而言，外部数据库是指用 Excel 之外的数据库工具所建立的数据库，如 Microsoft Access、Dbase、SQL Server 等工具。通过使用查询向导可以很方便地将外部数据库中的数据导入 Excel 中。

下面以导入 Microsoft Access 数据库为例，将学生成绩管理.mdb 数据库中的学生信息数据导入到 Excel 中，假设该数据库中有一个学生表。操作步骤如下。

步骤 1：启动 Excel，选择“数据”→“导入外部数据”→“新建数据库查询”菜单项，在系统显示的“选择数据源”对话框中，选择需要访问的数据源。如选择“MS Access Database *”(或选择“＜新数据源＞”创建一个新的数据源)，如图 2-55 所示。

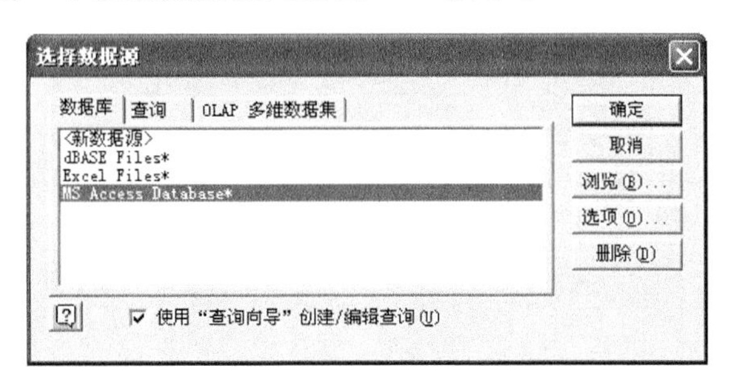

图 2-55　“选择数据源”对话框

步骤 2：单击“确定”按钮，系统将弹出“选择数据库”对话框，如图 2-56 所示。在“选择数据库”对话框中选择“学生成绩管理.mdb”文件，然后单击“确定”按钮，系统会弹出“查询向导—选择列”对话框，如图 2-57 所示。

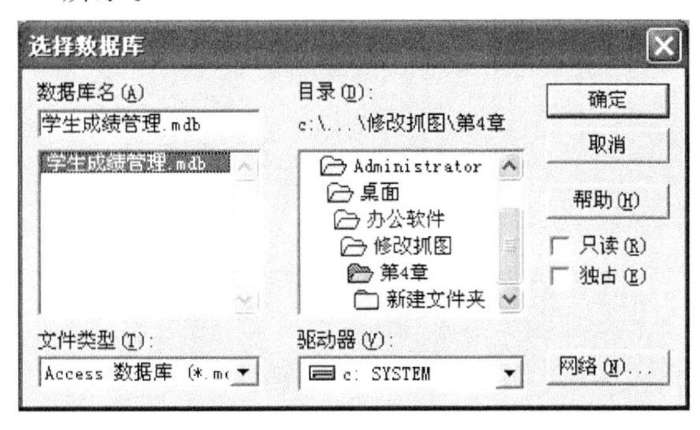

图 2-56　“选择数据库”对话框

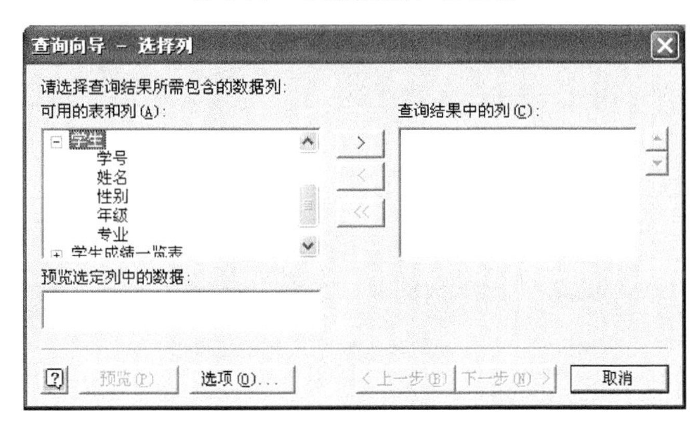

图 2-57　“查询向导—选择列”对话框

步骤 3:在“查询向导—选择列”对话框中,选中左边列表框中的“学生”,单击“>”按钮把“学生”表的所有列移到右边“查询结果中的列”列表框中,如果发现有些字段不需要,可以先单击该字段。然后单击“<”按钮就可以把它移到左边列表框中,如果所有字段都不需要,则可以单击“≪”按钮。

步骤 4:选择需要导入的数据表和字段之后,单击“下一步”按钮,系统弹出“查询向导—筛选数据”对话框。可在该对话框中设置筛选的列和筛选条件。一般情况下,不必设置外部数据的筛选条件,可以导入到 Excel 之后再筛选。

步骤 5:单击“下一步”按钮,系统会弹出“查询向导—排序顺序”对话框,一般也不需要排序,因此,直接单击“下一步”按钮进入查询向导的最后一步,如图 2-58 所示。

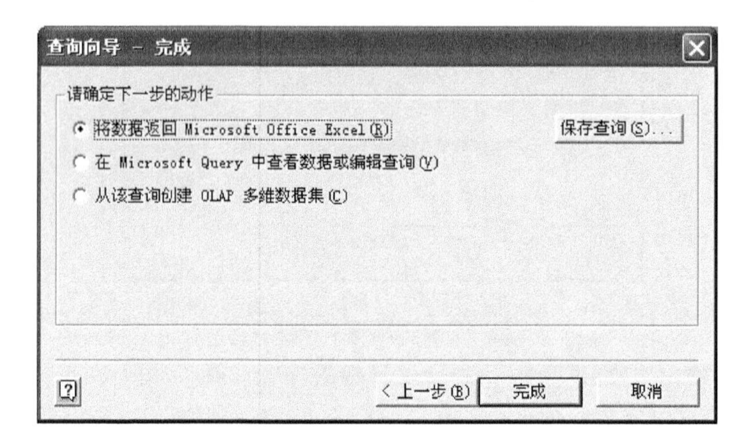

图 2-58 “查询向导—完成”对话框

步骤 6:在图 2-58 所示的对话框中,可以指定对查询结果的处理方式,选择其中的项“将数据返回 Microsoft Office Excel”,系统会弹出图 2-54 所示的“导入数据”对话框。

步骤 7:在“导入数据”对话框中设置数据的放置位置后,系统将会从外部数据库查询到的数据返回到 Excel 工作表中,结果如图 2-59 所示。

图 2-59 导入外部数据库后的 Excel 工作表

第3章 PowerPoint 高级应用

PowerPoint 和 Word、Excel 等应用软件一样，都是 Microsoft 公司推出的 Office 系列产品之一。PowerPoint 是一种制作和演示幻灯片的软件工具，其编辑后保存的文件格式为 PPT，也叫演示文档，它已经成为演示文档的标准之一，在商业领域和教育领域发挥了重要的作用。

PowerPoint 作为目前最流行的演示文稿制作与播放软件，能够集成文字、图形、图像、声音以及视频剪辑等多媒体元素于一体。合理地选用这些多媒体元素对信息进行组织，可用于介绍公司的产品、教师授课课件、专家报告和广告宣传等。

PowerPoint 为我们提供了制作演示文稿的手段。虽然做出一个 PPT 很容易，但是做好一个 PPT 却不是一件容易的事情。如果所设计的 PPT 杂乱无章、文本过多、不美观，那么就不能组成一个吸引人的演示来传递信息。本章将介绍演示文稿设计与制作过程、图片与多媒体的应用、演示文稿的美化和修饰、动画的应用、演示文稿的放映与输出等内容，以提高用户 PPT 的应用能力。

3.1 演示文稿的制作

3.1.1 演示文稿设计原则

要做出一个专业并且引人注目的演示文稿，在 PPT 的设计制作过程中，我们需要遵循一些基本的设计原则。

1. 整体性强，内容精练

幻灯片整体效果的好坏，取决于幻灯片制作的系统性，幻灯片文字的艺术效果处理以及幻灯片色彩的配置等。幻灯片文件一般是以提纲的形式出现，最忌讳的做法是将所有内容全部写在几张幻灯片上。制作幻灯片时要将文字作提炼处理，起到要点强化，文字简练，重点突出的效果。

2. 主题明确，布局合理

主题就是要讲述的内容和实现的目标。模板的选择、色彩的运用、素材的组织等都应该围绕主题展开。

在设计幻灯片时，要注意突出主题，进行合理的布局。在每张幻灯片内都应注意构图的合理性，可使用黄金分割法构图，使幻灯画面尽量做到均衡与对称。从可视性方面考虑，还应当做到视点明确(视点即每张幻灯片的主题所在)。利用多种对比方法来为主题服务。例如,黑白色对比、互补色对比、色彩的深浅对比、文字的大小对比等以及各种对比方法的综合使用。总之,尽量使幻灯片画面具有感染力和鲜明的主题。用色多则乱,繁则花,“用色不过三”就是一条常用的法则。

3. 逻辑清晰,内容组织结构化

逻辑是整个 PPT 的灵魂,唯有逻辑,PPT 才具有说服力。如在用 PPT 做毕业论文答辩时,可以按“提出问题—分析问题—解决问题—评价结果”进行。那么,PPT 的内容要怎么安排呢? 这就是我们所要强调的结构问题,即内容组织要结构化。

通常一个完整的 PPT 文件应该包含封面页、目录页、过渡页、内容页、结束语页和封底页。封面页用来展示整个 PPT 的内容结构;过渡页(各部分的引导页)把不同的内容部分划分开,响应目录保障整个 PPT 的连贯;结束语页用来做总结引导受众回顾要点、巩固感知;最后是封底页,用来感谢受众。

关于 PPT 的结构,注意以下几方面。

(1) PPT 要有清晰、简明的逻辑,最好用“并列”或“递进”两类逻辑关系。

(2) 要有目录页标示内容大纲,帮助受众掌握进度。

(3) 要通过标号的不同层次“标题”,标明整个 PPT 的逻辑关系。

(4) 每个章节之间,插入一个空白幻灯片或标题幻灯片用作过渡页。

(5) 演示时请按顺序播放,切忌幻灯片回翻,跳页,混淆受众的思路。

4. KISS 设计原则

KISS 是 Keep It Simple and Stupid 的缩写。简单理解这句话就是,要把一个系统做得尽量简单,就连白痴也能会。通俗些说,“简单就是美”。幻灯片上的信息是为演示的主题服务的,而不是展示演示者艺术创作或多媒体技术水平的舞台。因此,应避免单纯追求计算机技术的时髦,将众多的图形、字体、重叠、旋转、渐变、虚化等效果不假思索地滥用,出现与内容风马牛不相及的设计,以致喧宾夺主,违背了演示文稿本身的特性。

在简单性原则下,设计中要“六忌”,即:一忌字体变化过多,二忌字号变化无层次,三忌色彩过艳过杂,四忌一页中文字字数过多,五忌动画效果过乱,六忌插入与文稿无关联的插图。

减少幻灯片信息量的措施有“浓缩”、“细分”和“渐进”3 种方法。

(1) 浓缩:对于文字,尽量使用简短和精练的句子,结构简单,使观众一看就懂。一张幻灯片上的文字,行数不多于 6～7 行,每行不多于 20 个字。图表和表格也要精简,否则就会显得过于繁杂。

(2) 细分:对于文字,把原先置于一张幻灯片上的较多内容加以分解,分别放到几张幻灯片上,每张幻灯片上的内容具有相对的独立性。对于图表和表格,基本原则是一张幻灯片只放一幅图表或一个表格。但那些必须放在一起需要进行比较的除外。

(3) 渐进:将一个幻灯片的信息分为几次按先后顺序进行显示,并且把演示着的演讲与相应显示的幻灯片信息相匹配,使观众每次所需要注视的信息量大为减少。

5. 保持一致性

所谓一致性,就要求演示文稿的所有幻灯片上的背景、标题大小、颜色、幻灯片布局等,尽量做到保持一致。实践表明,与内容无关的任何变化,都会分散受众对演示内容的注意力,削弱演示的效果。

(1) 风格统一:将幻灯片的主体统一为一致的风格,目的是使幻灯片有整体感,包括页面的排版,色调的选择搭配,文字的字体、字号等内容。

(2) 排版一致:排版要有相似性,尽量使同类型的文字或图片出现在页面相同的位置。便于观看者阅读,清楚各部分之间的层次关系。

(3) 配色协调:幻灯片配色以明快醒目为原则,文字与背景形成鲜明的对比,配合小区域的装饰色彩,突出主要内容。

(4) 图案搭配:图案的选择要与内容一致,同时注意每页风格的统一,尽量在不影响操作和主体文字的基础上进行选择。

(5) 图表设置:以体现图表要表达的内容为选择图表类型的依据,兼顾其美观性,在此基础上增加变化。

3.1.2 演示文稿制作步骤

演示文稿制作过程包括两个阶段:设计阶段和具体制作阶段。

1. 设计阶段

设计阶段包括:拟定演示文稿大纲,设计演示文稿的内容和版面,确定幻灯片上对象的统一格式及主色调。

(1) 拟定演示文稿大纲

演示文稿大纲是整个演示文稿的框架,只有框架搭好了,才能设计出好的演示文稿。它包括分析演示的每个要点,确定每个要点需要使用多少张幻灯片来配合。在拟定演示文稿大纲时,需要考虑三个方面内容:讲什么,讲给谁听,讲多久?

- "讲什么"包括幻灯片的主题、重点、叙述顺序和各个部分的比重等。不同主题其大纲是不同的,产品介绍有产品介绍大纲,论文答辩有论文答辩大纲。
- "讲给谁听"是指同一个主题给不同的对象讲的内容是不一样的。要考虑受众的知识水平、对该主题的了解程度、受众的需求和兴奋点等。
- "讲多久"是指讲授的时间决定了幻灯片的长度。一般一张幻灯片的讲授时间在1~2分钟之间比较合适。所以,一旦演示时间确定后,需要制作的幻灯片的总数量也就大致定下来了。

演示文稿的大纲拟定好以后,一般按照一个标题一页进行制作。

(2) 设计演示文稿的内容和版面

同样,演示文稿的内容和版面也要认真设计。在设计时,主要考虑两方面的因素。

一是内容组织。因为一张幻灯片的面积有限,而且投影媒体要求字体不能太小,这意味着一张片子只能安排一段内容。所以既要考虑如何合理分割内容,并用简洁的语言来表达,又要考虑片子之间如何保持语义关联(如利用超链接等方法)。

二是版面设计。在框图上大致勾勒一下自己的构思,将有助于演示文稿的具体制作。

制作演示文稿(PPT)时一般需要考虑以下方面。

- 内容:内容有助于演示文稿的目标实现,并包括所有必需的组成部分。
- 语法:没有拼写和语法方面的错误。
- 布局:演示文稿的布局及幻灯片顺序符合逻辑及美学观点,演示文稿的结构有意义且设计风格统一。
- 图形和图片:图片与内容相关,并有吸引力。图片的应用不会削弱内容的表达。

- 文本、颜色和背景：文本通俗易懂，背景的颜色与文本和图片颜色相辅相成。
- 图表和表格：图表和表格结构合理，位置适当。
- 链接：链接的格式统一并有效。

（3）确定幻灯片上对象的统一格式及主色调

这里的对象是指幻灯片上具有相对独立性的内容或形式。一般可把对象粗线条地分为“文本类”、“图形类”、“图像类”、“视频类”与“音频类”等。所谓主色调，是指为加强演示效果而设置于幻灯片上的背景颜色以及对各个对象的着色。各类对象按需要还可加以进一步地细分。例如，可把文本类对象细分为标题、项目文本（或子标题）、普通文本、艺术字等。再如，图形类对象可细分为图表、表格、剪贴画、结构框图、自选图形等。每一类对象还可定义自己的格式，如对文本类对象，可以定义文字的字体、字号、字型、颜色等，此外还有文本框的填充效果和框线的样式。因此在这一环节中，一项基本的工作就是统计全部幻灯片上所拟采用的对象形式，在此基础上将它们合并归纳成为主要的几类，并分别确定每种对象的格式。这样一来，除了极个别的对象外，幻灯片上所采用的对象形式大体一致。这样做，一是可使演示具有整体感，避免分散受众的注意力；二是易于采用复制的办法制作演示文稿，简化制作过程。

2. 具体制作阶段

（1）准备素材：主要是准备演示文稿中所需要的一些图片、声音、动画等文件。

（2）初步制作：按设计要求，将文本、图片等对象输入或插入到相应的幻灯片中。

（3）装饰处理：设置幻灯片中相关对象的要素（包括字体、大小、动画等），对幻灯片进行装饰处理。

（4）修改与优化：演示文稿制作完成后，必须进行彻底检查，以便改正错误、修补漏洞，有时还要进行优化。

（5）预演播放：设置播放过程中的一些要素，然后查看播放效果，满意后正式播放。

3.1.3 开始制作演示文稿

一份演示文稿通常由一张“标题”幻灯片和若干张“普通”幻灯片组成。

1. 系统启动

（1）启动 PowerPoint 2003，单击“文件”→“保存”命令，打开“另存为”对话框，选定“保存位置”，为演示文稿取一个便于理解的名称（如“毕业设计答辩”），然后单击“保存”按钮，将文档保存起来。在编辑过程中，通过按＜Ctrl＞＋＜S＞快捷组合键，随时保存编辑成果。在“另存为”对话框中，单击右上方的“工具”按钮，在随后弹出的下拉列表中，选择“安全选项”，打开“安全选项”对话框，在“打开权限密码”或“修改权限密码”中输入密码，确定返回，再保存文档，即可对演示文稿进行加密。

注意：设置了“打开权限密码”，以后要打开相应的演示文稿时，需要输入正确的密码；设置好“修改权限密码”，相应的演示文稿可以打开浏览或演示，但是，不能对其进行修改。两种密码可以设置为相同，也可以设置为不同。

（2）使用设计模板：单击“文件”→“新建”命令，打开“新建演示文稿”任务窗格，如图 3-1 所示。单击“根据设计模板”，然后在任务窗格内的“应用设计模板”下拉列表中单击选取所需要模板。

（3）使用内容提示向导：在图 3-1 所示的任务窗格中，选择“根据内容提示向导”，根据提示进行后续每一步操作。

2. 标题幻灯片制作

标题幻灯片相当于一个演示文稿的封面或目录页。启动 PowerPoint 2003 以后，系统会自动为空白演示文稿新建一张“标题”幻灯片。在工作区中，单击“单击此处添加标题”文字，输入标题字符(如，论文题目)。再单击“单击此处添加副标题”文字，输入副标题字符(如，“答辩人：张三”等)。如果在演示文稿中还需要一张标题幻灯片，比如用于显示演示文稿的目录等，可以这样添加：单击“插入”→“新幻灯片”命令(或直接按＜Ctrl＞＋＜M＞快捷组合键)新建一个普通幻灯片。如果需要改变版式，可以在任务窗格的下拉列表中，选择“幻灯片版式”，在“应用幻灯片版式”下选择一种版式即可。

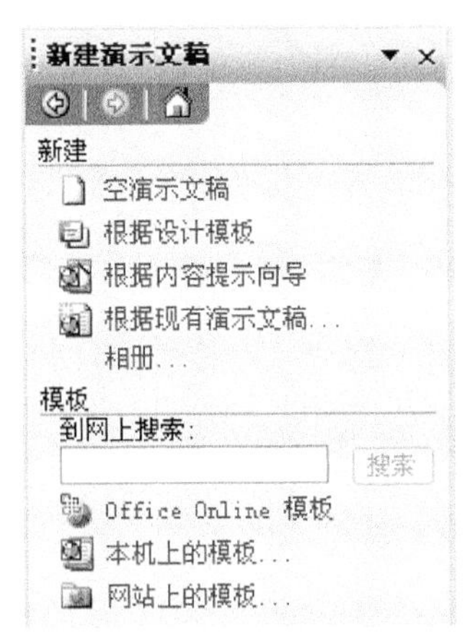

图 3-1　任务窗格

3. 普通幻灯片制作

要新建一张幻灯片，可在“幻灯片版式”任务窗格中的“应用幻灯片版式”下选择一种幻灯片版式(如选“空白”样式)后，将光标定位在左侧“大纲区”中，切换到“幻灯片”标签下，选中新建的幻灯片，然后按一下＜Enter＞键，即可快速新建一张幻灯片。也可以单击“插入”→“新幻灯片”命令。

若要将文本添加到幻灯片中，必须使用文本框。先插入一个文本框，然后将上面构思的文本内容输入到相应的文本框中，并对文本框中的文本格式(如字体、字号、字体颜色等)进行设置，再对文本框的大小、位置等进行相应的调整。

参照上面的操作，完成后续幻灯片的制作，然后保存，演示文稿基本框架就制作完成了。

3.2　图片的应用

在进行演示文稿制作时，为了达到图文并茂的效果，人们往往习惯使用图片，但图片有时不符合我们的要求，因此需要对图片进行适当的处理。图片处理，即对图片进行亮度调节、裁剪、缩放、旋转、制作各种特殊效果等。对图片进行处理可以使图片变得更美观，甚至产生奇妙的艺术效果。

3.2.1　插入图片

为了增强文稿的可视性，向演示文稿中添加图片是一项基本的操作。单击“插入”→“图片”命令，可以看到可插入的图片有多种类型：剪贴画、来自文件图片、自选图形、相册、艺术字等，如图 3-2 所示。

- 剪贴画是系统提供的一个丰富多彩、管理方便的剪贴图库，用户可以单击“剪贴画”命令，从右边弹出的“剪贴画”任务窗格中，单击“搜索”按钮，然后从打开的列表中选中一幅剪贴画并单击，在弹出下拉菜单中单击“插入”按钮即可在幻灯片中加入剪贴画。
- 若要插入电脑上用户自己保存的图片，可单击“来自文件”命令，打开“插入图片”对话

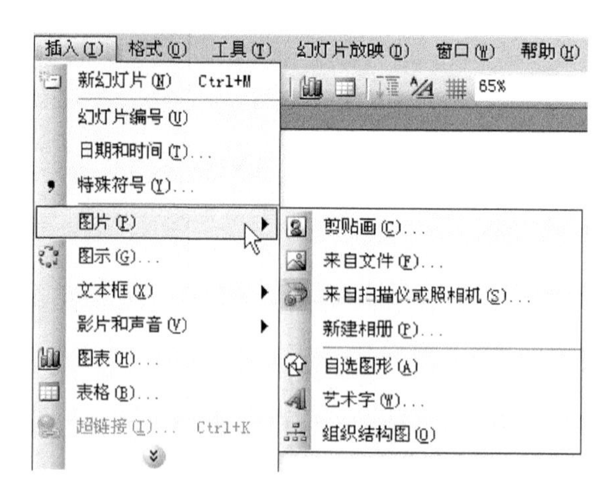

图 3-2 插入图片菜单项

框，定位到需要插入图片所在的文件夹，选中相应的图片文件，然后单击“插入”按钮，将图片插入到幻灯片中。

• 若要在演示文稿中同时添加多张图片，可使用“相册”功能快速完成。单击“新建相册”命令，弹出“相册”对话框，如图 3-3 所示。然后单击“插入图片来自”区域中的“文件/磁盘”按钮，打开“插入新图片”对话框，通过浏览选中所有需要插入的图片，然后单击“插入”按钮返回“相册”对话框，图片文件名便加入到了“相册中的图片”列表框中。这时可通过单击“相册中的图片”列表框中的图片文件名，对各张图片进行预览。如果对图片显示效果不太满意，可通过预览图下面的按钮对图片的方向、对比度和亮度等作适当调整。在图片预览满意后，可以在“相册版式”区域中，通过下拉列表或浏览按钮选取合适的图片版式、相框形状和设计模板等。全部设计好后单击“创建”按钮，PowerPoint 就会自动按照原图片的比例将所有图片缩放到合适大小，并以选定的版式加入到演示文稿中。

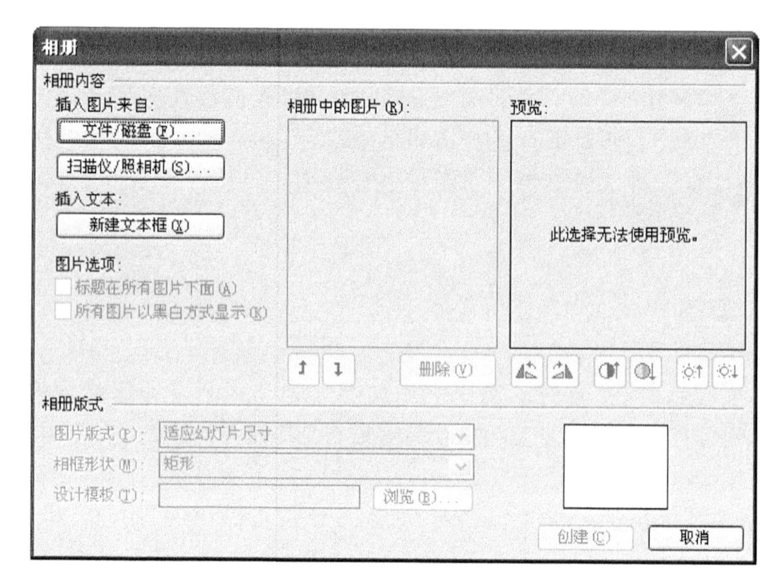

图 3-3 “相册”对话框

- 根据演示文稿的需要，经常要在其中绘制一些图形。单击“自选图形”打开“自选图形”工具栏。其中有线条、连接符、基本形状、箭头总汇、流程图、星与旗帜、标注、动作按钮及其他自选图形 9 个选项可供选择；或单击“视图”→“工具栏”→“绘图”命令，在“绘图”工具栏上选择“自选图形”选项，也可以看到这 9 个选项。然后选择相应的选项(如“基本形状”→“太阳形”)，然后在幻灯片中拖拉，即可绘制出相应的图形。

注意：选择“自选图形”→“线条”中的选项，可以绘制出展型图形来，即能对这些图形进行编辑，绘制出另外的图形。其方法是：单击“自选图形”→“线条”中的一个图形，在幻灯片中拖拉一下，绘制出相应的图形。选中并右击，弹出下拉菜单，选择“编辑顶点”，这时就可以增加顶点或编辑顶点。比如，可以利用“编辑顶点”把直线编辑成三角形。

小技巧：

在定位图片位置时，按住＜Ctrl＞键的同时按动 4 个方向键之一，或按住鼠标左键拖动图片的同时按住＜Alt＞键，都可以实现图片的微量移动，达到精确定位图片的目的。

在绘制自选图形时，如果选中相应的选项(如“矩形”)，然后，在按住＜Shift＞键的同时，拖拉鼠标，即可绘制出正的图形(如“正方形”)。

- 艺术字可以大大提高演示文稿的放映效果，“艺术字库”提供了 30 种类型供用户选择。单击“艺术字”命令，打开“艺术字库”对话框，选中一种样式后，单击“确定”按钮，打开“编辑艺术字”对话框，在其中输入艺术字字符，并设置好字体、字号等要素，单击“确定”按钮，即可在当前幻灯片中插入艺术字。

打开“艺术字”工具栏，可利用工具栏中的相应按钮对选中的艺术字的大小、字库、文字、格式及形状等进行修改设置，以产生最佳效果。

小技巧：

选中插入的艺术字，在其周围出现黄色菱形的控制柄，拖动控制柄，可以调整艺术字的效果。

3.2.2　编辑图片

1. 对象旋转

在用 PowerPoint 制作演示文稿时，经常要对插入的图片、图形、艺术字等进行方向、位置的改变，其中旋转是经常要用到的。以下是几种旋转对象的技巧。

(1) 按固定角度旋转

旋转时，按住＜Shift＞键，可以让图形旋转时按 15°的角度旋转，这对于一些固定角度的旋转大有帮助。

(2) 改变旋转控制点

在 PowerPoint 2003 中，选定某个图形对象，在图形的上方会自动出现一个绿色的小圆圈，这就是用来控制旋转的控制点。把鼠标放到上面拖动，就可以旋转当前对象。但用这个控制点旋转时有时并不方便。其实，我们可以选择自己喜欢的控制点，在图形工具栏中单击“绘图”→“旋转或翻转”→“自由旋转”命令，可以看到图形的四周出现了四个控制点，这样就可以选择合适的控制点进行旋转。

(3) 改变旋转中心点

PowerPoint 对象在进行旋转时，会以默认控制点为中心点进行旋转。这样一来，有时并不能按照需要进行旋转。其实这个中心点是可以改变的，在旋转时，按下＜Ctrl＞键，就可以改变旋转的中心点了。不同的图形、不同的控制点，改变后的中心点也是不同的。比如说，如果图形是长方形，原来的控制点在四个角上，按下＜Ctrl＞键后，旋转中心点会移至该控制点对面的顶点上；如果是线条的话，按下＜Ctrl＞键，中心点会由顶点移到线段的中心位置。

2. 编辑图片

单击“视图”→“工具栏”→“图片”命令，或单击选中需要编辑的图片，打开“图片”工具栏，如图 3-4 所示，可以对图片进行编辑。如果选中图片后不显示图片工具栏，可以在图片上右击，选择“显示图片工具栏”命令即可。

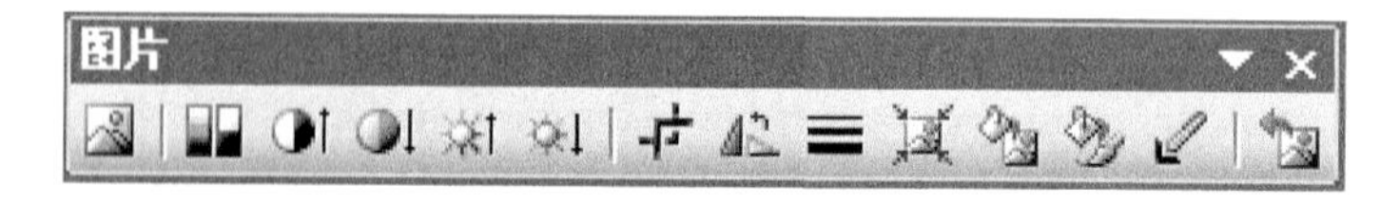

图 3-4 “图片”工具栏

(1) 图片的裁剪

选用“图片”工具栏上的“裁剪”工具，就可以通过拖拉裁剪柄裁剪出想要的内容和尺寸，裁剪效果前后对比如图 3-5 所示。

利用传统的裁剪方法，只能对图片进行矩形裁剪，若想将图片裁剪成圆形、心形、多边形等其他形状，以达到美化图片的目的，可以用自选图形来实现。具体方法是：先使用“自选图形”命令插入一个想要裁剪的图形(如心形)，并选中它；然后单击绘图工具栏上“填充颜色”按钮右侧的黑三角，从列表菜单中选择“填充效果”命令；再选择“图片”选项卡，单击“选择图片”按钮，从“选择图片”对话框中找到合适的图片插入；最后单击“确定”按钮，效果如图 3-6 所示。

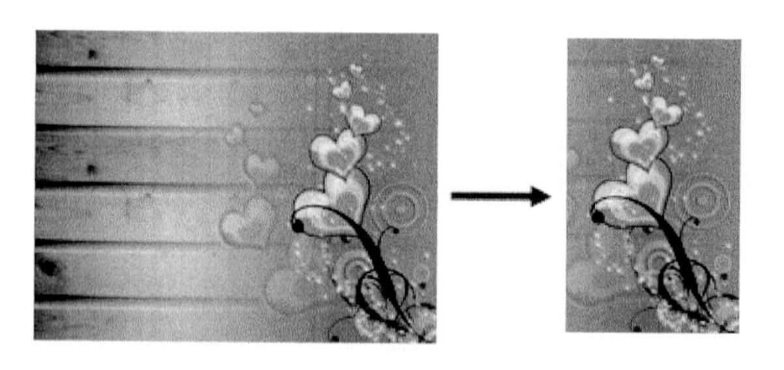

图 3-5 一般裁剪效果图

图 3-6 使用“自选图形”裁剪效果

(2) 调节亮度与对比度

使用数码相机拍摄照片时，我们经常遇到这样的情况：由于数码相机测光速度慢，仓促拍摄往往因光线影响造成图像偏暗或偏亮。插入这样的图片后，可以使用“增加对比度”按钮、“降低对比度”按钮、“增加亮度”按钮和“降低亮度”按钮进行调整，以改善图片质量。

(3) 图片颜色设置

在“图片”工具栏上有两个设置图片颜色的按钮：“颜色”按钮和“图片重新着色”按钮。

• 单击“图片”工具栏上的“颜色”按钮，在弹出的下拉菜单中，显示有 4 种方式可以选择:灰色、黑白、冲蚀和自动。其中“自动”选项可以使图片恢复原色。

- 单击“图片”工具栏上的“图片重新着色”按钮,弹出如图 3-7 所示的对话框,选择要更改的每种颜色的复选框,可以更改图片中的颜色。若选择“更改”选项区域中的“填充”选项,则只更改图片的背景色或填充色,不影响线条颜色。

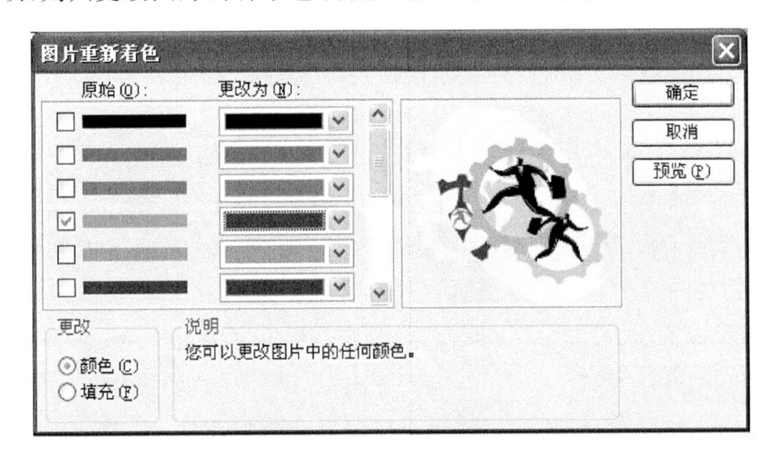

图 3-7 “图片重新着色”对话框

注意:“图片重新着色”按钮只能对从剪辑管理器中插入的 Microsoft Windows 图元文件(如剪贴画)进行颜色的更改,如果图片是位图(位图,由一系列小点组成的图片,当存储为文件时,位图通常使用扩展名. bmp)、. jpg、. gif 或. png 格式的文件,则需要在图像编辑程序中编辑其颜色。

(4) 去除背景

在幻灯片制作中,使用扫描仪扫描图像或用画图工具绘制图片时,插入幻灯片后经常有一定的背景。这时,可选用“设置背景色”工具,在背景色上单击就可去除。具体操作方法为:单击“图片”工具栏的“设置透明色”按钮,然后在要去除背景的图片背景处单击,使图片背景变得透明,图片与幻灯片其他内容融为一体。如图 3-8 所示,小兔图片的背景色去除后,与另一张图片融为一体。

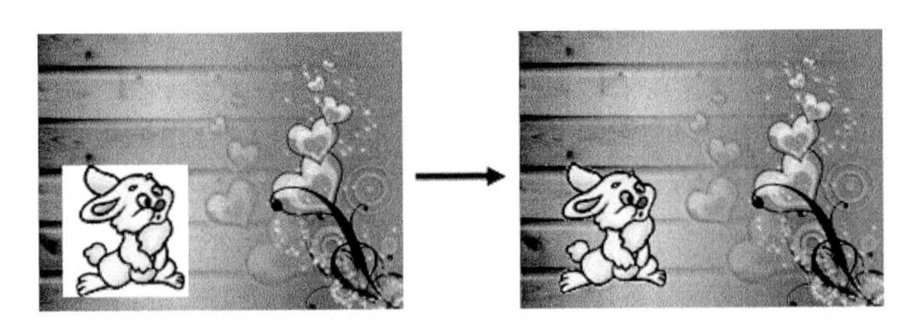

图 3-8 去除背景色效果对比

3. 图片的“组合/取消组合”

图片的“组合”和“取消组合”功能在图片设计中是很重要的。很多图案可以通过图片之间的一定组合来实现。例如,在图 3-8 中,去除背景色后,要把两张图片组合成为一张图片使用,若要修改,则可通过“取消组合”功能进行修改。

图片“组合”的使用方法:按住<Shift>键,并选中多个图形,单击“绘图”工具栏的“绘图”→“组合”命令;或者,在图形上右击,在快捷菜单中选“组合”,也可以实现多个图片的组合。同样的操作,可以实现图片之间"取消组合"。

小技巧:

系统提供的剪贴画大多是由多个图片组合而成,可以在使用"取消组合"功能后,选中要改变颜色的那一部分对象,然后单击"绘图"工具栏中的"填充",选择所需颜色,就可以对图片中的部分颜色进行更改。

4. 图片"叠放次序"

图片"叠放次序"功能在产生不同的艺术效果上具有很大的作用。

图片"叠放次序"的使用方法:选中图片,单击"绘图"工具栏的"绘图→"叠放次序"命令,在快捷菜单中可选"置于顶层"、"置于底层"、"上移一层"和"下移一层"等选项,以改变图片之间的叠放次序;或者,在图片上右击,选"叠放次序",在快捷菜单中选择相应选项。

5. 图片的阴影设置

图 3-9　"阴影设置"对话框

单击绘图工具栏中的"阴影样式"按钮,选择某个阴影样式后即自动生成阴影,若单击"阴影样式"菜单中"阴影设置"按钮,则弹出如图 3-9 所示的"阴影设置"工具栏,使用"阴影设置"工具栏上的按钮,可对图片阴影的位置和颜色进行调整。

6. 图片的三维效果设置

对自选图形进行三维效果样式的设置,可以产生立体效果。

首先,插入平面自选图形,如矩形、圆形等,然后单击"绘图"工具栏上的"三维效果样式"按钮,为自选图形选择一种立体效果。

具体操作方法为:单击"绘图"工具栏中的"三维效果样式"按钮,选择某个三维样式后即自动生成一种三维效果,若单击"三维效果样式"菜单中"三维设置"按钮,则弹出如图 3-10所示的"三维设置"工具栏。

图 3-10　"三维设置"工具栏

三维效果包括:设置/取消三维效果、旋转、深度、方向、照明角度、表面效果和三维颜色。

- 设置/取消三维效果:若要添加三维效果,单击所需的选项;若要删除三维效果,单击"无三维效果"。
- 旋转:可对图形进行四个方向旋转(下俯、上翘、左偏和右偏)。
- 深度:反映立体图形透视的深度,有几个固定深度,如 36、62、144 等,也可以自己定义。
- 方向:反映立体图形透视的方向。有 9 个方向可以选择。
- 照明角度:有 8 个照明角度以及 3 种照明效果(明亮、普通和阴暗)。
- 表面效果:有 4 种表面效果(透明框架、亚光效果、塑料效果和金属效果)。
- 三维颜色:三维颜色是对立体部分设置颜色。

3.2.3　公式使用

在制作 PPT 时，有时需要插入一些数学公式，这就要用到“公式编辑器”。

如果要编辑复杂的公式，可以在 Word 中编好，然后复制到 PowerPoint 中去。在幻灯片中插入公式，可以这样操作：单击“插入”→“对象”命令，打开“插入对象”对话框，在“对象类型”下面选中“Microsoft 公式 3.0”选项，单击“确定”进入公式编辑状态，然后利用“公式”工具栏上的相应“公式模板”按钮，即可编辑制作出所需要的公式。

制作完成后，在“公式编辑器”窗口中，单击“文件”→“退出并返回到演示文稿”命令，则编写好的公式插入到幻灯片中。

注意：

① 如果进入公式编辑状态后，“公式”工具栏没有展开，单击“视图”→“工具栏”命令就可以了。

② 插入的公式，实际上是一个内嵌的图片，默认情况下比较小，影响演示效果，需要将其进行调整、定位。

③ 如果对插入的公式不满意，双击公式再次进入编辑状态即可进行修改，可以为公式添加相应的背景。公式其实是图片格式，完全可以用“绘图”工具栏上的“填充”按钮对其添加背景。此外，还可以对公式进行加阴影、重新着色操作。

3.2.4　图示符号使用

图示库可以帮助用户对幻灯片内容进行组织。反映对象之间的内在逻辑关系。单击“插入”→“图示”，弹出图示库窗口，如图 3-11 所示，它有 6 种图示类型：组织结构图、循环图、射线图、棱锥图、维恩图和目标图，可以根据需要进行选择。

如要建立一个组织结构图，在图示库窗口中，选择“组织结构图”，单击确定按钮，进入编辑组织结构图状态，同时弹出“组织结构图”工具栏。这时，可以在方框中输入相关内容，如图 3-12 所示。

图 3-11　图示库

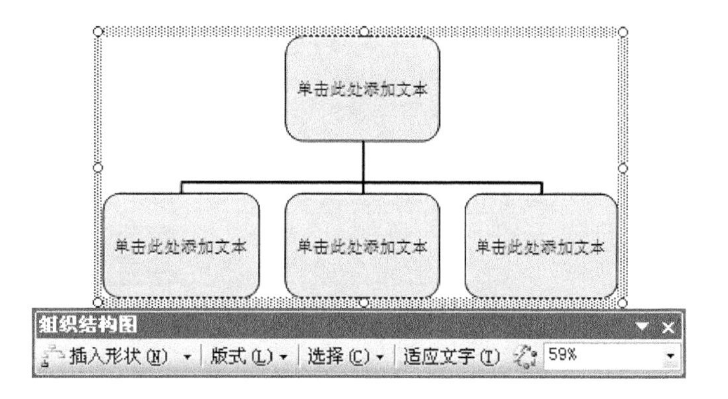

图 3-12　组织结构图及其工具栏

如果要在某一个结构的左、右、下方增加分支，可以使用“组织结构图”工具栏上的“插入形状”或右击，在快捷菜单中进行选择。

3.3 图表、表格的应用

3.3.1 插入图表

在 PowerPoint 演示中插入图表，不仅可以快速、直观地表达你的观点，而且还可以用图表转换表格数据，来展示比较、模式和趋势，给观众留下深刻的印象。

好的图表都具有以下几项关键要素：每张图表都传达一个明确的信息，图表与标题相辅相成，格式简单明了并且前后连贯，清晰易读。

图表设计分成两大类：数据类图表和概念类图表。制作以数据为基础的图表一般分为以下 3 个步骤：确定要表达的信息（即选取信息范围，如 2000～2005 年之间国家 GDP 数据）、确定比较类型（主要有成分、排序、时间序列、频率分页和关联性比较）和选择图表类型（主要有直方图、饼形图、线形图等）。概念类图表也有很多种，主要根据要表达的内容来确定，如表示组织结构的“组织结构图”，表示层次关系的“金字塔”和“阶梯”图，表示次序的“流程”图等。用图表展示数据，是制作演示文稿的一项基本要求。

1. 创建图表

创建图表步骤如下。

（1）单击“插入”→“图表”，进入图表编辑状态，如图 3-13 所示。

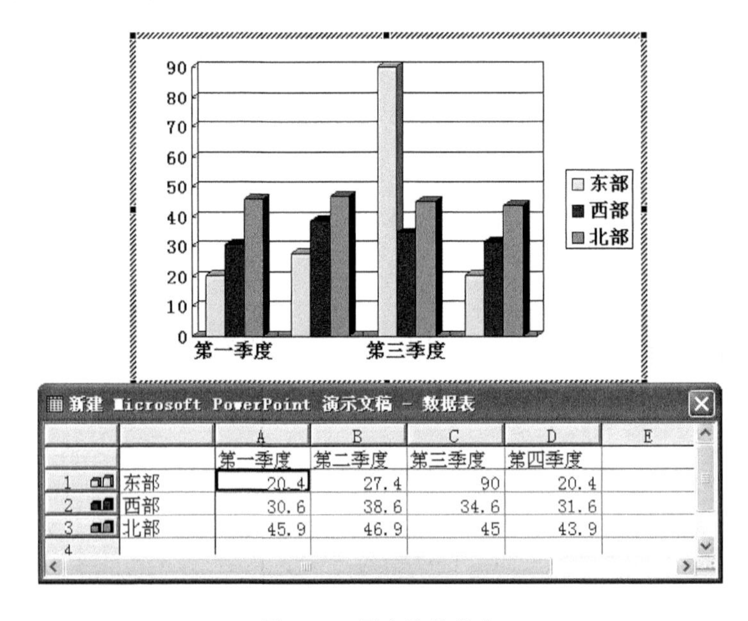

		A	B	C	D	E
		第一季度	第二季度	第三季度	第四季度	
1	东部	20.4	27.4	90	20.4	
2	西部	30.6	38.6	34.6	31.6	
3	北部	45.9	46.9	45	43.9	
4						

图 3-13 图表编辑状态

（2）同时展开“数据表”对话框，在数据表中有示范的数据，其中最上面的列标题可以修改为不同的月份或者季度或者其他内容，在行标题单元格中可以填上人名或者评比的对象等。在修改数据时，PowerPoint 中的图表将跟着变化。输完相应的数据后，关闭“数据表”对话框，相应的图表即添加到幻灯片中。

提示：如果你想使图表元素更简单或者更复杂，在数据表中可自行减少或者增加相关的数据。

(3) 若要返回幻灯片，单击图表以外的区域即可。

提示：PowerPoint 提供了包含图表占位符(占位符，一种带有虚线或阴影线边缘的框，绝大部分幻灯片版式中都有这种框。在这些框内可以放置标题及正文，或者是图表、表格和图片等对象)的幻灯片版式。若要使用这些版式新建幻灯片，可单击"插入"→"新幻灯片"，再选择一种包含图表占位符的版式。

2. 导入 Excel 图表

有时，创建图表是根据已有的 Excel 表格内容进行的，这时可导入 Excel 文件创建图表。具体操作方法如下。

(1) 单击"插入"→"图表"，进入图表编辑状态。

(2) 选择"编辑"→"导入文件"命令，在出现的"导入文件"对话框中，选择要导入的文件，此时，弹出"导入数据选项"对话框，如图 3-14 所示。

(3) 在"导入数据选项"对话框中，选择要导入的表，注意，只可以导入一个表。

- 若要导入工作表中的所有数据，可单击"导入"下的"整张工作表"。
- 若要导入部分数据。可单击"选定区域"，然后输入所需数据范围。例如，如果要导入单元 A1 到 B5，可在"选定区域"框中键入 A1∶B5。如果该范围有名称，可以键入名称，而不用键入范围引用。
- 如果选择"覆盖现有单元格"复选框，则用导入数据覆盖原数据表中数据。如果想把导入数据添加到数据表中，则在导入数据之前先在数据表中选定一个单元格，再导入数据，并清除"覆盖现有单元格"复选框。

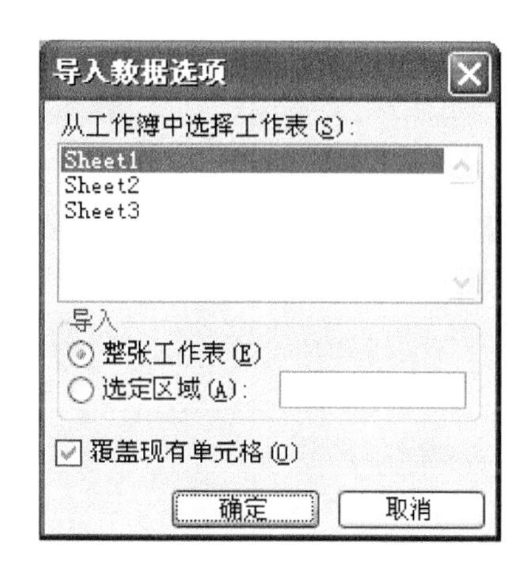

图 3-14　"导入数据选项"对话框

3.3.2　编辑图表

对插入的图表可以进行多方面的编辑处理，如修改表中数据、图表类型改变等。

1. 修改图表数据

对插入的图表数据可以进行修改。

(1) 在幻灯片中双击要编辑数据的图表，进入"图表"编辑状态。这时，菜单和工具栏改变为显示 Microsoft Excel 的菜单和按钮。

(2) 切换到数据表。如果数据表不可见，可单击"视图"菜单，选择"数据工作表"显示它。

(3) 单击某个单元格，然后键入所需的文本或数值。

(4) 若要返回幻灯片，单击图表或数据表以外的区域。

注意：如果改变了现有的文本或者数据，图表会跟着改变以反映新的数据。

除了修改数据外，还可以进行格式、图表类型和图表选项等的修改。

2. 选择图表样式

PowerPoint 中提供许多图表样式可供选择。单击“图表”→“图表类型”，进入图表类型窗口，可进行图表样式选择，如图 3-15 所示。

这里有 14 种标准图表样式，每一种标准图表样式还包括几种子图表类型。此外，还可以自定义图表样式。但是，并不是每一种样式都适合我们的需求，例如，饼形图用于显示数据百分比，不能显示具体数据。柱形图和条形图可以反映具体的数据，但不能显示整体的百分比。折线图和散点图反映数据走势，多用于数据分析。其他的图形各有需求场景，这里不一一点评，所以在制作图表的时候，首先要明白自己的制作需求，选择合适的图表样式。

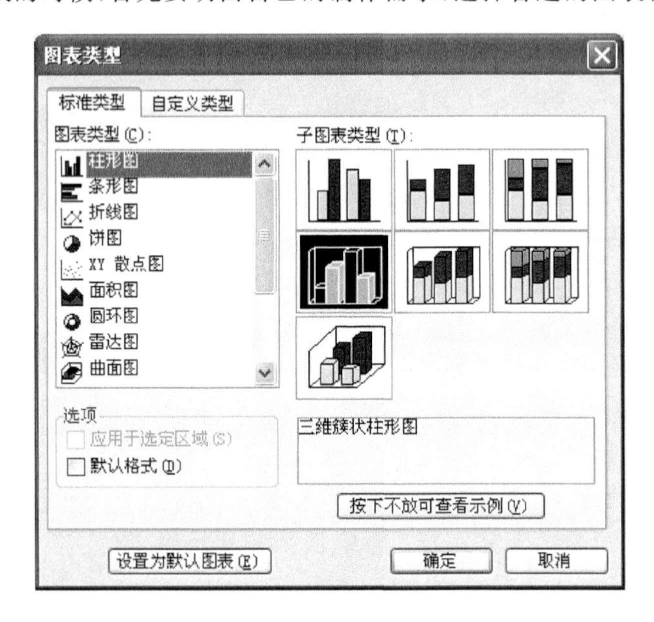

图 3-15 图表类型窗口

3. 图表格式编辑

在幻灯片中双击要编辑的图表，进入“图表”编辑状态，然后在图表区域，右击，弹出快捷菜单。其中选择“设置图表区格式”，可进行颜色、字体等的设置；选择“图表选项”，可对图表中标题、坐标轴、图例等进行修改。

除了上面罗列的几点外，所有修改都与 Excel 中一样，这里不再详述。

图表可以迅速传达信息、直接专注重点、更明确地显示其相互关系，使信息的表达鲜明生动。

3.3.3 表格使用

单击“插入”→“表格”命令后，弹出“插入”对话框，在“插入表格”对话框上设定行、列数，然后单击“确定”，表格即创建完成。表格的编辑方法与在 Word 中一样。编辑完成后，在表格外任意处单击，即返回 PowerPoint。若需再次编辑该表格，则在其上双击，即可重新进入。

若(创建)插入新幻灯片时，选择了幻灯片版式中的“表格”版式，则在“双击此处添加表格”处双击后，在“插入表格”对话框上设定行、列数，然后单击“确定”，表格即创建完成。

除了上面介绍的方法外。还可以导入 Microsoft Excel 工作表，其方法如下。

单击“插入”→“对象”,在出现的“插入对象”窗口中选择新建“Microsoft Excel 工作表”,单击确定后即在幻灯片中出现 Excel 的工作界面,接下来就可以按 Excel 表格的使用方法进行表格的设计和公式的输入。退出时,用鼠标在幻灯片上单击,退出工作表编辑状态,将鼠标放在表格边框的圆点上调节表格大小。

3.4　多媒体的应用

用 PowerPoint 做幻灯片时,我们可以利用配置声音、添加影片和插入 Flash 等技术,制作出更具感染力的多媒体演示文稿。

3.4.1　声音的使用

恰到好处的声音可以使幻灯片具有更出色的表现力。在制作演示文稿时,可以用多种方法插入声音。单击“插入”→“影片和声音”命令,有四种来源可插入声音:剪辑库中的声音、文件中的声音、播放 CD 乐曲和录制声音。

1. 插入声音文件

要在幻灯片中加入电脑中保存的某声音文件,可先选中需要插入声音文件的幻灯片,然后单击“插入”→“影片和声音”→“文件中的声音”命令,打开“插入声音”对话框,选择要插入的声音文件后,确定返回。此时,系统会弹出提示框,让用户选择是否在幻灯片放映时自动播放,如图 3-16 所示。

图 3-16　确认幻灯片放映时是否自动播放声音

单击“自动”按钮,则放映这张幻灯片时自动播放选中的声音对象,如单击“在单击时”按钮,则要单击这个对象才会播放。选择后在幻灯片上会增加一个新的喇叭状图标,用户可以适当调节该图标的大小并将其放置到合适位置。当声音播放停止时,用鼠标单击这个图标,则声音又会播放。

另外,对插入的声音文件还可以设置连续播放和隐藏声音。选中小喇叭符号,右击弹出快捷菜单,选择“编辑声音对象”,出现“声音选项”窗口,如图 3-17 所示。可选择“循环播放,直到停止”,还可以选择隐藏声音图标。

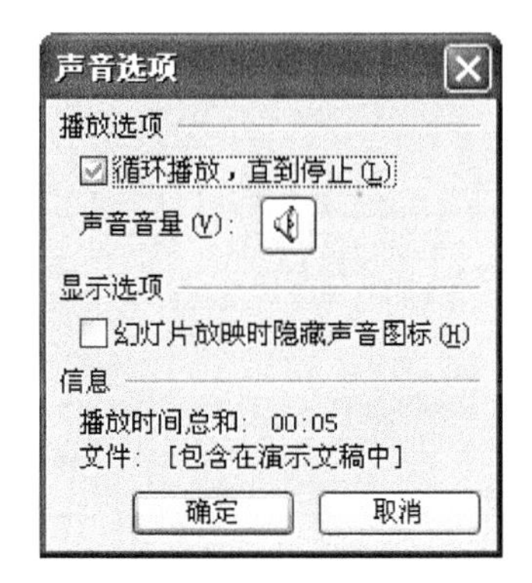

图 3-17　“声音选项”窗口

注意:声音文件可以嵌入到演示文稿中,也可以链接到演示文稿。在默认情况下,如果声音是大小为 100 KB 或更小的.wav 文件,会将它嵌入到演示文稿中。它属于演示文稿文件并伴随演示文稿移动。如果声音是大于 100

KB 的. wav 文件以及所有其他类型的声音文件，会将它们链接到演示文稿。它们将从. ppt 文件外部的某个位置播放，而且在物理上不属于该. ppt 文件。

如果希望进一步对声音加以控制，则可以更改“自定义动画”任务窗格中的设置。选择对象右击，选择“自定义动画”，在任务窗格中选择对象，单击后弹出下拉菜单，选择“效果选项”，如图 3-18 所示，然后在弹出的“播放声音”对话框中，可以从效果、计时、声音设置三个方面对声音进行进一步的设置，如图 3-19 所示。

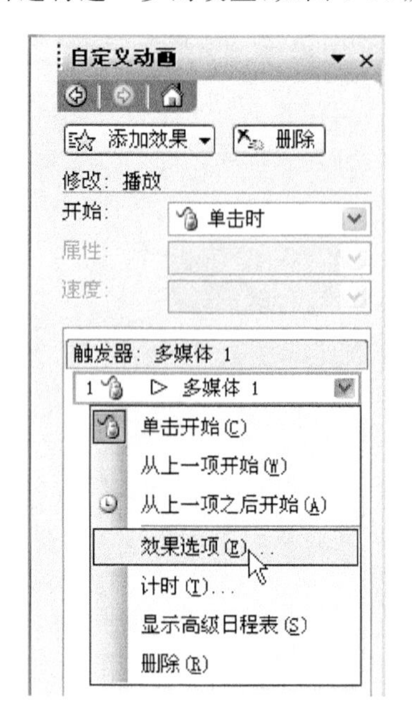

图 3-18　选择“效果选项” 　　　　图 3-19　“播放声音”对话框

2. 插入剪辑库中的声音

单击“插入”→“影片和声音”→“剪辑库中的声音”选项，打开“剪贴画”对话框，声音剪辑库的操作同剪贴画库的操作一样，这里不再详述。选中声音后将声音效果插入到幻灯片中，此时系统会弹出如图 3-16 所示的提示框。

根据需要单击其中相应的按钮，即可将声音文件插入到幻灯片中，同时幻灯片中显示出一个小喇叭符号。

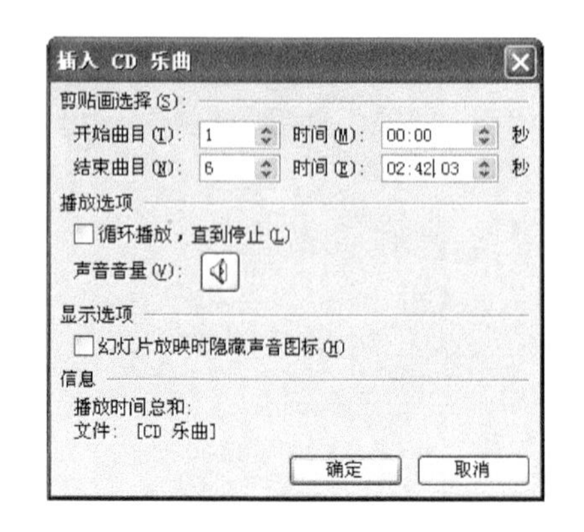

图 3-20　“插入 CD 乐曲”对话框

3. 播放 CD 乐曲

CD 中的音乐可以使幻灯片放映别具一格。你可以在自行运行的演示文稿中播放 CD 音乐，也可以在所演示的幻灯片的开头和末尾处用 CD 音乐来营造气氛。使用 CD 的好处在于不会影响演示文稿的文件大小，只不过在演示时不要忘记携带 CD。

将 CD 插入计算机的 CD 驱动器中。单击“插入”→“影片和声音”→“播放 CD 乐曲”选项，屏幕将弹出“插入 CD 乐曲”对话框，如图 3-20 所示。

显示的设置表示该 CD 将从曲目 1 开始并于曲目 6 停止。一般它只能在当前幻灯片上播放，要在其他幻灯片上播放，需要在“自定义动画”任务窗格中进行使用声音设置。如果将放映设置为循环，则在重新开始放映时，该 CD 将从第一个曲目连续播放。

在选择曲目之后，系统将提示你选择如何启动声音（自动或通过单击鼠标）。在此之后，会在幻灯片的中央出现一个 CD 图标。

4. 录制声音

单击“插入”→“影片和声音”→“录制声音”选项，屏幕就出现图 3-21“录音”对话框。

利用录音可以加入一些语音内容或来自磁带的声音。录音结束后，单击“确定”按钮，刚刚录好的这段声音就会被插入到当前的幻灯片中，并出现一个小喇叭状的图标。其他具体操作与插入剪辑库中的声音一样。

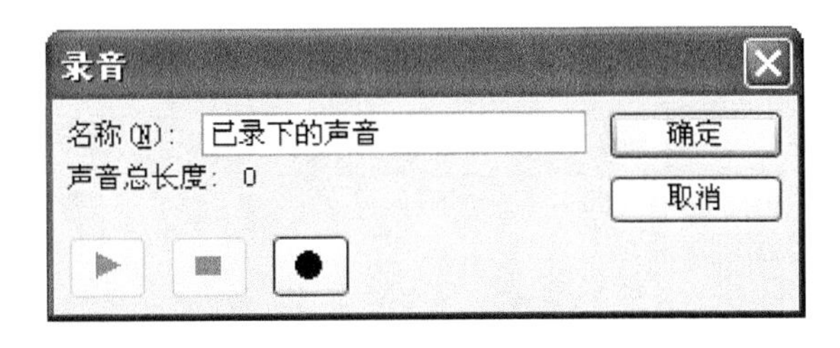

图 3-21　“录音”对话框

对于插入的声音，还可以为它设置一组按钮，以实现“播放”、“暂停”和“停止”声音的效果，具体见“3.4.4 触发器使用”中的例子。

3.4.2　影片的使用

我们可以将视频文件添加到演示文稿中，来增加演示文稿的播放效果。插入影片的过程与插入声音的过程十分相似。单击“插入”→“影片和声音”选项即可，这里有两种插入影片的方法：一种是“剪辑库中的影片”；另一种是“文件中的影片”，整个插入过程都与插入声音相同，这里不再详述。插入影片后，在幻灯片上会出现一个小画面，这是插入影片的起始帧，如果用户在插入时选择自动播放，则在放映到这张幻灯片时会自动播放，单击画面后可停止播放。

与声音使用一样，如果希望进一步对影片加以控制，则可以更改“自定义动画”任务窗格中的设置。任务窗格中拥有更加丰富的控制功能。

插入的影片在幻灯片上显示为静止帧。需要注意的是，影片文件实际上不会成为演示文稿的一部分，它始终是一个链接文件。

与声音使用一样还可以为影片设置一组按钮，以实现“播放”、“暂停”和“停止”影片的效果。通过设置这些按钮，可以在讲解时增强视觉感染力并控制播放进度，还可以供别人在自行放映幻灯片时使用。你可以像使用任何其他动画效果一样使用这些效果。

3.4.3　插入 Flash 动画

Flash 是美国 Macromedia 公司推出的一款功能强大的动画制作软件，能制作出图文并茂、有声有色的多媒体文件，深受大家欢迎。在 PowerPoint 中插入 Flash 动画将会使 PPT 增色不少。具体操作方法如下。

(1) 单击“视图”→“工具栏”→“控件工具箱”命令，打开“控件工具箱”工具栏，如

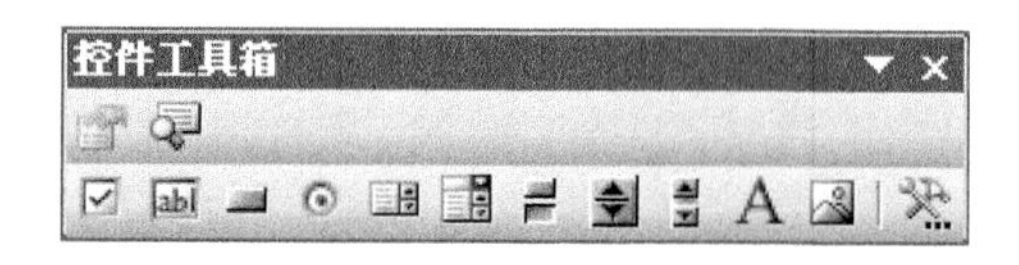

图 3-22 控件工具箱

图 3-22 所示。

(2) 单击工具栏上的“其他控件”按钮，在弹出的下拉列表中，选择“Shockwave Flash Object”选项，这时鼠标变成了细十字形状，按住左键在工作区中拖拉出一个矩形框(此为播放窗口)。

(3) 将鼠标移至上述矩形框右下角成双向拖拉箭头时，按住左键手动，将矩形框调整至合适大小。

(4) 右击上述矩形框，在随后弹出的快捷菜单中，选“属性”选项，打开“属性”对话框，在“Movie”选项后面的方框中输入需要插入的 Flash 动画文件名及完整路径，且必须带后缀名“. swf”，然后关闭“属性”窗口。

注意：为便于移动演示文稿，最好将 Flash 动画文件与演示文稿保存在同一文件夹中，这时，上述路径也可以使用相对路径，即只输入 Flash 动画文件名，不需要输入路径。

小技巧：

巧取 PowerPoint 文件中嵌入的素材文件。

打开要提取素材文件的 PPT 文档，单击“文件”→“另存为”，调出“另存为”对话框，在“保存类型”中选择“Web 页(. htm，. html)”或“网页”，保存，就会得到一个网页文件和一个同名文件夹。文件夹内包含所有的幻灯片和幻灯片中嵌入的对象。打开文件夹，就可以找到嵌入在 PPT 文档中的图片文件、声音文件、影视文件等素材文件，按需要可以选用。

3.4.4 触发器使用

在 PowerPoint 中触发器是一种重要的工具。所谓触发器是指通过设置可以在单击指定对象时播放动画。在幻灯片中只要包含动画效果、电影或声音，就可以为其设置触发器。触发器可实现与用户之间的双向互动。一旦某个对象设置为触发器，单击后就会引发一个或者一系列动作，该触发器下的所有对象就能根据预先设定的动画效果开始运动，并且设定好的触发器可以多次重复使用。

设置触发器的步骤如下。

(1) 在“自定义动画”任务窗格的自定义动画列表中，单击所需的动画对象。

(2) 单击旁边的下拉箭头，选择“计时”。

(3) 单击“触发器”，并选择“单击下列对象时启动效果”，并在右边对象列表中选择作为触发器的对象。

在幻灯片上，如果某个对象旁边有一个手状图标，表示该对象有一个触发效果。

【例】 用触发器控制声音的“播放”、“暂停”和“停止”。

操作步骤如下。

(1) 在幻灯片中单击“插入”→“影片和声音”→“文件中的声音”选项，把所需的声音文件导入，导入声音文件后会出现一个提示，问是否需要在幻灯片放映时自动播放声音，选择“否”。

(2) 单击“幻灯片放映”→“动作按钮”→“自定义按钮”选项，在幻灯片中拖出 3 个按钮，在出现的“动作设置”对话框中设置为“无动作”。分别选择 3 个按钮，在右键菜单中选择“编辑文本”，为3个按钮分别加上文字：播放、暂停、停止。

(3) 将声音文件播放控制设定为用播放按钮控制。选择幻灯片中的小喇叭图标，单击“幻灯片放映”→“自定义动画”选项，在幻灯片右侧出现自定义动画窗格，可以看到背景音乐已经加入到了自定义动画窗格中，双击有小鼠标的那一格，出现“播放声音”设置对话框，选择“计时”标签，在“单击下列对象时启动效果”右侧的下拉框选择触发对象为“播放按钮”，单击“确定”。

(4) 将声音暂停控制设定为用暂停按钮控制。继续选择小喇叭图标，在“自定义动画”窗格单击“添加效果”→“声音操作”→“暂停”选项。在“自定义动画”窗格下方会出现暂停控制格，双击控制格，出现“暂停声音”设置对话框，单击“触发器”按钮，在“单击下列对象时启动效果”右侧的下拉框中，选择触发对象为“暂停”按钮，单击“确定”按钮。

(5) 将声音停止控制设定为用停止按钮控制。在自定义动画窗格中单击“添加效果”→“声音操作”→“停止”选项，操作方法如第4步，将触发对象设定为“停止”按钮。

放映幻灯片时，就可以用3个按钮“播放”、“暂停”、“停止”来控制音乐播放了。

如果觉得声音图标不美观的话，可以在“播放声音”设置对话框中选择“效果”标签，把“播放时隐藏”选项勾上，放映幻灯片时就看不到声音图标了。

最后要说明的是，这里为了叙述方便，用的是3个按钮，在实际应用中，完全可以用其他的对象如图片、艺术字来作为触发器，这样的运行界面会更加美观。

另外，通过触发器还可以制作判断题、练习题等，方法类似。

3.5 布局和美化

在制作PowerPoint演示文稿时，我们可以利用模板、母版等相应的功能，统一幻灯片的配色方案、排版样式等，达到快速修饰演示文稿的目的。幻灯片中加入对象后，还需对幻灯片进行一些必要的修饰，如背景、配色方案等，使幻灯片更加协调、美观。

3.5.1 版式设计

在PPT设计中，版式设计非常重要。PPT版式设计就是将文字和内容（这里把图片、图表、媒体等归类成“内容”）合理、艺术地结合在一起。但是如果只是简单地套用现有的版式，是不可能产生好的效果的，想设计出好看的版式，还是先要理解和掌握一些版面结构基本知识。

版面结构是指一种将不同介质上的不同元素排列的方式。下面介绍几个与版面设计有关的问题。

1. 视觉度

这里主要探讨一下图片的视觉度。图片的视觉冲击力明显强过文字，因此在PPT中尽量少用文字多用图片。一般来说，人类是最有表现力的，而风景类特别是像云、海等表现力是最弱的。所以如果要表现主题，就不适合选用云、海等，可以将其作为背景。

2. 图版率

图版率和视觉度有相似的地方，但视觉度是指视觉表现力的强弱，而图版率则指相对于文章而言，图片所占的比例。没有图只有文字的PPT版面图版率就是0%，而只有图没有文字的 PPT 版面图版率就为 100%。一般来说，插图、照片增加，受众的好感度也会增加，图版率在 50%左右，好感度会急剧上升。那么是不是图版率越高越好呢？也未必，一旦图版率超过 90%，好感度反而会降低。

3. 色感

很多时候，一个好的版面被错误选择的配色方案所破坏。其实，配色方案是升华一个版面结构的有力武器。如果你仔细地使用颜色，很可能得到意想不到的效果。

颜色的选择取决于"视觉感受"。比如，女性相关主题的颜色通常使用粉色、淡紫色、亮蓝色或桃红色；儿童相关主题的颜色通常使用暖黄色、天蓝色、橙黄色、红色、嫩绿色或亮紫色；医学相关主题的颜色为海水绿、翠绿色、暗色和灰色；自然相关主题或与社会传统相关的特殊配色方案可以使用一些暖色，比如红色、黑色、亮黄色等。配色方案应根据主题不同而不同。

4. 字体

在西方国家罗马字母阵营中，字体分为两大类：Sans Serif 和 Serif。Serif 的意思是，在字的笔画开始及结束的地方有额外的装饰，而且笔画的粗细会因直横的不同而不同。相反，Sans Serif 则没有这些额外的装饰，笔画粗细大致相同。

我们平时所用的 Georgia、Times New Roman 等就属于 Serif 字体，而 Arial、Tahoma、Verdana 等则属于 Sans Serif 字体。对中文而言，同样存在这两大类，宋体、细明体（繁体中常用）等就属于 Serif 字体，而黑体、幼圆等则属于 Sans Serif 字体。

Serif 字体强调了字母笔画的开始及结束，强调一个字，而非单一的字母，因此易读性较高。反之 Sans Serif 字体强调个别字母醒目，但在行文阅读的情况下，Sans Serif 容易造成字母辨认的困扰。

通常文章的正文使用的是易读性较佳的 Serif 字体，而标题、表格内用字则采用较醒目的 Sans Serif 字体。

建议在同一 PTT 中最多使用 3 种字体，一种用作标题，一种用作按钮和小标题，另外一种用作正文。

5. 平衡

结构规划中最重要的就是"对齐"和"平衡"，制作 PPT 时必须很清楚文字、颜色和图片的分量，否则版面结构完成后看起来会很不平衡。

首先，必须决定究竟要突出什么，文字还是图案？如果着重于图案，那么主要部分就应该用图案填充而文字就会占据相对小的版面。如果想突出文字，那么就使用大的字体作为题目，然后填入适当的辅助图案来完成设计。

此外，要考虑视觉秩序（如水平结构、垂直结构、斜向结构、曲线结构等）、空白间隙（由文字块和图片之间形成的空隙）等问题。

3.5.2 颜色选择

颜色可以作为信息表达的有效工具，它可以表达信息并增强文稿的效果。正确地选择颜色及其使用方式可以有效地感染观众的情绪，从而确保演示活动的成功。

一般颜色可分为两类：冷色（如蓝和绿）和暖色（橙或红）。冷色比较适合做背景色，因为它们不容易引人注意。暖色比较适于用在显著位置的主题上（如文本），因为它可产生扑面而来的效果。因此，使用蓝色背景、黄色文字的颜色方案的幻灯片是非常常见的，但是也不一定要使用这种颜色方案，只要使用得当，其他颜色方案也可以有很好的效果。

例如，在灯光比较暗的房间内进行演示，使用深色背景（深蓝、灰等）再配上白或浅色文字会有不错的效果。如果在灯光明亮的房间内进行演示，浅色背景配上深色文字处理会得到更好的效果。

一般来说，正确的处理方法有以下两种。方法一：改变对比双方面积的大小，如"万绿丛中一点红"，这样比较美观。方法二：把其中一个颜色变得灰一些，另一颜色鲜一些；或者一颜色深一些，另一颜色浅一些。

在实际的色彩配色中，这几种方法可以结合起来运用。

在选择颜色时，要针对观众选择颜色，关键是要在专业性和趣味性之间作出平衡。在演示文稿中，可尝试选择图片中的一种或多种颜色用于文字颜色。颜色组合将起到关联幻灯片中元素的作用，使幻灯片协调。

另外，在考虑使用背景色时可以考虑使用纹理，有时恰当纹理的淡色背景比纯色背景具有更好的效果。

3.5.3　母版和模板设计

控制幻灯片外观的方法有3种：母板、模板和配色方案。

1. 母版

使用幻灯片母版的目的是进行全局设置和更改（如设置或替换正文的字体），并使该更改应用到演示文稿中的所有幻灯片。它是所有幻灯片的底板，通常可以使用幻灯片母版进行下列操作：①改变标题、正文和页脚文本的字体；②改变文本和对象的占位符位置；③改变项目符号样式；④改变背景设计和配色方案。下面，来看看"幻灯片母版"和"标题母版"两个主要母版的建立和使用。

（1）建立幻灯片母版

① 单击"视图"→"母版"→"幻灯片母版"命令，进入"幻灯片母版视图"状态，此时"幻灯片母版视图"工具栏也随之展开，如图3-23所示。

② 右击"单击此处编辑母版标题样式"字符，在随后弹出的快捷菜单中，选择"字体"选项，打开"字体"对话框，设置好相应的选项后，单击"确定"，返回。

③ 右击"单击此处编辑母版标题文本样式"及下面的"第二级、第三级……"字符，仿照上面第②步的操作设置好相关格式。

④ 分别选中"单击此处编辑母版标题文本样式"、"第二级、第三级……"等字符，单击"格式"→"项目符号和编号"命令，打开"项目符号和编号"对话框，设置一种项目符号样式后，单击"确定"，即可为相应的内容设置不同的项目符号样式。

⑤ 单击"视图"→"页眉和页脚"命令，打开"页眉和页脚"对话框，切换到"幻灯片"标签下，即可对日期区、页脚区、数字区进行格式化设置。

⑥ 单击"插入"→"图片"→"来自文件"命令，打开"插入图片"对话框，定位到图片所在的文件夹中，选中该图片将其插入到母版中，并定位到合适的位置上。

⑦ 全部修改完成后，单击"幻灯片母版视图"工具条上的"重命名母板"按钮，打开"重命名母板"对话框，输入一个名称（如"演示母版"）后，单击"重命名"按钮，返回。

⑧ 单击"幻灯片母版视图"工具条上的"关闭母版视图"按钮退出，"幻灯片母版"制作完成。

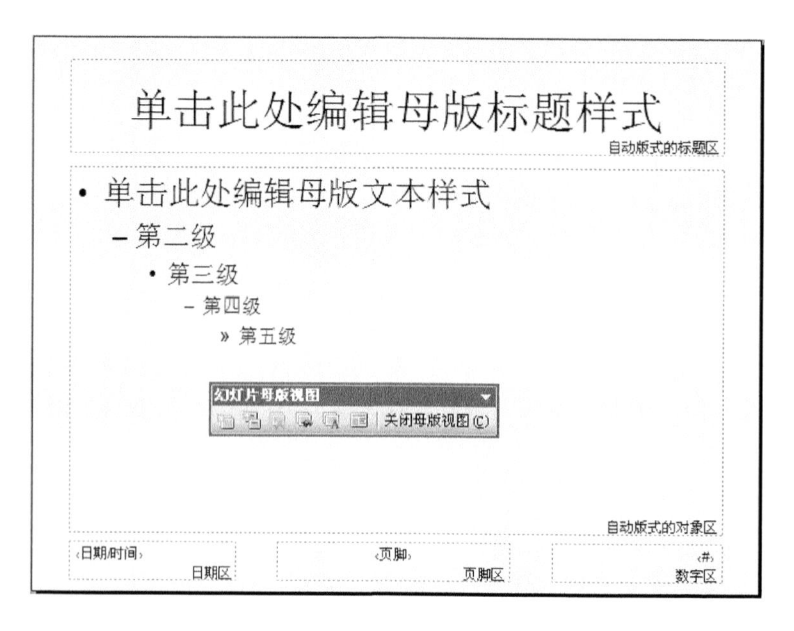

图 3-23 “幻灯片母版视图”状态

(2) 建立标题母版

一般演示文稿中的第一张幻灯片通常使用“标题幻灯片”版式。现在我们就为这张相对独立的幻灯片建立一个“标题母版”,用以突出显示演示文稿的标题。

在“幻灯片母版视图”状态下,单击“幻灯片母版视图”工具条上的“插入新标题母版”按钮,进入“标题母版”状态。

仿照上面“建立幻灯片母版”的相关操作,设置好“标题母版”的相关格式。

设置完成后,退出“幻灯片母版视图”状态即可。

注意:母版修改完成后,如果是新建文稿,请仿照上面的操作,将当前演示文稿保存为模板(“演示母版.pot”),供以后建立演示文稿时调用;如果是打开的已经制作好的演示文稿,则可以仿照“(3)母版的应用”中的操作,将其应用到相关的幻灯片上。

另外,如果想为某一个演示文稿使用多个不同的母版,可以在“幻灯片母版视图”状态下,单击工具条上的“插入新幻灯片母版”和“插入新标题母版”按钮,新建一对母版(此时,大纲区又增加了一对母版缩略图),并仿照上面的操作进行编辑修改,并“重命名”(如“演示母版之二”等)。

(3) 母版的应用

母版建立好以后,我们就可将其应用到演示文稿上。其具体操作方法为:启动 PowerPoint,新建或打开某个演示文稿后,单击“视图”→“任务窗格”命令,展开“任务窗格”。单击“任务窗格”右上角的下拉按钮,在随后弹出的下拉列表中,选“幻灯片设计”选项,打开“幻灯片设计”任务窗格,选择新建的模板文件(如“演示母版.pot”),单击下拉菜单按钮,根据需要进行选择。

注意:①“标题母版”只对使用了“标题幻灯片”版式的幻灯片有效;②如果发现某个母版不能应用到相应的幻灯片上,说明该幻灯片没有使用母版对应的版式,请修改版式后重新应用;③如果对应用的母版的格式不满意,可以仿照上面建立母版的操作,对母版进行修改;或者,直接手动修改相应的幻灯片来美化和修饰演示文稿。

2. 模板

模板是通用于各种演示文稿的模型。可直接应用于演示文稿，也可以根据具体的情况稍加修改后用于自己的演示文稿。也就是说，模板是专门用来快速制作幻灯片的已有文稿，其扩展名为“.pot”。

如果我们经常需要制作风格、版式相似的演示文稿，就可以先制作好其中一份演示文稿，然后将其保存为模板，以后直接调用修改就可以了。

内容模板包含在“内容提示向导”(可从“新建演示文稿”任务窗格打开)中。“幻灯片设计”任务窗格中的模板都是设计模板。这些模板的缩略图上的文字仅表示文本样式而不是实际的文本内容。“样式”是指各幻灯片中具有共同“格式”的标题、编号列表、项目文本等“同一类”元素，这些“格式”通常包括：字体、字号、颜色等。

PowerPoint中的每个设计模板都包含一个幻灯片母版。母版存储设计模板的样式。要更改任何演示文稿所应用的设计的各个方面，都要在母版中进行。

(1) 制作演示文稿模板

① 制作好演示文稿后，单击“文件”→“另存为”命令，打开“另存为”对话框。

② 单击“保存类型”右侧的下拉按钮，在随后出现的下拉列表中，选择“演示文稿设计模板(*.pot)”选项。

③ 为模板取名(如“常用演示.pot”)，然后单击“保存”按钮即可。

(2) 模板的调用

① 单击“文件”→“新建”命令，展开“新建演示文稿”任务窗格。

② 单击其中的“根据设计模板”选项，打开“幻灯片设计”任务窗格，选中需要的模板，单击“确定”按钮。

③ 根据制作的演示需要，对模板中相应的幻灯片进行修改设置后，保存，即可快速制作出与模板风格相似的演示文稿。

注意：如果将模板文件保存在缺省目录下，新模板会在下次打开PowerPoint时按字母顺序显示在“幻灯片设计”任务窗格的“可供使用”之下。如果改变了模板的保存位置，在应用此设计模板时需要单击“幻灯片设计”任务窗格下的“浏览”命令。

3.5.4 配色方案

配色方案是一组可用于演示文稿中预设的颜色。它由8种颜色组成，方案中的每种颜色都会自动用于幻灯片上的不同组件，分别是背景、文本和线条、阴影、标题文本、填充、强调、强调文字和链接、强调文字和已访问的超链接。可以挑选一种配色方案用于个别幻灯片或整份演示文稿中。通过这种方式，可以很容易地更改幻灯片或整份演示文稿的配色方案，并确保新的配色方案和演示文稿中的其他幻灯片的一致性和相互协调。

应用配色方案的操作步骤如下。

(1) 打开“格式”→“幻灯片设计”命令，弹出“幻灯片设计”任务窗格。

(2) 在“幻灯片设计”任务窗格中，单击其中的“配色方案”选项，展开内置的配色方案。

(3) 选中一组应用某个母版的幻灯片中的任意一张，单击相应的配色方案，即可将该配色方案应用于此组幻灯片。

(4) 如果对内置的某种配色方案不满意，可以对其进行修改，选中相应的配色方案，单击任务窗格下端的“编辑配色方案”选项，打开“编辑配色方案”对话框，如图 3-24 所示。双击需要更改的选项(如“阴影”)，或打开“更改颜色”对话框，打开相应的“调色板”，进行修改。

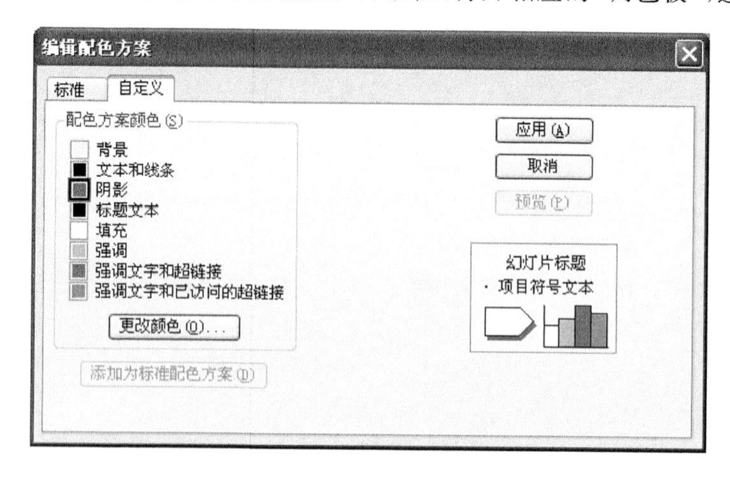

图 3-24 编辑配色方案

3.5.5 背景设置

单击“格式”→“背景”选项，或者单击幻灯片的空白处，在弹出的快捷菜单中选择“背景”选项，打开“背景”对话框，在“背景填充”下拉列表框中列出一些带颜色的小方块，还有“其他颜色”和“填充效果”两个命令，如图 3-25 所示。

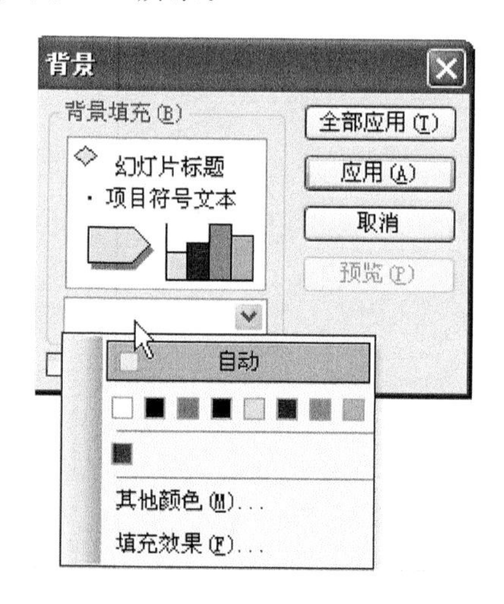

图 3-25 背景设置对话框

如果带颜色的小方块中有所需要的颜色，则选中它；若没有，可以选择“其他颜色”命令，屏幕将弹出“颜色”对话框，该对话框包含“标准”和“自定义”选项卡。“标准”选项卡提供了多种系统给出的颜色，用户可以通过“标准”选项卡选取所需要的颜色，通过“自定义”选项卡自行配置需要的颜色；若不想设置单色背景，则可选择“填充效果”命令，打开“填充效果”对话框，如图 3-26 所示。用户可以通过该对话框中对背景设置成单色、渐变色、预设效果、纹理、图案等效果。背景设置中用到最多的就是填充效果的设置。

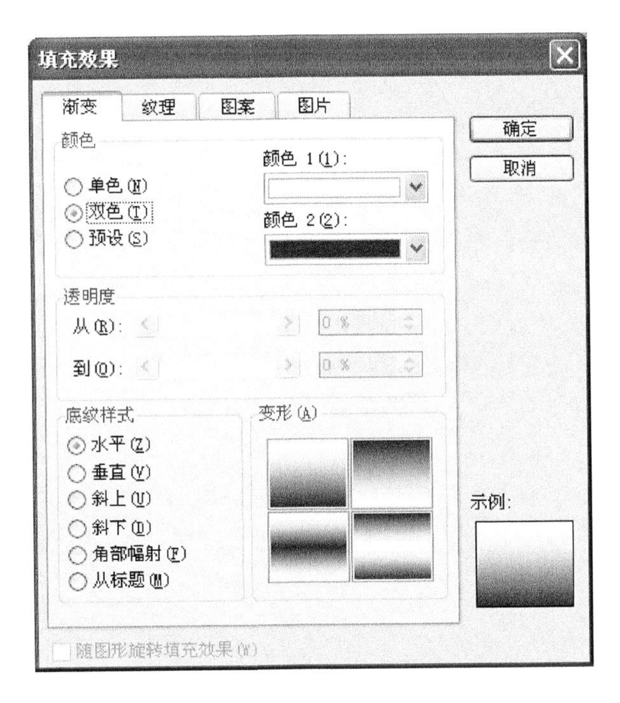

图 3-26　“填充效果”对话框

颜色设置好后，然后单击“确定”按钮，在背景对话框中单击“应用”或“全部应用”按钮，将幻灯片的背景设置成新颜色。单击“应用”按钮，当前幻灯片的背景就设置成这种颜色，但不影响其他幻灯片的背景；若单击“全部应用”按钮，则所有幻灯片的背景都设置成了这种颜色。

【例】 制作光芒四射的背景。

操作步骤如下。

(1) 运行 PowerPoint，选择新建空演示文稿，在弹出的“新幻灯片”对话框中选择“标题幻灯片”版式。

(2) 右击幻灯片中的副标题文本框，在弹出的快捷菜单中选择“剪切”，将副标题文本框去掉。

(3) 选中正标题文本框，单击“绘图”工具栏最右端的“绘图”按钮，在弹出的菜单中选择“改变自选图形”，再在弹出的子菜单中选择“星与旗帜”，最后在弹出的下级菜单中选择“将形状改为爆炸形 2”。

(4) 在标题文本框外任意处右击，在弹出的快捷菜单中选择“背景”，弹出“背景”对话框。

(5) 单击“背景填充”，在弹出的下拉列表中选择“填充效果”，弹出“填充效果”对话框。

(6) 在“渐变”标签下的“颜色”框中选择“双色”，此时在“颜色”框的右侧出现“颜色 1”和“颜色 2”两个下拉框，利用它们设置好颜色；在下面的“底纹式样”框中选择“从标题”。然后在“变形”框中选择一种变形，此时设置的效果会出现在右下角的“示范”方框内。如果对效果不满意，可进行调整，然后单击“确定”回到“背景”对话框。如果你想让这种效果只出现在本张幻灯片中，则单击“应用”按钮；如果想让整个文件都采用这样的背景，则单击“全部应用”按钮。

(7) 在幻灯片正标题文本框处任意单击，出现正标题文本框，利用文本框上的句柄进一步调整它的形状和大小，从而获得更满意的效果。至此，光芒四射的背景效果就制作好了。

3.6 动画设置

为幻灯片上的文本、图形、图示、图表和其他对象添加动画效果，这样可以突出重点，控制信息流，并增加演示文稿的趣味性，从而给观众留下深刻的印象。动画效果通常有两种实现方法：按照一定的顺序依次显示对象或者使用运动画面。可以对整个幻灯片、某个画面或者某个幻灯片对象（包括文本框、图表、艺术字和图画等）应用动画效果。但应该记住一条原则：动画效果不能用得太多，应该让它起到画龙点睛的作用；太多的闪烁和运动画面会让观众注意力分散甚至感到烦躁。

3.6.1 动画方案

动画方案是指给幻灯片中的文本增加的预设视觉效果，是针对整张幻灯片的动画模板，而不是针对某一个页面元素，所以动画方案是一整套的，不可以只给某一个页面元素添加动画。

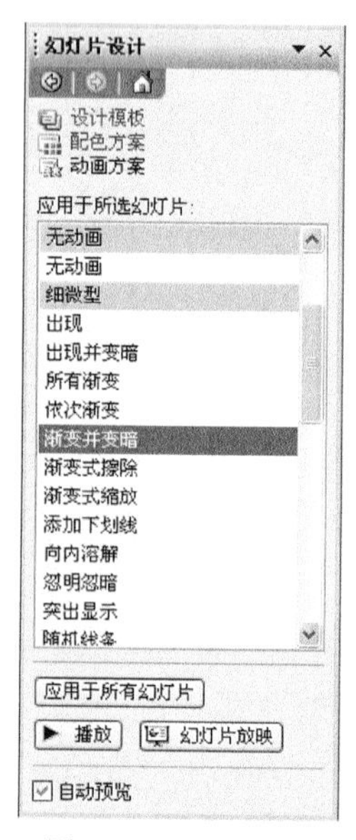

图 3-27 动画方案

动画方案选项在“幻灯片设计”任务窗格中。若要打开任务窗格，单击“幻灯片放映”→“动画方案”。若要将方案应用于某些幻灯片，请选择所需的幻灯片（在“幻灯片”选项卡上），再在任务窗格中单击方案，如图 3-27 所示。

若要将方案应用于所有幻灯片，请在设计窗格中单击方案，再单击“应用于所有幻灯片”。此方法通过将方案放在幻灯片母版上而将其应用于所有幻灯片，并且也将应用于新添加的幻灯片。

注意：如果放映中具有多个类型的幻灯片母版，则附加按钮“应用于母版”可用。如果单击此按钮，则方案出现在所有幻灯片上。

方案是为默认的文本占位符之内的文本设计的。方案对“文本框”（从“绘图”工具栏添加的图形）不起作用。它们需要自定义动画。

3.6.2 自定义动画

利用“动画方案”虽可以快速为幻灯片设置动画效果，但是不能对页面中的某个元素单独添加动画，有时并不能按我们的意愿达到满意的效果，所以可以用“自定义动画”设置动画，以达到播放的效果。“自定义动画”允许我们对每一张幻灯片及其各种对象分别设置不同的、功能更强的动画效果。

“自定义动画”操作步骤如下。

(1) 单击“幻灯片放映”→“自定义动画”，打开“自定义动画”任务窗格。

(2) 在幻灯片中选中要设置动画的对象（文本、图片、声音等都是对象），单击右边“自定义动画”窗格中的“添加效果”按钮，可以有“进入”、“强调”、“退出”、“动作路径”4 种选择，如图 3-28 所示。

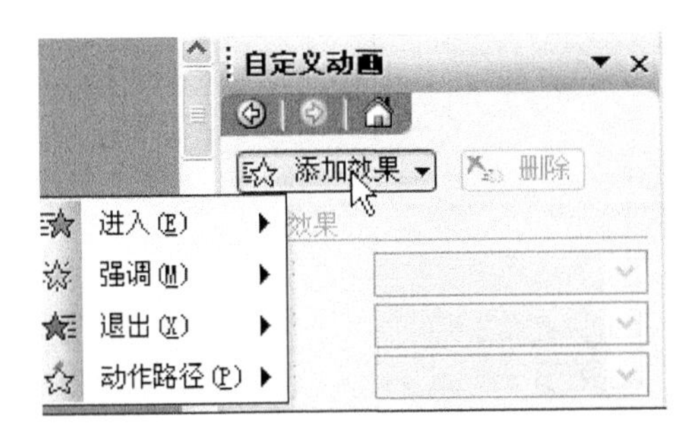

图 3-28　四种自定义动画效果

- “进入”可以为幻灯片中的对象设置一种播放时的“入场效果”。
- “强调”主要是对已经出现在幻灯片中的某个对象为了强调而设置的动画，设置方法与“进入”相同。
- “退出”是用于设置对象离开幻灯片时的动画效果。
- “动作路径”特别适合于制作那种“沿着某种线路运动”的动画，设置方法与前 3 种动画相同。

(3) 选择其中一种方式(如选择“进入”)后，展开这种方式下面的级联菜单，选中其中的某个动画方案。此时，在幻灯片工作区中，可以预览动画效果。

根据需要设置好动画效果后，会发现在幻灯片对象旁边多出了几个数字标记，这些标记被用来指示动画的顺序。并且，这些幻灯片对象还会出现在“自定义动画”任务窗格的动画列表中。如果想改变动画的显示顺序，就选中某个动画然后单击“重新排序”两侧的方向箭头；还可以在列表中选择一项动画，然后单击“删除”按钮来删除它；也可以单击“更改”按钮对动画进行修改。

除了对幻灯片中的对象设置“进入”、“强调”、“退出”、“动作路径”4 种动画效果外，通常还要对其进行具体的设置：效果选项和计时。

(1) 效果选项

无论设置的是“进入”、“强调”、“退出”还是“动作路径”，都会在任务窗格出现相应的“动画信息行”，单击相应的“动画信息行”旁边的下拉三角，即可看到下拉菜单中有“效果选项”和“计时”这两个命令(此操作与声音效果设置类似，参看图 3-18)。选择“效果选项”命令后，即可出现如图 3-29 所示的对话框，可对方向、声音等进行设置。

百叶窗
效果　计时　正文文本动画
设置
方向(R)：水平
增强
声音(S)：[无声音]
动画播放后(A)：不变暗
动画文本(X)：整批发送
% 字母之间延迟(D)
确定　取消

图 3-29　“效果”选项卡

(2) 计时

单击“计时”选项卡,就会出现“计时”设置对话框,如图 3-30 所示。

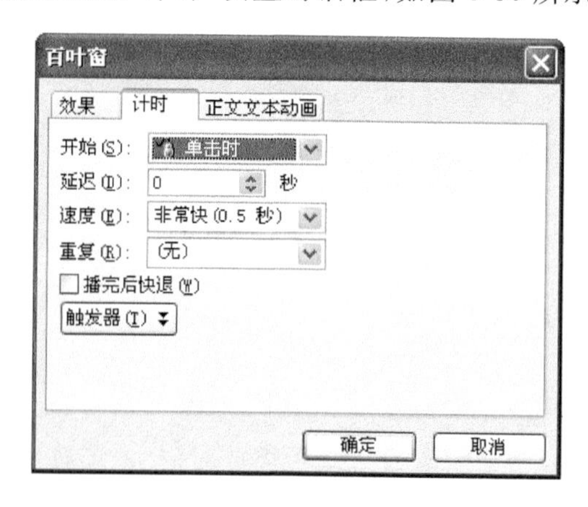

图 3-30 “计时”选项卡

对于某些对象(如文本框)设置动画时,还出现“正文文本动画”选项卡,可以进行进一步的设置。

【例】 让 PowerPoint 中的数据图表动起来。

为了加强 PowerPoint 演示文稿的说服力,我们常常会在幻灯片中使用图表。如果使用图表后再为它设置一下序列动画,让数据演示也动起来,则通常能达到吸引听众注意力、强化演示说服力的良好效果。

(1) 创建 PowerPoint 图表

在 PowerPoint 中,新建一张幻灯片,在“幻灯片版式”任务窗格设置“内容版式”为“内容”,然后切换到“幻灯片设计”任务窗格,为幻灯片选择一个恰当的设计模板。

单击幻灯片正文占位符中的“插入图表”按钮,进入图表创建状态,这时就可以直接将用于创建图表的数据填入数据表。填好后,单击图表外任意位置,完成图表的创建。

(2) 为图表设置序列动画

选中要设置动画的图表,切换至“自定义动画”任务窗格,单击“添加效果”按钮,在弹出的菜单中选择“进入”→“其他效果”→“渐变”命令。单击“确定”后,再单击,“自定义动画”列表中的“渐变图表 1”的下拉箭头,在下拉菜单中选择“效果选项”命令。在弹出的“渐变”对话框中选择“图表动画”选项卡。然后单击“组合列表”框右侧的下拉按钮,在弹出的下拉列表中选择“按序列中的元素”项,单击“确定”按钮后就可以预览动画的效果了。预览后可以进一步在“自定义动画”任务窗格中,设置动画的速度等属性,以便达到完美的效果。

注意:通过复制粘贴(或者插入对象)的方法导入的图表在 PPT 中做不出这种序列动画,若准备设置图表的序列动画,必须使用在 PPT 中直接创建图表的方法制作图表。

3.6.3 动作路径

如果对系统内置的动画动作路径不满意,可以自定义动画动作路径。

(1) 选中需要设置动画的对象(如一张图片),单击“添加效果”右侧的下拉按钮,依次展开“动作路径”→“绘制自定义路径”下面的级联菜单,选中其中的某个选项,如“曲线”,如图 3-31

所示。

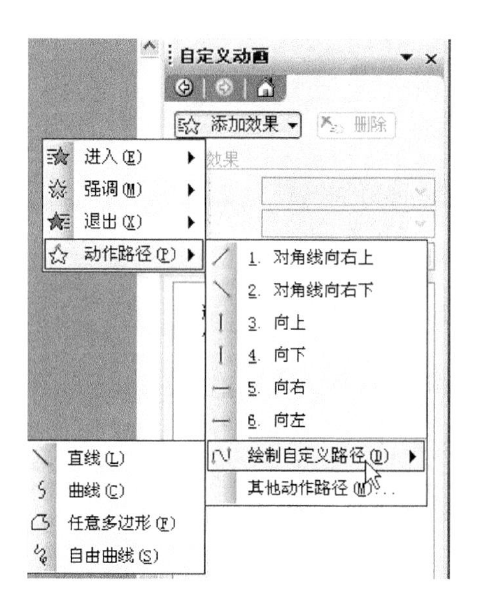

图 3-31　动画路径选择

(2) 此时鼠标变成细十字线状，根据需要，在工作区中描绘，在需要变换方向的地方，单击一下鼠标。

(3) 全部路径描绘完成后，双击鼠标即可。

在添加一条动作路径之后，对象旁边也会出现一个数字标记，用来显示其动画顺序。还会出现一个箭头来指示动作路径的开端和结束(分别用绿色和红色表示)。还可以在动画列表中选择该对象，然后对“开始”、“路径”和“速度”子菜单中的选项进行调整(在“自定义动画”任务窗格)。

小技巧：

提高描绘路径准确性。

单击“视图”，打开“网格和参考线”对话框，设置好相应参数，并选中“屏幕上显示网格”选项，确定返回，在工作区上添加上网格，使得描绘路径更加准确。

3.6.4　动作按钮和超链接

放映 PowerPoint 幻灯片时，默认顺序是按照幻灯片的次序进行播放。通过对幻灯片中的对象设置动作和超链接，可以改变幻灯片的线性放映方式，从而提高演示文稿的交互性。

1. 动作按钮

单击“幻灯片放映”→“动作按钮”选项，在其子菜单中有 12 个动作按钮，分别为：前进、后退、开始、结束、帮助、信息、声音和影片等动作，如图 3-32 所示。

制作动作按钮的步骤如下。

(1) 选择动作按钮，单击“幻灯片放映”菜单中的“动作按钮”子菜单，选择所需的动作按钮。

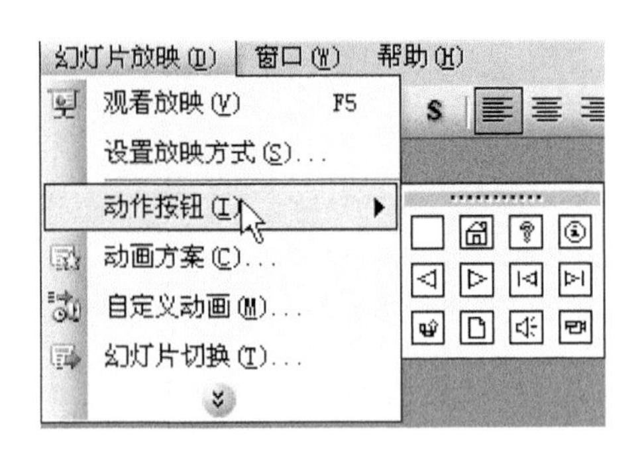

图 3-32　动作按钮

(2) 在幻灯片的适当位置用鼠标拖出一个矩形,即画出一个按钮,此时屏幕将弹出“动作设置”对话框,如图 3-33 所示。对话框中有“单击鼠标”和“鼠标移过”两个选项卡,在“单击鼠标”选项卡中可设置在放映时需单击动作按钮才会响应相应的动作;在“鼠标移过”中设置在放映时,只要鼠标指针移到动作按钮上,即响应相应动作。

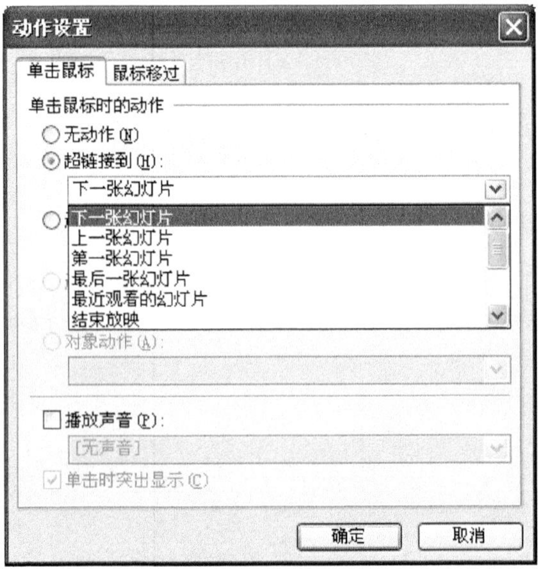

图 3-33　“动作设置”对话框

对于选项卡中的各选项,用户可根据需要进行设置。

如果用户不想在幻灯片中设置按钮,也可直接利用幻灯片中的文本、图片等对象进行动作设置。

选中需设置动作的对象,右击,在弹出的快捷菜单中选择“动作设置”选项,即可打开“动作设置”对话框,对其进行设置后,单击“确定”按钮即可。

如果选择“超级链接到”选项,跳转可以选第一张、最后一张、上一张和下一张。如果要跳转到某一张幻灯片时,则向下滚动找到一项“幻灯片……”命令,所有幻灯片都展示出来供选择。超级链接也可以跳转去播放另一个演示文稿、另外类型文件(如.doc)以及某个网站。当跳转执行的程序执行完毕后,会自动跳回到原演示文稿的调用位置。

2. 超链接

系统提供了直接添加超链接的功能。选中要设置超链接的对象，右击，在弹出的快捷菜单中选择“超链接”选项，打开“插入超链接”对话框，用户可以链接幻灯片、自定义放映，还可以链接到最近打开过的文件、网页、电子邮件地址等，操作十分方便，如图 3-34 所示。

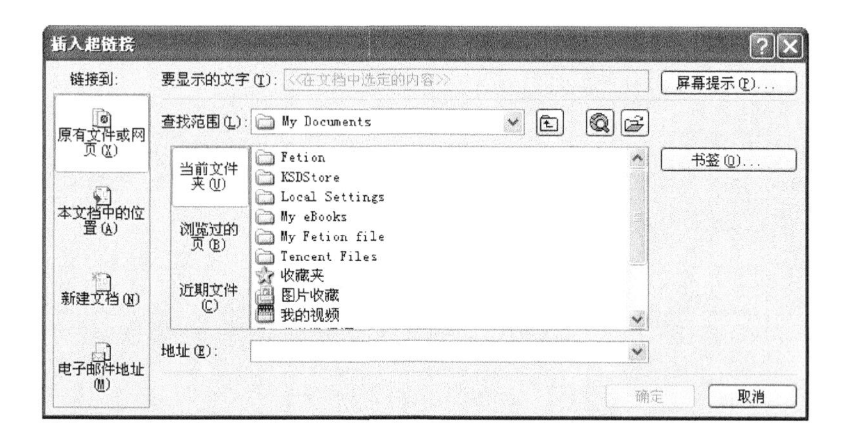

图 3-34 “插入超链接”对话框

选择“书签”按钮，可以将当前演示文稿中幻灯片进行链接。

在 PowerPoint 中，超链接可在运行演示文稿时激活，而不能在创建时激活。当指向超链接时，指针变成手形，表示可以单击它。表示超链接的文本用下划线显示，并且文本采用与配色方案一致的颜色。图片、形状和其他对象超链接没有附加格式。可以添加动作设置(例如声音和突出显示)来强调超链接。

如幻灯片背景颜色与超链接的颜色相同或相近，使得超链接不易辨认，则可以通过设置配色方案来改变超链接的颜色。

3. 目录设计

PPT 可以有目录，也可以没有目录。如果页数比较多，在结构上有目录能更清晰，对于听众来说可以了解框架，对帮助理解是非常有用的。如果使用了目录页，建议在每一段内容开始前再出现一次目录，突出该段要讲的内容，我们不妨把它叫做转场。目录设计有下面几种方法。

(1) 条状设计：这是最常用的方法。在空白处可加一些背景图片，背景图片最好与目录有一定联系，如书本、黑板、笔记簿等。

(2) 数字法：在每一标题前添加数字，表示目录使用的顺序。

(3) 图标或图片法：在每一标题前添加图标或图片，要注意的是图标或图片必须符合标题的内容，以帮助观众能更好地记忆，否则就没有意义了。

(4) Web 导航法：Web 导航法特别适合于学生自学用的课件，或者由观众自行播放的演示。利用菜单颜色的变化指示当前的章节，也可以将菜单放进模板中去，设定好链接，这样使用者就可以随心所欲地观看所需要的页面。还可以将每个菜单利用自定义动作，做出鼠标移过或单击的效果等。

3.7 演示文稿放映及输出

3.7.1 放映设置

一个制作精美的演示文稿，不仅要考虑幻灯片的内容，还要设计它的表现手法。一个演示文稿的制作效果好坏都取决于最后的放映，要求放映时既能突出重点、突破难点，又具有较强的吸引力，所以放映的设置就显得尤为重要。

单击“幻灯片放映”→“设置放映方式”选项，打开“设置放映方式”对话框，如图 3-35 所示。

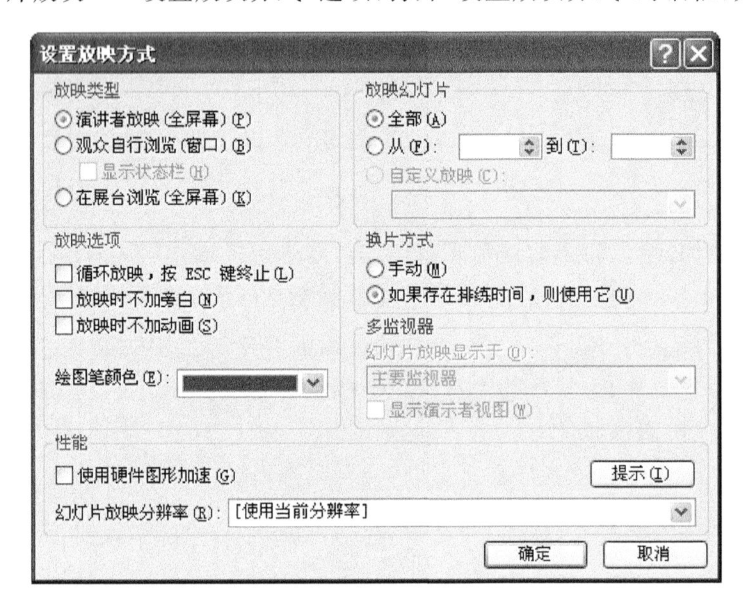

图 3-35 “设置放映方式”对话框

对已经设计好的演示文稿，在展台上播放时，为了避免现场人员破坏画面，应选择“在展台浏览（全屏幕）”方式。此时只能通过幻灯片所设置的按钮来控制。

对于需要查看、打印及 Web 浏览幻灯片的场合，应选择“观众自行浏览（窗口）”方式，此时幻灯片不整屏显示，屏幕上还显示控制菜单条，观众可以通过单击鼠标来人工换片，还可以对幻灯片设定时间来定时自动换片。

“演讲放映（全屏幕）”方式下可以使用人工按键换片或设定时间间隔自动换片或人工按键盘与设定时间两者的组合换片。使用画笔时，单击鼠标不会换片。必须右击，从快捷菜单中选择“箭头”。当恢复正常放映状态时单击鼠标才会换片。

3.7.2 幻灯片切换

为演示文稿中的幻灯片添加切换效果，可以使演示文稿放映过程中幻灯片之间的过渡衔接更为自然。

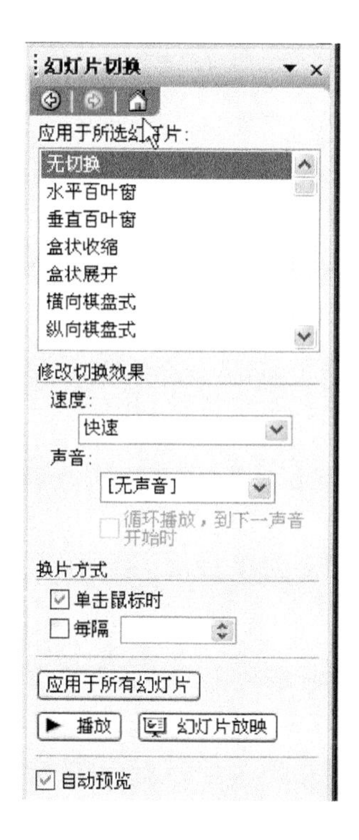

图 3-36 “幻灯片切换”对话框

在“幻灯片视图”下，单击“幻灯片放映”→“幻灯片切换”选项，或在“幻灯片浏览视图”下右击某张幻灯片，在弹出的快捷菜单中选择“幻灯片切换”选项，打开“幻灯片切换”对话框，如图 3-36 所示。在该对话框中可选择幻灯片切换效果，选择切换速度、声音和换页方式，如果用户要将选中的效果应用到所有幻灯片上，则单击“应用于所有幻灯片”按钮。

在选择切换效果时，在“效果”栏的预览窗口中可以预览切换效果。在为一张幻灯片添加了切换效果后，在“幻灯片浏览视图”中，该幻灯片的左下角会出现一个切换记号☆，单击该记号，则显示该幻灯片的整页放映效果。

如果用户要求各张幻灯片之间有不同的切换效果，需要对各张幻灯片的切换效果分别进行设置。

3.7.3　自定义放映

用户可以使用自定义放映在演示文稿中创建子演示文稿。利用该功能，不用针对不同的观众创建多个几乎完全相同的演示文稿，而是可以将不同的幻灯片组合起来，并加以命名，然后在演示过程中按照需要跳转到相应的幻灯片上。

例如，要针对公司中两个不同的部门进行演示，传统的方法是创建两个演示文稿，而这两个演示文稿的前 10 张幻灯片的内容是相同的。因此，可以使用自定义放映功能，先将演示文稿的共同部分显示给所有观众，再根据观众的不同，分别跳转到相应的自定义放映中。

如果要创建自定义放映，可以按照下述步骤进行。

(1) 选择“幻灯片放映”菜单中的“自定义放映”命令，出现如图 3-37 所示的“自定义放映”对话框。

(2) 单击“新建”按钮，出现如图 3-38 所示的“定义自定义放映”对话框。

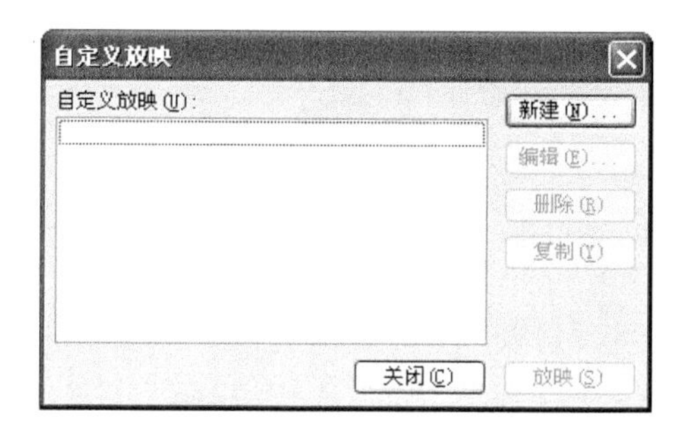

图 3-37 “自定义放映”对话框

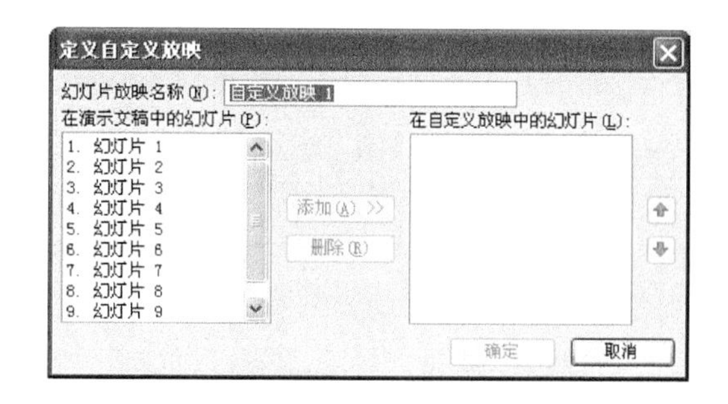

图 3-38 “定义自定义放映”对话框

(3) 在“幻灯片放映名称”文本框中输入自定义放映的名称。

(4) 在左边的“演示文稿中的幻灯片”列表框中，显示了当前演示文稿中所有幻灯片编号和标题。从中选定要添加到自定义放映的幻灯片，然后单击“添加”按钮，选定的幻灯片被添加到右边的“在自定义放映中的幻灯片”列表框中。重复上述步骤，提取出该自定义放映中所需要的幻灯片。

(5) 对提取到右边列表框中的幻灯片，改变它们的顺序，先选定要移动的幻灯片，再单击上箭头和下箭头来调整顺序。

(6) 单击“确定”按钮，返回到“自定义放映”对话框中，新建的自定义放映的名称出现在“自定义放映”列表框中。

为了创建第 2 个幻灯片放映，请重复步骤(2)～(6)。

一般情况下，我们都是在全屏模式下播放 PPT 文件，但很多场合下可能需要让演示窗口与其他程序进行配合，这样看起来演示的效果更好，该如何激活窗口模式呢?

我们的做法是：在 PPT 编辑状态，按住＜Alt＞键，然后再按下＜D＞、＜V＞两个键，这样就可以激活窗口播放模式了，这时我们看到的就是一个包括标题栏、菜单栏的播放窗口，可以任意更改该窗口的大小，也可以进行拖放，按＜Esc＞键返回。

3.7.4 排练计时

PowerPoint 可以自动控制文稿的演示放映，不需以手动的方式来控制幻灯片的放映，就是使用“排练计时”功能设置每张幻灯片在屏幕上显示时间的长短来进行自动演示。在排练时自动记录时间，也可以调整已设置的时间，然后再排练新的时间。

单击“幻灯片放映”→“排练计时”选项，激活排练方式，这样便进入了幻灯片放映方式，同时屏幕上出现了如图 3-39 所示的“预演”工具栏。

图 3-39 “预演”工具栏

在该工具栏中单击“下一项”按钮，将进入演示的下一个动作；单击“暂停”按钮，可暂停排练，再单击时继续排练；“当前幻灯片时间”显示框为 0：00：10；“重复”按钮，将重新计算当前幻灯片的时间；“总计时间”显示框为 0：00：10。

放映完最后一张幻灯片后，系统会显示这次放映的总时间，如图 3-40 所示。单击“是”按钮，接受这次排练的时间。

图 3-40 显示幻灯片放映的总时间

要使用排练时间进行自动放映，可单击“幻灯片放映”→“设置放映方式”选项，打开“设置放映方式”对话框，如图 3-35 所示。在“换片方式”选项区中选中“如果存在排列时间，则使用它”选项。单击“确定”按钮即可。

3.7.5 录制旁白

在 PowerPoint 中，用户可以为幻灯片放映录制旁白，可以将幻灯片内容录制下来，结合演示文稿的放映自动解说。

(1) 在电脑上安装并设置好麦克风。

(2) 启动 PowerPoint,打开相应的演示文稿。

(3)单击"幻灯片放映"→"录制旁白"命令。打开"录制旁白"对话框,如图3-41所示。在对话框的左上部显示了当前录制质量,如果用户不满意,可单击"改变质量"按钮对声音的格式和属性进行录音质量设置。

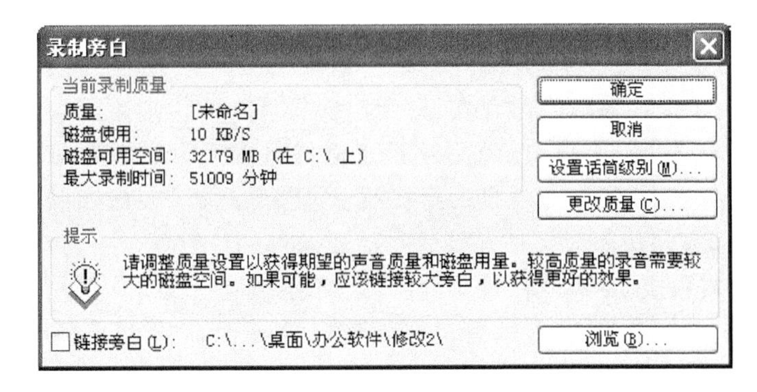

图3-41 "录制旁白"对话框

(4) 选中"链接旁白"选项,并通过"浏览"按钮设置好旁白文件的保存文件夹。如清除"链接旁白"复选框,则将旁白嵌入到每张幻灯片中,并同演示文稿一起保存,同时根据需要设置好其他选项。

(5) 单击"确定"按钮,进入幻灯片放映状态,一边播放演示文稿,一边对着麦克风朗读旁白。

(6) 播放结束后,系统会弹出如图3-42所示的提示框,根据需要单击其中相应的按钮。

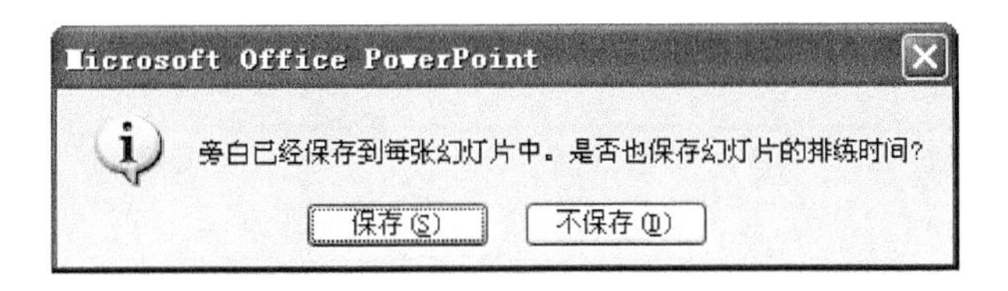

图3-42 录制旁白结束时的提示框

PowerPoint 会将音频图标放置在每张录制了旁白的幻灯片的右下角,在放映时不会显示,在幻灯片上双击该图标,可以试听录制效果。

注意:如果某张幻灯片不需要旁白,可以选中相应的幻灯片,将其中的小喇叭符号删除即可。录制的旁白会删除和替换任何添加的幻灯片切换的声音效果。

3.7.6 绘图笔使用

在演示文稿放映过程中,用户可能需要说明一些问题,或需要进行一些着重说明,可以利用 PowerPoint 提供的"绘图笔"功能在屏幕上添加信息。

在放映过程中,右击,在弹出的快捷菜单中选择"指针选项"子菜单中的各种绘图笔(圆珠笔、毡尖笔、荧光笔),这时就可按住鼠标左键直接在放映的幻灯片上书写或绘画,如果要改变绘图笔的颜色,只需选择"墨迹颜色"选项,在下一级菜单中选择颜色即可。

利用绘图笔所书写的内容将在幻灯片放映时显示,而不会改变制作的幻灯片的内容。如要擦除所书写的内容,只需右击,在弹出的快捷菜单中单击“擦除幻灯片上的所有墨迹”选项即可。

3.7.7 演示文稿打包与解包

精美的PPT演示文稿制作完成后,往往不是在同一台计算机上放映,如果仅仅将制作好的课件复制到另一台计算机上,而该机又未安装PowerPoint应用程序,或者课件中使用的链接文件或TrueType字体在该机上不存在,则无法保证课件的正常播放。

PowerPoint 2003新增了一个把PPT演示文稿打包成CD的功能,可打包演示文稿和所有支持文件,包括链接文件,并从CD自动运行演示文稿。因此,一般在制作PPT演示文稿的计算机上将演示文稿打包成安装文件。然后在播放课件的计算机上另行安装。

1. 将演示文稿打包成CD

(1) 打开要打包的演示文稿。如果正在处理以前未保存的新的演示文稿,建议先进行保存。

(2) 在“文件”菜单上,单击“打包成CD”,出现打包窗口,如图3-43所示。

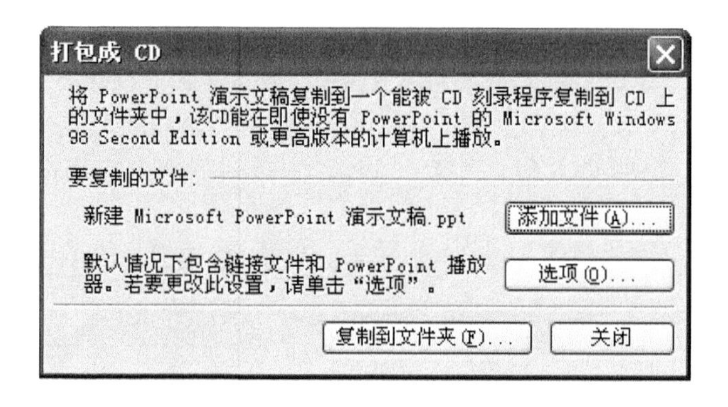

图3-43 “打包成CD”对话框

(3) 若要添加其他演示文稿或其他不能自动包括的文件,请单击“添加文件”,选择要添加的文件,然后单击“添加”按钮。默认情况下,演示文稿被设置为按照“要复制的文件”列表中排列的顺序进行自动运行。若要更改播放顺序,请选择一个演示文稿,然后单击向上键或向下键,将其移动到列表中的新位置;若要删除演示文稿,请选中它,然后单击“删除”按钮。

(4) 若要更改默认设置,可单击“选项”,如图3-44所示,然后单击下列操作之一。

① 选择“PowerPoint播放器”复选框,可以使没有安装PowerPoint的计算机能播放幻灯片。

② 若要禁止演示文稿自动播放,或指定其他自动播放选项,请从“选择演示文稿在播放器中的播放方式”列表中进行选择。

③ 若要包括TrueType字体,请选中“嵌入的TrueType字体”复选框。

④ 若需要打开或编辑打包的演示文稿的密码,请在“帮助保护PowerPoint文件”下面输入要使用的密码,进行设置后,单击“确定”按钮。

(5) 单击“复制到文件夹”,复制到计算机上。

注意:如果要直接复制到CD上,则在进行打包之前,先将空白的可写入CD插入到刻录机的CD驱动器中,然后单击“文件”→“打包成CD”命令,这时出现的打包窗口比图3-43所示多了两个内容:①“将CD命名为”框,在其中可为CD键入名称;②“复制到CD”按钮,在第(5)

步操作中单击此按钮,可直接复制到 CD。

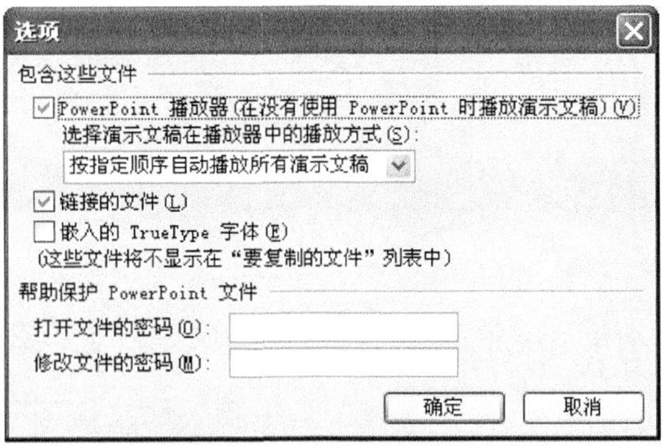

图 3-44　“选项”窗口

2. 解包运行

如果是将演示文稿打包成 CD,则 CD 能够自动播放。如果将 CD 盘插入光驱时,没有自动播放,或者是将演示文稿打包到了文件夹中,要播放打包的演示文稿时,可以在“Windows 资源管理器”窗口中,转到 CD 或文件夹,双击 play. bat 文件进行自动播放,或者也可以双击 PowerPoint 播放器文件 pptview . exe。然后选择要播放的演示文稿,单击“打开”即可。

PowerPoint 文件的扩展名有两种,一种是. pps, 一种是. ppt。如果双击的是. pps 文件,双击之后它将会直接开始放映演示文稿,不会进入 PowerPoint 工作界面;放映结束之后,PowerPoint 窗口将会自动关闭。如果想编辑. pps 文件的内容,只要把. pps 文件扩展名改为. ppt 就行了。如果希望. ppt 文件也能够直接放映,则右击该文件名,在弹出的快捷菜单中选择“显示”即可。

3. 演示文稿转换为网页

将已有的演示文稿转换成网页的方法如下。

(1) 打开想要转换成网页的演示文稿。

(2) 选择菜单“文件”→“另存为网页”命令,系统将跳出如图 3-45 所示的“另存为”窗口,在“保存类型”中可以进行文件类型的选择。单击“发布”按钮,在系统跳出的“发布为网页”的窗口中,进行自定义内容的设置,如图 3-46 所示。

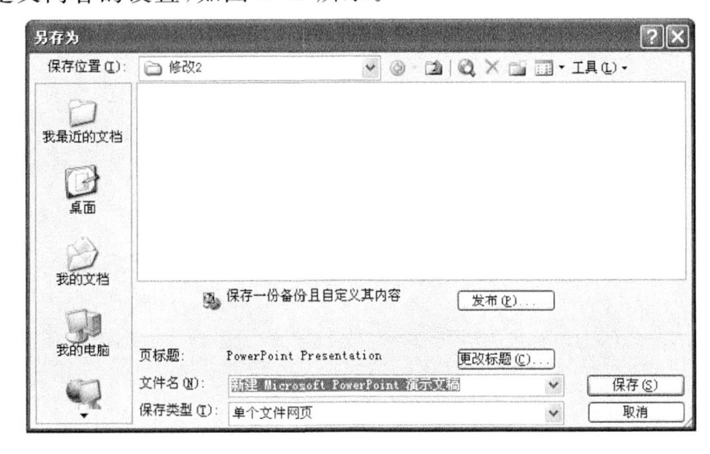

图 3-45　“另存为”窗口

演示文稿转换成扩展名为.htm网页后，会产生一个与演示文稿同名的HTML文件和一个也是相同名字的文件夹。同名字的文件夹是以.files为扩展名，其中放置的是一些辅助文件，包括图片文件、声音文件、文本文件等，这些都是在演示文稿转换成网页时，自动生成的。在网上发布或浏览Web形式的演示文稿时，一定注意不要忘了这个文件夹。

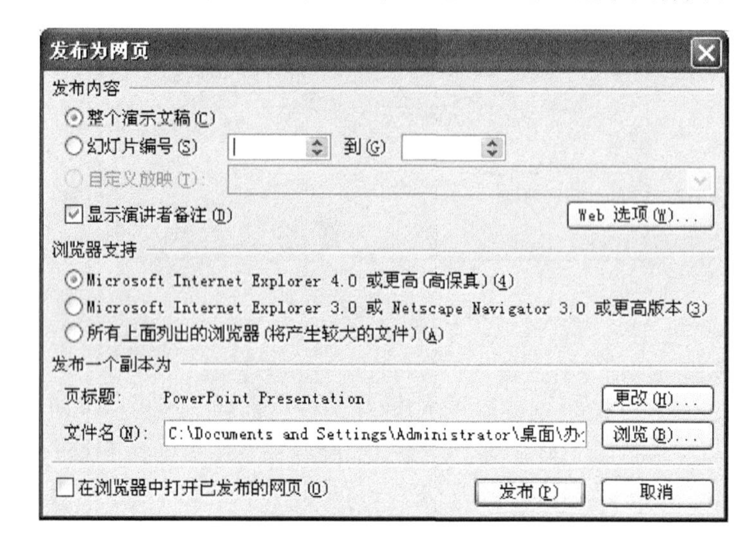

图3-46　“发布为网页”窗口

第4章　Access 数据库应用

现今社会是信息社会，人们的各项活动都离不开信息，而要做到有效统一地管理这些信息，就需要专门的数据管理软件——数据库管理系统（Database Management System，DBMS）。Microsoft Access 就是一套完整独立的数据库管理系统，它不仅具有数据库，而且具备强大的数据管理功能、更灵活的操作模式和更宽泛的应用空间。它可以有效合理地组织数据，以尽量小的数据冗余度和尽量强的数据安全性，将多个表格关联起来，并可以方便地利用各种数据源进行比较、统计等操作，生成窗体、查询、网页、报表和应用程序等多种形式的输出，从而提高数据管理的效率，满足不同层面应用的需求。

Microsoft Access 作为 Microsoft Office 的高级应用程序组件之一，是当前最流行的关系数据库管理系统之一，适合中小规模数据库系统的开发与应用。

4.1　数据库概述

随着计算机技术的发展，数据库技术作为数据管理的基本信息技术和软件工具，已经在科研部门、政府机关、企事业单位等各个方面得到了广泛地应用，甚至于在日常生活中，人们也会经常使用到数据库，如信用卡购物、图书馆借书及车票预订等。数据库系统已经渗透到我们生活的方方面面，可以说数据库系统已经成为社会各个领域正常运作的重要基础元素。

4.1.1　数据管理技术

数据库，顾名思义，是用来存储数据的仓库，但是数据应该以怎样的形式、以何种关系、以什么样的结构进行存储，可以使得原本看似无意义的零散原始数据变成有关联、有价值和有寓意的信息，便于信息的访问、查询、统计和输出？这应该是数据库的关键技术所在。

1.数据库中的数据与信息

我们知道任何事物的属性都是通过数据来表示的，数据是信息的物理表示和载体。

一个简单的例子，可以理解数据与信息的关系，比如：“110211001”，“0001”，“98.2”。这是3个数据，其中有2个字符数据和1个数字数据。如果不赋予其含义和关联，它们没有任何意义，只是一些离散的数据而已。但是在数据库中，它们可以表示一条有意义的信息：学号为“110211001”的学生，其课程编号为“0001”课程的期末成绩为98.2分。如果将相关信息关联起来，还可以得出更详尽的信息：学号为“110211001”的“计算机”专业的“女”学生“张海玲”，其课程编号为“0001”，“第一学期”学分为4的“考试”课程“高等数学”的期末成绩为98.2分。

数据库中的数据是指可以通过特定设备输入到计算机中，并可以进行储存、处理和传输的各种数字、字母、文字、声音、图片和视频的总称。

数据库中的信息是指将数据经过处理、组织并赋予一定关联和意义后的数据集合。

2. 数据库系统管理

数据处理的一个重要方面就是数据管理，计算机对数据的管理是指对数据的组织、分类、编码、存储、检索和维护提供操作手段和途径。

数据管理经历了由低级到高级的人工管理、文件系统和数据库管理系统3个阶段。

20世纪60年代后期开始，计算机用于数据管理的规模迅速扩大，对数据共享的需求日益增强，为解决数据的独立性问题，实现数据统一管理，达到数据共享的目的，发展了数据库技术。

数据库技术试图提供一种完善的、更高级的数据管理方式，它的基本思想是解决多用户数据共享的问题，实现对数据的集中统一管理，具有较高的数据独立性，并为数据提供各种保护措施。可以说，数据库管理软件是用户与数据的接口。

概括起来，数据库技术的数据管理具有以下特点。

(1) 数据模型表示复杂的数据结构：数据模型不仅描述数据本身的特征，还要描述数据之间的联系。数据面向整个应用系统。数据冗余少，实现了数据共享。

(2) 具有较高的数据独立性：数据的逻辑结构与物理结构之间的差别可以很大。用户以简单的逻辑结构操作数据而无需考虑数据的物理结构。数据库的结构分成用户的局部逻辑结构、数据库的整体逻辑结构和物理结构三级。用户(应用程序或终端用户)的数据和外存中的数据之间转换由数据库管理系统实现。

(3) 数据库系统为用户提供了方便的用户接口：用户可以使用查询语言或终端命令操作数据库，也可以用程序方式(如用C、VB等高级语言和数据库语言联合编制的程序)操作数据库。

(4) 数据库系统提供了数据控制功能：有较高的数据安全性、完整性，实现并发控制。

(5) 系统操作的灵活性：对数据的操作不一定以记录为单位，可以以数据项为单位，提供数据排序、统计、分析、制表等多种数据操作。

4.1.2 数据库系统

数据库系统(Database System，DBS)是指在计算机系统中引入数据库后的系统构成，是由计算机硬件(包括计算机网络与通信设备)及相关软件(操作系统)、数据库、数据库管理系统、应用程序、数据库管理员和用户等构成的人机系统，如图4-1所示。

1. 数据库(DB—Database)

简单地说，数据库是按照数据结构来组织、存储和管理数据的仓库。严格地说，数据库是结构化的相关数据的集合。这些数据是按一定的结构和组织方式存储在外存储器上，并具有最小的数据冗余，可供多个用户共享，为多种应用服务。数据的存储独立于使用它的程序，对数据库进行数据的插入、修改和检索均能按照一种通用的和可控制的方式进行。

2. 数据库管理系统(DBMS—Database Management System)

数据库管理系统是在操作系统支持下工作的管理数据的软件，它是整个数据库系统的核心。它负责对数据的统一管理，提供以下基本功能：对数据进行定义，建立数据库，进行插入、删除、修改、查询等操作，数据库的维护、控制，对数据的排序、统计、分析、制表等。同时，它构架了一个软件平台和工作环境，提供了多种操作工具和命令，使得用户可以在方便友好的界面上实现和完成各种功能。

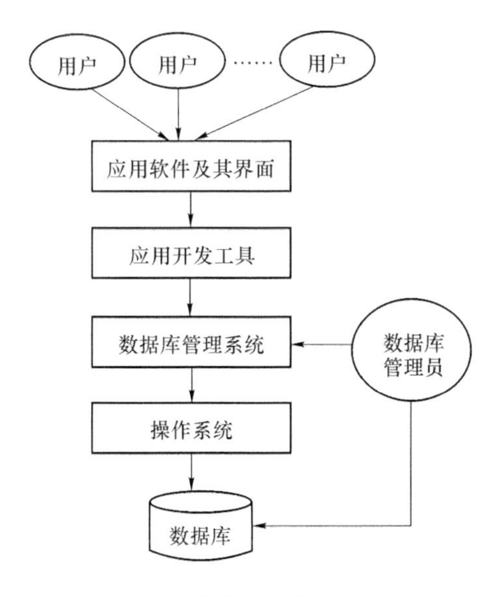

图 4-1 数据库系统的组成

3. 计算机硬件

数据库系统是建立在计算机系统上的，它需要基本的计算机硬件(主机和外设)支撑，硬件可以是一台个人计算机，也可以是中大型计算机，甚至是网络环境下的多台计算机。

4. 计算机软件

在软件方面包括(网络)操作系统和作为应用程序的高级语言以及编译系统等。典型情况下，应用程序是用第三代编程语言(3GL)编写的，如：C、Java、Visual Basic 等，或者使用嵌入到 3GL 中的第四代编程语言(4GL)编写，如 SQL。

5. 人

数据库系统通常有 3 种人员：对数据库系统进行日常维护的数据库管理员(DBA)，用数据操纵语言和高级语言编制应用程序的软件开发程序员，使用数据库的终端用户。

4.1.3 数据模型

1. 数据模型概念

数据模型是现实世界中各种实体之间存在着联系的客观反映，是用记录描述实体信息的基本结构，它要求实体和记录一一对应，同一记录类型描述同一类实体且必须是同质的。

基于记录的数据模型，要求数据库由若干不同类型的固定格式的记录组成。每个记录类型有固定数量的域，每个域有固定的长度。

基于记录的逻辑数据模型有层次模型、网状模型和关系模型 3 类，它们是依据描述实体与实体之间联系的不同方式来划分的。用树结构来表示实体与实体之间联系的模型叫做层次模型；用图结构来表示实体与实体之间联系的模型叫做网状模型；用二维表格表示实体与实体之间联系的模型叫做关系模型。

关系模型是目前数据库普遍采用的一种数据结构模型。由关系数据模型组成的数据库称为关系数据库，而管理关系数据库的软件称为关系数据库管理系统。

关系数据库管理系统是被公认为最有前途的一种数据库管理系统，目前已成为占据主导地位的数据库管理系统。自 20 世纪 80 年代以来，作为商品推出的数据库管理系统几乎都是关系型的，如大型数据库管理系统软件 Oracle、SQLServer，DB2、Sybase 等，中小型数据库管理系统软件 Informix、Visual FoxPro 和 MS Access 等。

2. 关系数据模型

关系模型是建立在严格的数学概念基础上的，由关系数据结构、关系操作集合和关系完整性约束三部分组成。关系数据模型把一些复杂的数据结构归结为简单的二元关系（即二维表格形式），由行和列组成。

例如表 4-1 所示的学生关系就是一个二元关系。其中表中每一行表示一个记录值，每一列表示一个属性（即字段或数据项）。

表 4-1 学生基本情况

学号	姓名	性别	年龄	成绩
01	张三	女	17	86
02	李四	男	19	69
03	王五	女	18	92

作为一个关系的二维表，必须满足以下条件：

(1) 表中每一列必须是基本数据项（即不可再分解）；

(2) 表中每一列必须具有相同的数据类型（例如，字符型或数值型）；

(3) 表中每一列的名字必须是唯一的；

(4) 表中不应有内容完全相同的行；

(5) 行的顺序与列的顺序不影响表格中所表示的信息的含义。

在关系数据库中，对数据的操作几乎全部建立在一个或多个关系表格上，通过对这些关系表格的分类、合并、连接或选取等运算来实现数据的管理。

4.1.4 数据库相关术语

数据库中最常用的术语有字段、记录、表和联系等，以及对数据库关系表中信息的基本操作：选择、投影和连接。

1. 字段(Field)

在学生基本情况表中，包含了学生的学号、姓名、性别、年龄、成绩等内容。在数据库表中，每一项称为一个字段，即表中的一列（属性）。字段由字段名和字段值组成。

2. 记录(Record)

在学生基本情况表中，详细记录了一个学生具体内容的一组信息称为一个记录，即表中的一行（元组）。一个记录由若干个字段（列）组成。

3. 表(Table)

存放了一组相似记录的集合（记录集）称为一个表（关系）。数据表由若干组结构相同的记录（行）组成。

4. 数据库(Database)

一个数据库由若干个有关联的数据表组成。数据库作为信息管理的软件集成环境,为数据库中的表以及表与表之间的数据管理提供了一整套的操作规则与便捷工具。

5. 关键字(Keyword)

每一个表应该包含一个或一组字段,这些字段是表中所保存的每一条记录的唯一标识,此信息称作表的主关键字或称主键。主键一般用于建立表对象中数据的索引和建立表对象之间的关系。如"学生"表中的学号字段,"课程"表中的课程号字段,而"成绩"表中的学号和课程号字段作为一组来唯一标识表对象中的每一条记录。

6. 联系(Relationship)

数据库中不仅要存放数据信息,而且必须保存能反映数据之间联系的信息。联系体现数据库中表与表之间的关联。通常表与表之间的联系有一对一(1∶1)、一对多(1∶m)和多对多(n∶m)。

如"班级"与"班长"之间是一对一的联系(1∶1),一般一个班只有一个班长,而一个班长也只在一个班担任班长的职务。

如"专业"与"学生"表之间是一种一对多的联系(1∶m),一个专业可以被多个学生选,但一个学生只能属于一种专业。

如"学生"与"课程"表之间就是多对多的联系(m∶n),一个学生可以选多门课,一门课程可有多个学生选。

7. 完整性

数据库的完整性是指数据库中各个表及表之间的数据的有效性、一致性和兼容性。数据库的完整性包括实体完整性、参照完整性和用户自定义完整性三部分。

- 实体完整性:指一个表中主关键字的取值必须是确定的、唯一的,不允许为空值。例如,对"学生"表中的记录,主键"学号"字段的取值必须是唯一的、且不能为空值。这就要求在"学生"表中存储的记录必须满足这一条件,而且在输入新记录、修改已有记录时也要遵守这一条件。
- 参照完整性:指表与表之间的数据一致性和兼容性。例如,在"学生"表(父表)与"成绩"表(子表)之间的参照完整性要求,在"成绩"表中,字段"学号"的取值必须是"学生"表中"学号"字段取值当中已经存在的一个值。
- 用户自定义完整性:是由实际应用环境当中的用户需求决定的。通常为某个字段的取值限制、多个字段之间取值的条件约束等。例如,在"成绩"表中,"成绩"字段的取值必须为 0～100。

8. 关系操作

选择、投影和连接是关系的三种基本操作。以图 4-2 中表格内容为例进行说明。

(1) 选择:按照一定条件在给定关系中选取若干记录(即选取若干行),如在表 a 中查询女生的记录。

(2) 投影:在给定关系中选取确定的若干字段(即选取若干列)。如在表 a 中查询姓名和成绩。

(3) 连接:按照一定条件将多个关系的记录连接(即连接多张表)。如要查询学生的学号、姓名、性别、年龄和成绩,则需要把表 a 与表 b 连接起来,结果如表 c 所示。

注意:选择和投影运算的操作对象只是一个表,相当于对一个二维表进行切割。连接运算则需要把两个表作为操作对象。如果两个表以上进行连接,应当两两进行连接。

表 a

姓名	年龄	性别	成绩
张三	17	女	86
李四	19	男	69
王五	18	女	92

表 b

学号	姓名
01	张三
02	李四
03	王五

表 c

学号	姓名	性别	年龄	成绩
01	张三	女	17	86
02	李四	男	19	69
03	王五	女	18	92

图 4-2 关系操作示例

4.1.5 Access 数据库结构

数据库设计完成后,便可根据设计结果开发 Access 数据库应用系统了。我们现在先了解一下 Access 数据库的结构。

Access 是一个面向对象的数据库管理系统,它将数据库系统中的各种功能封装在各类对象中,通过对象的方法、属性来完成数据库的操作和管理。Access 包含了 7 种不同类别的对象,分别是:表、查询、窗体、报表、页、宏和模块。

- 表:表是数据库的基本对象,是创建其他对象的基础。表将数据存储在行和列中。所有数据库都包含一个或多个表。
- 查询:查询检索和处理数据。它可以组合和筛选不同表中的数据,并更新数据,针对数据进行各种计算。
- 窗体:窗体提供了一种方便的浏览、输入及更改数据的界面窗口。
- 报表:报表将数据库中的数据分类汇总和打印输出。它将表和查询中的数据转化为文档,以便进行交流和分析。
- 页:用于浏览数据访问页内容的 Access 窗口。数据访问页是特殊类型的网页,用于查看和处理来自 Internet 或 Intranet 的数据,这些数据存储在 Microsoft Access 等数据库中。数据访问页可以补充数据库应用程序中使用的窗体和报表。
- 宏:宏相当于 DOS 中的批处理,用来自动执行一系列操作。
- 模块:模块的功能与宏类似,但它定义的操作比宏更精细和复杂,用户可以根据自己的需要编写程序(模块使用 Visual Basic 编程)。

在本章中,我们将以一个具体的学生成绩管理系统应用示例,重点介绍最常用的表、查询、窗体和报表 4 个对象的操作和应用。

4.2　创建数据库

数据库应用的主要事务有三类，即数据编辑存储、数据查询检索和数据报表输出。

要实现数据库的基本事务处理工作，首先要建立数据库，但建立数据库的第一步是根据实际应用问题的需要对所涉及的数据进行分析、组织、设计，进而构架数据库。

4.2.1　设计数据库及表

构架数据库是一项关键而复杂的工作，这需要有经验的系统分析和系统设计人员对应用任务的整体考量与全盘分析。合理周密的设计是创建能够有效、准确、及时地完成所需功能的数据库的基础。虽然限于篇幅，这部分知识不能全面展开介绍，但是设计一个数据库的大致步骤基本是固定的，对于比较简单的数据库设计还是容易做到的。这需要决定：

- 把相关联的数据有效地组织和存储在数据库中的几个表对象中？
- 每个表对象应该包含哪些类型的数据（字段与记录）？
- 各个表对象之间如何建立联系（主键与关联）？

1. 分析数据需求确定概念模型元素

基于对象的数据模型又称为概念模型，使用了实体、属性和联系等概念。

实体是数据库中描述的组织中独立的对象（人、事件、概念、事务和地点等），属性描述对象的某个需要进行记录的特征或性质，联系是实体之间的关联。基于对象的概念模型之实体联系模型是数据库设计的重要技术，也是最常用最基础的概念模型。

根据学籍信息管理系统的实际功能和数据体现，分析数据需求初步确定概念模型元素。首先，需要确定符合应用需要的主题（实体），这里包括了学生基本情况、课程相关信息和对应课程的学生成绩信息等。其次，需要确定与各个主题相关的并且是应用需要体现的特征属性（字段）以及便于实现运算和存储处理的数据类型（字段类型）。接着，需要确定可以唯一标识每一条记录的主键。最后，需要合理地调配数据的归属，确定各个主题之间的关联，保证数据的最小冗余度和最大共享性。

2. 用 E-R 图表示概念模型

E-R（Entity-Relationship）图为实体—联系图，提供了表示实体型、属性和联系的方法，用来描述现实世界的概念模型。

构成 E-R 图的基本要素是实体型、属性和联系，其表示方法如下。

（1）实体型：用矩形表示，矩形框内写明实体名；

（2）属性：用椭圆形表示，并用无向边将其与相应的实体连接起来，带下划线的属性为主键；

（3）联系：用菱形表示，菱形框内写明联系名，并用无向边分别与有关实体连接起来，同时在无向边旁标上联系的类型（$1:1$，$1:n$ 或 $m:n$）。

如图 4-3 所示，用实体联系（E-R）模型图呈现了学生与成绩之间的联系。当然，学生和成绩还分别与课程有联系，其中学生与课程之间是多对多联系，而课程与成绩是一对多联系，这里只是没有画出来而已。

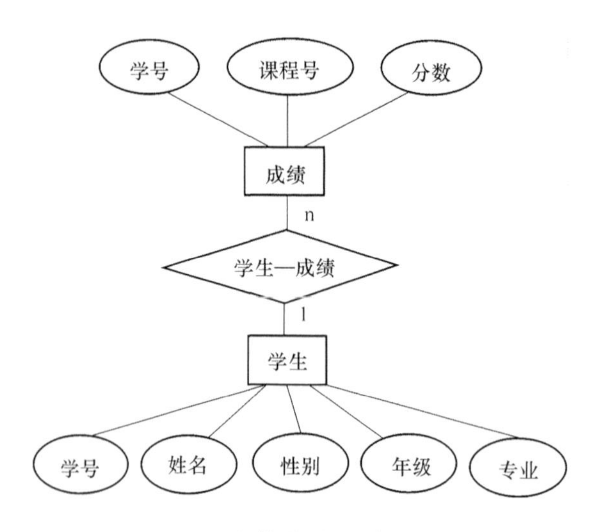

图 4-3 实体联系图示例

3. 构架关系数据库表

根据图 4-3 所示的实体联系(E-R)模型图,可进一步构架对应的关系数据库表,如下所示:

学生(学号,姓名,性别,年级,专业);

成绩(学号,课程号,分数);

课程(课程号,课程名,学分,学时,开课学期)

有下划线的字段为主关键字。

4. 确定字段的数据类型

结合实际,根据上面列出的关系表,可把年级、分数、学分、学时、开课学期设为数字型,其他字段设为文本型。如果学生实体中再加上“奖学金”属性,则其数据类型应为货币型;若再加上“出生年月”,则其数据类型应为日期/时间型。然后再根据表 4-2 设置各字段大小。

表 4-2 总结了在 Access 中常用的字段数据类型及它们的用法和存储空间的大小。

表 4-2 Access 中常用的字段数据类型

数据类型	用 法	大 小
“文本”(Text)	文本或文本与数字的组合。例如,地址;也可以是不需要计算的数字,例如,电话号码、学号、零件编号或邮编	0～255 个字符,默认 50 个字符设置“字段大小”属性可控制可以输入字段的最大字符数
“备注”(Memo)	长文本及数字,例如,备注或简历	0～65 536 个字符
“数字”(Number)	可用来进行算术计算的数字数据,涉及货币的计算除外(使用货币类型),设置“字段大小”属性定义一个特定的数字类型,如学时、分数	1、2、4 或 8 个字节
“日期/时间”(Date/Time)	日期和时间,如入学时间、出生年月	8 个字节
“货币”(Currency)	货币值,使用货币数据类型可以避免计算时四舍五入,精确到小数点左方 15 位数及右方 4 位数,如奖学金	8 个字节
“自动编号”(AutoNumber)	在添加记录时自动插入的唯一顺序(每次递增 1)或随机编号,如专业编号	4 个字节

续 表

数据类型	用 法	大 小
“是/否”(Yes/No)	字段只包含两个值中的一个。例如,“是/否”、“真/假”、“开/关”、“男/女”、“考试/考查”	1 位
“OLE 对象”(OLE Object)	在其他程序中使用 OLE 协议创建的对象(例如,Microsoft Word 文档、Microsoft Excel 电子表格、图像、声音或其他二进制数据),可以将这些对象链接或嵌入 Microsoft Access 表中,必须在窗体或报表中使用绑定对象框来显示 OLE 对象,如照片	最大可达 1 GB(受磁盘空间限制)
超级链接(Hyper Link)	单击后可以直接打开,如文件路径、电子邮件、网页地址等	0～64 000 个字符
查阅向导(Lookup Wizard)	允许使用组合框选择来自表、查询或值列表的内容,如学生表的专业	通常为 4 个字节

至此,表对象“学生”、“课程”、和“成绩”就构架好了。这时,只要前面的设置建立数据库及表并录入相应数据信息即可使用。

4.2.2 创建数据库及表

创建数据库包括创建空数据库“学生成绩管理”(扩展名为.mdb)、在数据库中建立表(确定主键)以及建立表与表之间的关联等操作。

1. 创建数据库

操作步骤如下。

(1) 启动 Access 2003,单击“文件”→“新建”命令,打开“新建文件”任务窗格,如图 4-4 所示,选择“空数据库”超链接。

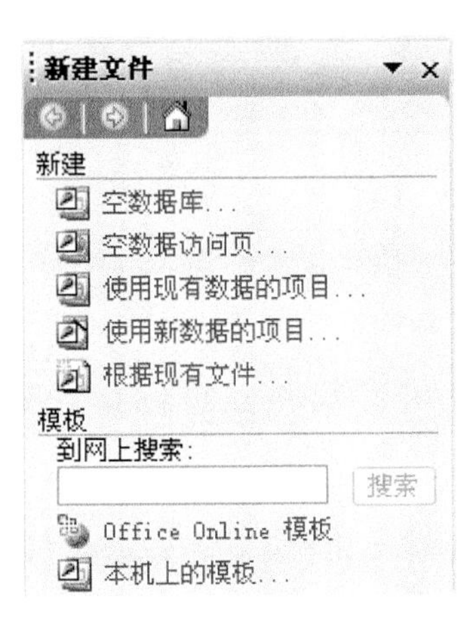

图 4-4 “新建文件”窗格

(2) 在弹出的“文件新建数据库”对话框中,设置数据库的名称(如“学生成绩管理”,其扩展名为.mdb)建立一个空数据库,如图 4-5 所示,然后单击“创建”按钮,弹出如图 4-6 所示的“数据库”窗口。

图 4-5 “文件新建数据库”对话框

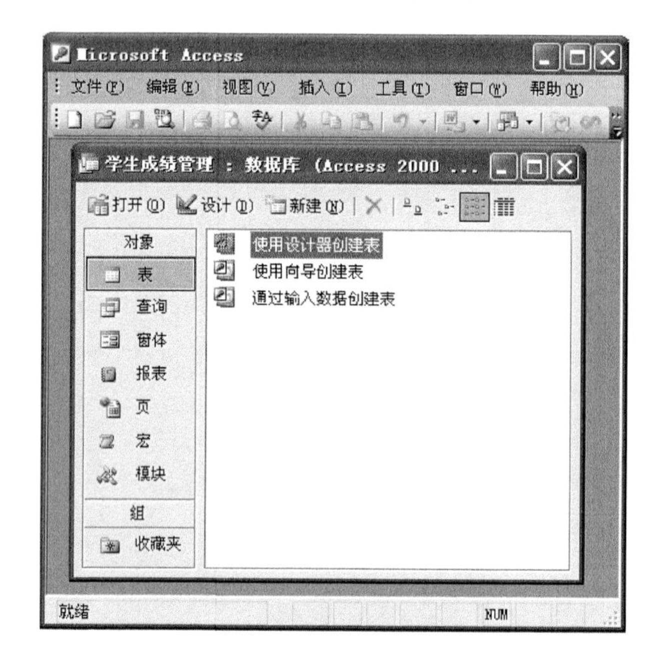

图 4-6 “数据库”窗口

(3) 通过“数据库”窗口,继续创建其他所需的数据库对象。

2. 向数据库添加表并定义表结构

通过图 4-6,我们可以看到,Access 中主要有 3 种方法创建数据表。其中,使用设计器来创建表是最灵活、最常用的方法;使用向导创建表是最简单的方法。下面通过在“学生成绩管理”数据库中创建“学生”表来介绍这 3 种方法的操作步骤。“学生”表结构如表 4-3 所示。

表 4-3 “学生”表结构

字段名	学号	姓名	性别	年级	专业
字段类型	文本	文本	文本	数字	文本
字段大小	11	10	2	4	30

(1) 使用设计器创建表

在数据库窗口中，选择“表”对象，并双击“使用设计器创建表”。在打开的表的设计视图中，输入“学生”表中各字段的名称、数据类型以及字段大小等，如图 4-7 所示。

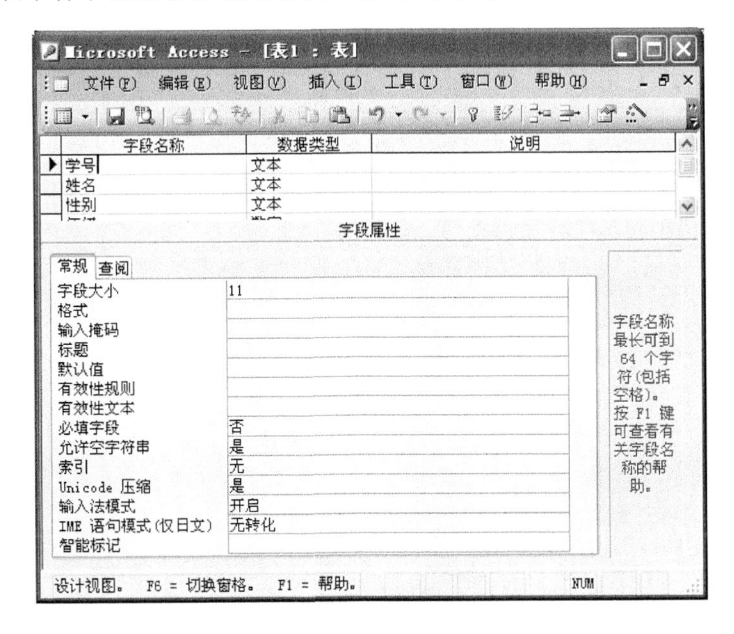

图 4-7　设置字段

特别值得注意的是，当建立“成绩”表时，表中的“学号”和“课程号”需要与“学生”表和“课程”表分别建立联系。因此，在已经建立好“学生”表和“课程”表的前提下，把“成绩”表中的“学号”和“课程号”数据类型设置为“查阅向导”，然后按照界面提示分别与“学生”表和“课程”表建立列表联系，以便于输入和查询。

另外，还需要设置表的主键，方法是选择要设置主键的字段，然后单击工具栏上的主键按钮即可。

注意：由于“成绩”表中字段与其他表是相关联的，且相关联的字段是其他表的主键，因此，在添加“成绩”表时，可以不设主关键字，尤其不要将“成绩”表中的字段“学号”设为主键，因为在该表的多个记录中“学号”字段值并不是唯一的。

最后，单击保存，按照提示在“表名称”中输入表的名称(如“学生”)。

(2) 使用向导创建表

① 在数据库窗口中，选择“表”对象，并双击“使用向导创建表”，进入“表向导”对话框，如图 4-8 所示；

② 单击“个人”按钮，在“示例字段”中选择需要的选项并单击 > (或双击需要添加的字段)添加到“新表中的字段”列表框中。

添加字段可通过配合使用 4 个按钮 > (添加单个字段)、>> (添加所有字段)、< (删除单个字段)、<< (删除所有字段)，将合适的字段添加到“新表中的字段”列表框。

③ 若要修改字段名，可添加后，选择该字段名，单击“重命名字段”进行设置。

④ 单击“下一步”按钮，在弹出的对话框中为数据表设置名称(如“学生”)，并根据需要选择是否用向导设置主键，如图 4-9 所示。

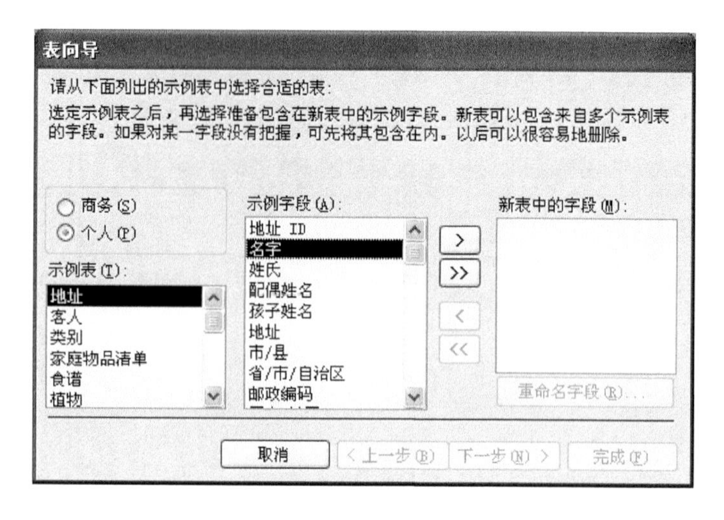

图 4-8 “表向导”对话框

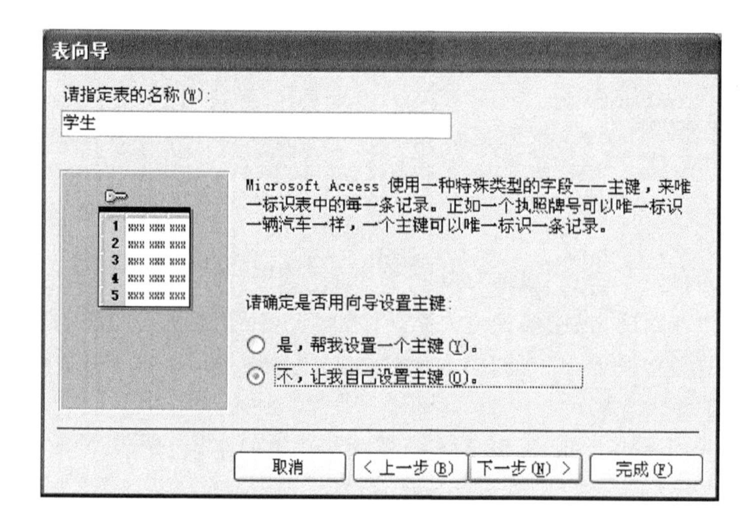

图 4-9 “表向导”对话框

⑤ 单击“下一步”按钮，弹出设置主键的“表向导”对话框，根据需要进行相关设置。

⑥ 单击“下一步”按钮，按照提示操作，最后单击“完成”按钮。

(3) 通过输入数据创建表

在创建过程中可以直接输入表数据，通过已输入数据的列数来决定数据表的列数，各字段的数据类型则由 Access 根据输入的数据进行判断，如输入数值型时，被认为是“数字”型的。

3. 设置字段属性

字段属性即字段特征的集合，它控制着字段的工作方式和表现形式。每个字段都有相应的字段属性，且不同的字段类型拥有不同的字段属性。在创建数据表结构时常用的字段属性设置说明如下。

(1) 字段大小：在字段中所能输入的最大字符数或数字的大小及类型。例如，当设定一个字符型的字段大小为 8 时，最多只能在该字段中输入 8 个字符或 4 个汉字。

(2) 格式：字段的显示格式。可以在提供的格式列表中改变字段的显示格式。

(3) 输入掩码：字段的数据输入模式。例如，可以让用户按“YYYY-MM-DD”格式输入日期。

(4) 标题：显示给用户的字段说明标题。例如，将字段学号的标题设置为“学生编号”的话，在显示表格时，该字段的标题是“学生编号”。

(5) 有效性规则：对该字段中所能输入的数据的约束条件。例如，对于“成绩”表的“分数”，有效性规则为“＜＝100 And ＞＝0”，表示该字段不接受超出0～100的数据。

(6) 有效性文本：当输入不符合有效性规则的数据时，系统显示警告或提示字符串。

(7) 必填字段：当前字段是否可以是NULL(空值)。NULL是一种特殊的数据类型，可以简单地理解为“空”或“什么也没有”，如果某个变量或字段的值为NULL，则说明该变量或字段中不包含有效的数据。NULL不等同于空字符串“”(空字符串是一个字符串，只不过长度为零)，也不等同于数字0。

(8) 索引：是否用当前字段为表建立索引(逻辑排序)。

(9) 主键：数据表的各字段中，只有一个字段可以选为数据表的主键，用来唯一标识表中的一条记录。在“学生”表中，“学号”应为表的主键，因为每个学生的学号都不同，学号唯一地标识了一个学生。在“学号”字段上右击，在弹出的快捷菜单中单击“主键”。

4. 修改数据表结构

若要修改表结构，可选择要修改的表，在右键快捷菜单中选择“设计视图”或者在工具栏中选择“设计”按钮，可进入表结构中进行修改。

4.2.3 编辑数据库及表

1. 向表中输入数据

在数据库窗口中，双击“学生”表后，会出现“学生”数据表的编辑窗口，可以向表中输入数据，如图4-10所示。若有些表中要插入“OLE对象”(如照片等)，则需要右击，在快捷菜单中选择“插入对象”，再按照界面引导选择已经存在的.bmp的图片文件。输入结束，关闭相应窗口。用同样的方法可输入“课程”表和“成绩”表。

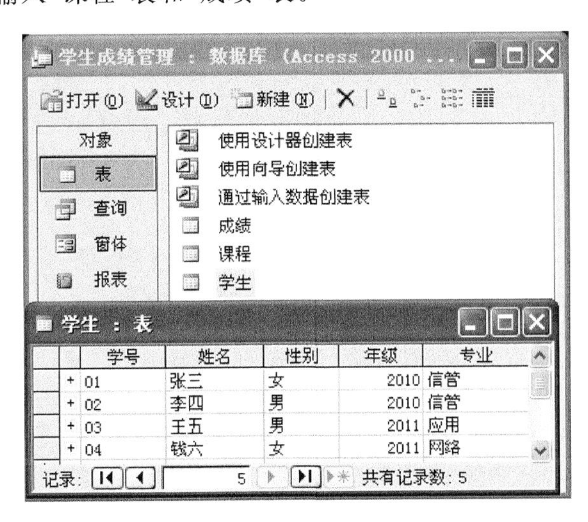

图4-10　在“学生”表编辑窗口中输入记录

注意：在输入“成绩”表时，因其中“学号”和“课程号”字段都是与“学生”表和“课程”表相关联的，所以不需要输入，只需要在下拉列表中选择对应的选项即可（“学生”表和“课程”表必须先输入）。

2. 编辑数据库中的数据

建立好的数据库以及其包含的多个表对象，除了初始的部分数据录入工作外，对数据库中数据的日常编辑维护工作自然是必不可少的，诸如，追加、修改、删除和查询信息等操作。

简单的编辑工作可以直接在 Access 环境中的可视化操作界面上进行（如图 4-10 所示的输入数据界面配合菜单操作）。当然，也可以通过后续将介绍的窗体界面或是结构化查询语言 SQL 用代码的方式实现。

4.2.4 建立表之间的关联

前面在建立数据库及其表时，因为对“成绩”表中的“学号”和“课程号”设置了“查阅向导”的数据类型，系统自动建立了“成绩”表与“学生”表、“成绩”表与“课程”表之间的关联。

为了将多个表中的数据有效地联系起来，同时保证数据库各个表中数据的参照完整性，必须建立表之间的关联，这样才能在后续的查询和报表中充分有效地访问和利用表中的数据，完成实际问题所需的操作。

单击菜单或工具栏中的“关系”，可出现如图 4-11 所示的“关系”图。若在创建数据库表时，没有对相关字段设置“查阅向导”数据类型，表与表之间没有关联关系，则可将“显示表”中的 3 个表通过双击添加到关系窗口中；再用鼠标拖动“学生”表中的“学号”字段放到“成绩”表中的“学号”字段上，系统会跳出“编辑关系”的界面，单击“联接类型”，按提示选择相应的项目即可。用同样的方法建立“课程”表与“成绩”表的关联。

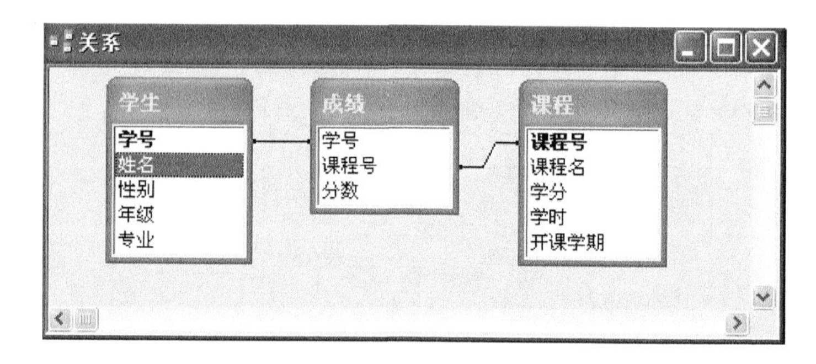

图 4-11 表之间的关联

4.3 建立查询

建立查询，可以从数据库中提取出所需的数据，并进行检索、组合、重用和分析数据。查询可以从一个或多个表中检索数据，也可以使用一个或多个查询作为其他查询或是窗体、报表和数据访问页的数据源。查询所返回的数据称为记录集。一旦建立了查询，无论何时运行查询，都会检索到数据库中的最新数据。

4.3.1　用向导创建简单查询

通过向导创建查询的方法非常简单，只要在数据库窗口中单击“查询”，双击“使用向导创建查询”，在向导操作对话框中选择数据源（一个或多个表或查询）以及所关注的字段，依照引导界面就可以方便地完成创建工作。

例如，要建立如图 4-12 所示的“学生成绩一览表”查询，操作方法如下。

学生成绩一览表 ：选择查询

学号	姓名	年级	专业	课程名	分数
01	张三	2010	信管	高数	85
01	张三	2010	信管	英语	90
01	张三	2010	信管	大学计算机基础	86
02	李四	2010	信管	高数	75
02	李四	2010	信管	英语	80

记录：6　共有记录数：6

图 4-12　“学生成绩一览表”查询界面

（1）在“表/查询”中分别在“学生”、“课程”、“成绩”表选择需要的字段，添加到“选定的字段”列表框中，如图 4-13 所示。

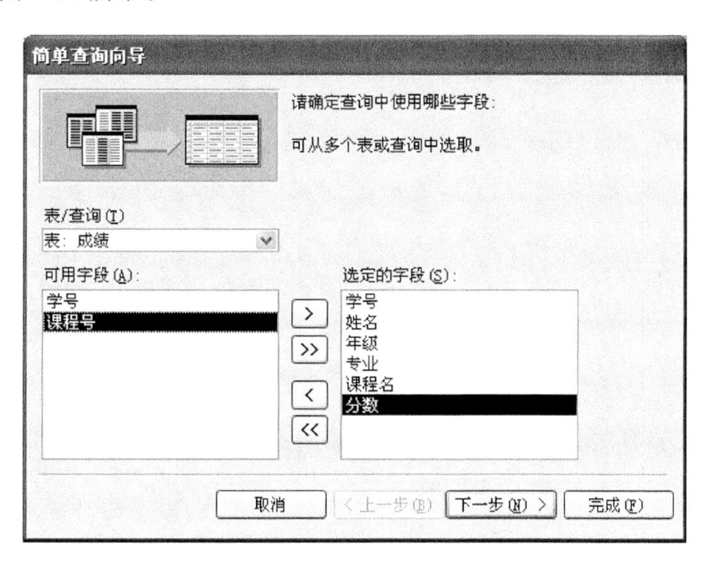

图 4-13　创建“学生成绩一览表”查询的数据源选择界面

（2）单击“下一步”按钮，弹出如图 4-14 所示的对话框。

（3）选择“明细”，再单击“下一步”，设置查询标题后，单击“完成”即可出现如图 4-12 的查询界面。

若选择“汇总”，可单击“汇总选项”按钮，在弹出的“汇总选项”对话框中，对需要汇总的字段进行设置，再单击“确定”按钮返回。如图 4-15 所示，若在“分数”一栏中选中“平均”、“最小”、“最大”复选框，同时勾选上“统计成绩中的记录数”选项，则会出现如图 4-16 的查询结果。

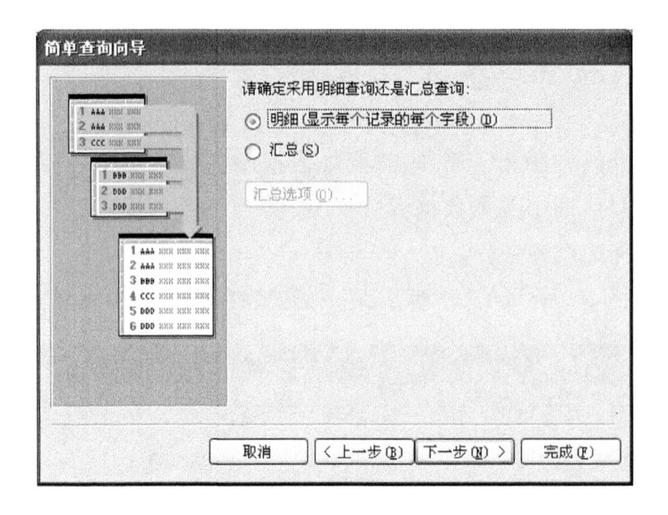

图 4-14 确定查询方式界面

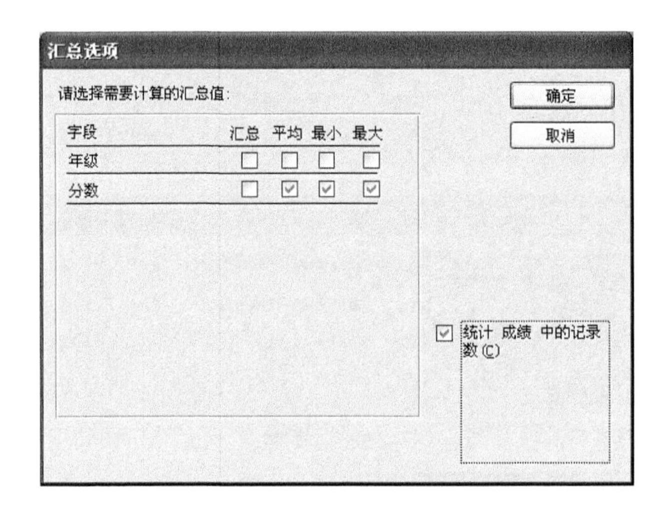

图 4-15 “汇总选项”对话框

成绩统计查询 : 选择查询

学号	姓名	年级	专业	课程名	分数 之 平均值	分数 之 最小值	分数 之 最大值	成绩之计数
01	张三	2010	信管	大学计算机基础	86	86	86	1
01	张三	2010	信管	高数	85	85	85	1
01	张三	2010	信管	英语	90	90	90	1
02	李四	2010	信管	高数	75	75	75	1

记录: 5 共有记录数: 5

图 4-16 选择“汇总选项”后的查询结果

另外,若要对表或查询中的数据按某个字段进行排序,可选中该字段,右击进行相应操作即可。

如果对生成的查询结果不够满意,还可以再进入设计视图进行修改。

4.3.2 在设计视图中创建查询

通过向导创建的查询,虽然简单快捷,但实现的效果也简单,完成的功能有限,有些个性化的信息查询还是需要自己来设计。

前面的“学生成绩一览表”以及“成绩统计查询”，也可以通过“在设计视图中创建查询”完成或者进行修改。在这里创建各类查询会更灵活，更容易贴合应用的需求。

单击“在设计图中创建查询”，在打开的界面中，将“显示表”中的表或查询(数据源)添加到“查询1”窗口中；再将需要的字段拖放到对应的网格中；然后设置用来检索数据的排序方式、统计或条件等；最后保存即完成了创建查询的工作。

注意：若“显示表”没有显示出来，可在打开的界面中，右击选择“显示表”或设置查询类型等。

具体操作界面如图4-17所示。

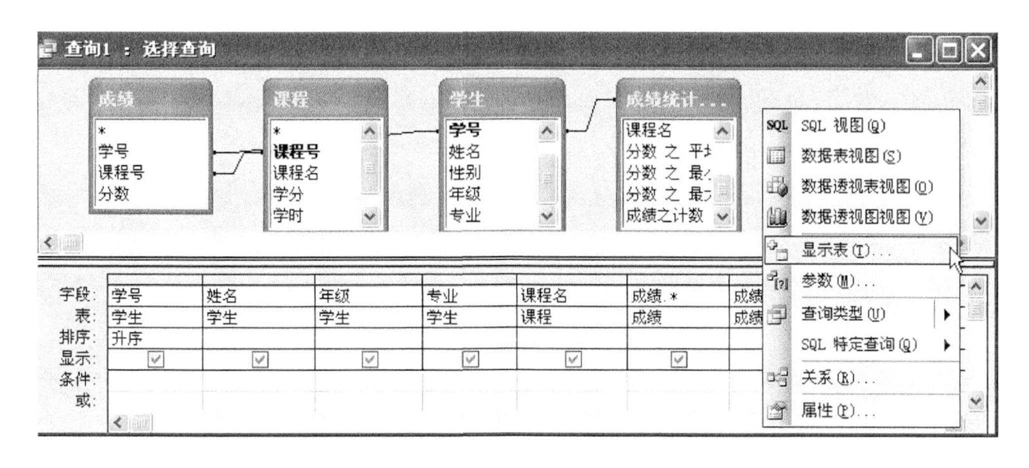

图4-17 在设计视图中创建查询并进行设置

4.3.3 创建参数匹配信息查询

在“学生成绩管理”数据库应用示例中除了对指定数据源的固定字段的查询之外，还需要对从键盘输入的参数进行匹配信息查询。如，“按输入学号查询成绩”、“按课程名和分数查询成绩”、“按输入分数范围查询成绩”等，这些查询的数据源都是前面创建的“学生成绩一览表”，而要求的查询结果却各不相同。

实现这类参数匹配信息查询并不复杂，只要在查询设计视图的“条件”网格中填写相应的参数信息匹配条件表达式，然后单击工具栏上的运行按钮 ! (或者选择“查询”→“运行”命令)即可。运行时系统会跳出一个对话框来提示用户输入定义为参数的字段值或变量值，需要注意的是输入的参数值应该与匹配的字段或其所处的表达式在数据类型上保持一致。

如图4-18所示，是“按输入学号查询成绩”进行参数匹配信息查询的设计界面。若要“按输入课程名和分数查询成绩”，可按照图4-18中所示分别在“课程名”和“分数”对应的“条件”网格中输入条件表达式即可；若要“按输入分数范围查询成绩”，可在“分数”对应的“条件”网格中输入条件表达式“between [请输入最低成绩] and [请输入最高成绩]”或“>=[请输入最低成绩] and <=[请输入最高成绩]”即可。

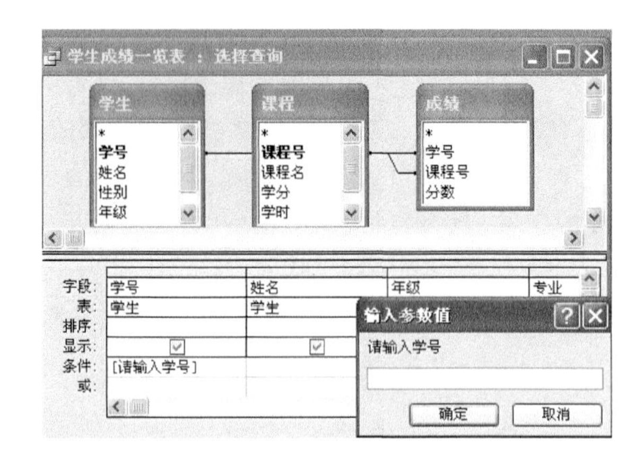

图 4-18　“按输入学号查询成绩”设置匹配条件

一个表达式可以由数值计算或字符串组成，也可以包含列名、文字、运算符及函数的任何组合。表 4-4 和表 4-5 列出了 Access 常用的运算符和函数的用法和意义。

表 4-4　Access 常用的运算符

运算符号		用 法	意义
算术类	+	奖学金+100 DATE+7(今天 7 天之后的日期)	数值加 日期与数字加
	−	奖学金−100 DATE−7(今天 7 天之前的日期) DATE−出生年月(出生的天数)	数值减 日期与数字减 日期与日期减
	*	销售金额=销售单价 * 销售数量	数值乘
	/	5/2(结果为 2.5)	数值除
	\	5\2(结果为 2)	数值整除
	^	2^3	数值幂次
	MOD	5 MOD 2	数值求余
字符类	+	“张”+“三”(结果为“张三”)	字符合并
	&	“张”&3.14(结果为“张 3.14”)	任何类型的数据合并为字符
关系比较类	=	MONTH(出生年月)=MONTH(DATE)(这个月出生)	等于
	< >	分数< >0	不等于
	>	分数>60	大于
	>=	分数>=60	大于等于
	<	分数<60	小于
	<=	分数<=60	小于等于
	BETWEEN…AND	出生年月 BETWEEN # 1/1/1980 # AND DATE (出生年月在 1980 到现在之间的日期值)	在两值之间
	IN	籍贯 IN(“北京”,“上海”,“大连”,“西安”,“杭州”)	在列表中
	IS	籍贯 IS NULL(籍贯不确定,没有值)	空值
	LIKE	姓名 LIKE“ * 海 * ”(包含“海”的所有姓名). * ,与任何个数的字符匹配;?,与任何单个字母的字符匹配;[ ],与方括号内任何单个字符匹配;!,匹配任何不在方括号之内的字符;−,与某个范围内的任一个字符匹配;#,与任何单个数字字符匹配	与包含通配符的内容相匹配

续 表

运算符号		用 法	意义
逻辑类	AND	分数＞＝60 AND 分数＜＝90(在 60 与 90 之间的分数)	逻辑与
	OR	入学时间＜#1/1/2004# OR 入学时间 ＞#12/12/2008#(日期超出[2004,2008]年范围)	逻辑或
	NOT	NOT 性别(表示女生)	逻辑非

表 4-5 Access 常用的函数

函数		用 法	意义
算术类	SQR	SQR(4)(结果为 2)	数值 X 的平方根
	ABS	ABS (－2)(结果为 2)	数值 X 的绝对值
	SIN	SIN (3.14/2)(结果为 1)	弧度 X 的正弦值
	COS	cos(3.14)(结果为 1)	弧度 X 的余弦值
	INT	INT(4.59)(结果为 4)	不大于数值 X 的最大整数
	ROUND	ROUND(3.59,1)(结果为 3.6)	四舍五入
	EXP	EXP(1)(结果为 e＝2.71828)	指数幂次
判断类	IIF	IIF(性别,"男","女") IIF(分数＞＝60,"及格","不及格") (结果为第 2 个或第 3 个参数)	根据逻辑表达式条件决定取不同的值
日期类	NOW	NOW( )如:2012-7-23 18:20:05	当前日期和时间
	DATE	DATE()如:2012-7-23	当前日期
	TIME	TIME()如:18:20:05	当前时间
	YEAR	YEAR(DATE)如:2012	当前年份
	MONTH	MONTH(DATE)如:7	当前月份
	DAY	DAY(DATE)如:23	当前日
	HOUR	HOUR(TIME)如:18	当前小时
	MINUTE	MINUTE(TIME)如:20	当前分
	SECOND	SECOND(TIME)如:5	当前秒
	WEEKDAY	WEEKDAY(DATE)如:2	当前星期的第几天(从周日开始记数 1)
字符类	LEFT	LEFT(学号,6)从学号字段值的左边取 6 个字符,如:LEFT("070211001",6)＝"070211"	从左边截取指定个数的字符串
	RIGHT	RIGHT(学号,3)从学号字段值的右边取 3 个字符,如:RIGHT("070211001",3)＝"001"	从右边截取指定个数的字符串
	MID	MID(学号,4,3)从学号字段值的第 4 个字符开始取 3 个字符,如:MID("070211001",4,3)＝"211"	从指定位置截取指定个字符
	LEN	LEN(e-mail)获得电子邮箱的字符个数,如:LEN("zhl@163.com")＝11	字符串中字符的个数
	VAL	VAL("123")(结果为数值 123)	将字符转换为数值

续 表

函数		用 法	意义
聚合类	SUM	SUM(分数)	列中值的总和,列中只能包含数值数据
	AVG	AVG(分数)	列中所有值的平均值,该列只能包含数值数据
	MAX	MAX(分数)	列中最大的值(对于文本数据类型,按字母排序的最后一个值)
	MIN	MIN(分数)	列中最小的值(对于文本数据类型,按字母排序的第一个值)
	COUNT	COUNT(姓名) COUNT(*)	列中值的数目(如果指定列名为EXPR)或者表或组中所有行的数目(如果指定*)

4.4 结构化查询语言 SQL

4.4.1 SQL 概述

结构化查询语言(Structured Query Language, SQL)是基于关系数据库的数据库查询语言,也是数据库信息处理的国际标准化语言,它集数据定义、数据操纵、数据管理的功能于一体,语言风格统一,可以独立完成数据库的全部操作,具有定义、插入、修改、删除和查询等多项功能,使用简单、功能强大,实现数据库系统应用的各种程序设计语言基本上都支持 SQL 语言。

SQL 语言是一种高度非过程化的语言,它没有必要一步步地告诉计算机“如何”去做,而只需要描述清楚用户要“做什么”。它可以直接以命令交互方式使用,也可以嵌入到程序设计语言中以程序方式使用。

SQL 结构化查询语言具有以下常用语句:

(1) 创建表语句:CREATE TABLE－SQL;

(2) 修改表语句:ALTER TABLE－SQL;

(3) 删除信息语句:DELETE－SQL;

(4) 插入信息语句:INSERT－SQL;

(5) 修改信息语句:UPDATE－SQL;

(6) 查询信息语句:SELECT－SQL。

当设计完数据库之后,多数应用程序都是利用 SQL 语言来访问存储在数据库中的所需信息。从简单表的分类类型到从多个表中挑选拥有同一个特征条件的记录子集,SQL 语言被认为是完成数据库信息操作的一个功能强大的实用工具。

在 SQL 语言的诸多语句中,使用最频繁且应用最广泛的是 SELECT－SQL 查询语句。

一个查询指的是从一个或多个数据库中提取信息的一种方法，特别是要依照一定的顺序或符合一定的标准，SELECT－SQL 语句是这种规则和标准的具体体现。

添加到应用程序中的查询，可以对数据源进行各种组合，并有效地筛选记录、管理数据并对结果排序。所有这些工作都是用 SELECT－SQL 语句完成的。通过使用 SELECT－SQL 语句，我们可以完全控制查询结果以及结果的存放位置。事实上，前面通过向导或设计视图建立的所有查询对象，都可以转换为使用 SELECT－SQL 语句来完成和实现，而且使用 SELECT－SQL 语句来完成各类查询会更简单、快捷。

4.4.2 SELECT 数据查询语句

利用 SELECT 语句可以实现多种查询功能，该语句的格式选项很多，这里重点只介绍其中最常用的部分，其余选项读者可参考其他相关资料。

1. SELECT 语句格式

SELECT 语句的完整格式比较冗长，在此，我们仅仅给出 SELECT 语句的最常用格式，如下所示：

SELECT＜待选字段表＞FROM＜数据表＞[WHERE＜选取条件＞][ORDER BY＜排序字段名表＞]

常用格式给出了 SELECT 语句的主要选项框架，其中，

- 待选字段表：是语句中所要查询的数据表字段表达式的列表，多个字段表达式必须用逗号隔开。如果在多个表中提取字段，最好在字段前面冠以该字段所属的表名作前缀，如：学生.学号。
- 数据表：是语句中查询所涉及的数据表列，多个表必须用逗号隔开。
- 选取条件：是语句的查询条件(逻辑表达式)，如果是从单一表对象中提取数据，此查询条件表示筛选记录的条件；如果是从多个表对象中提取数据，那么此查询条件除了筛选记录的条件外，还应该加上多个表对象的连接条件。
- 排序字段名表：该语句中有此项，则对查询结果进行排序。ASC 表示按字段升序排序，DESC 表示按字段降序排序。缺省该选项，则按各记录在数据表中原先的先后次序排列。

2. SELECT 语句查询示例

SQL 语言没有任何屏幕处理或用户输入输出的能力，一般需要嵌入到其他的宿主语言(如 Visual Basic、Visual C、Delphi 等)中调用，所以为了学习和测试 SELECT 语句的功能，可以直接在 Access 的查询设计视图中的“SQL 视图”窗口中进行，查询设计视图可参看图 4-17。

(1) 查询单表所有字段内容

例如，选择数据库学生成绩管理的“学生”表中所有记录的所有字段(表示所有的字段全部选取)

```
SELECT * FROM 学生
```

(2) 查询单表部分字段内容

例如，将“学生”表中所有记录的字段名“学号”、“姓名”、“性别”显示出来。

```
SELECT 学号,姓名,性别 FROM 学生
```

(3) 查询单表满足条件内容

例如，选择“成绩”表中所有分数小于 60 的学号。

SELECT DISTINCT 学号 FROM 成绩 WHERE 分数 <60

说明:使用关键字 DISTINCT 是因为假如用“SELECT 学号 FROM 成绩”,则如果某个学生有多门课程不及格,则该学生的学号会显示多次,在本例中只需显示一次即可。关键字 DISTINCT 可以将重复记录去掉。

例如,找出“070211”班所有学生奖学金的最高值、最低值和平均值。

SELECT MAX(奖学金)AS 最高值,MIN(奖学金)AS 最低值,AVG(奖学金)AS 平均值 FROM 学生 WHERE LEFT(学号,6) = "070211"

(4) 查询单表符合匹配内容

例如,选择“学生”表中姓“陈”的而且是 8 月 8 日出生的所有学生。

SELECT * FROM 学生 WHERE 姓名 LIKE "陈*" AND MONTH(出生年月) = 8 AND DAY(出生年月) = 8

例如,选择“070211”班和“070312”班所有学生的学号、姓名和出生年月。

SELECT 学号,姓名,出生年月 FROM 学生 WHERE LEFT(学号,6) IN ("070211","070312")

本例也可以写为:

SELECT 学号,姓名,出生年月 FROM 学生 WHERE LEFT(学号,6) = "070211" OR LEFT(学号,6 = "070312")

(5) 查询单表指定顺序内容

例如,要将“学生”表中“070211”班的所有学生查找出来,并按照奖学金的降序排列的 SELECT 语句为:

SELECT * FROM 学生 WHERE LEFT(学号,6) = "070211" ORDER BY 奖学金 DESC

(6) 查询多表内容

例如,查看所有学生的成绩(包括学号、姓名、课程名)。

SELECT 成绩.学号,学生.姓名,课程.课程名,成绩.分数 FROM 学生,成绩,课程 WHERE 学生.学号 = 成绩.学号 AND 成绩.课程号 = 课程.课程号

说明:该查询涉及“学生”、“成绩”和“课程”表,需要对 3 张表实现关联,即语句中的“学生.学号=成绩.学号 AND 成绩.课程号=课程.课程号”部分。

例如,查看所有良好成绩(大于等于 80 分)的所有学生的学号、姓名、课程名和分数。

SELECT 成绩.学号,姓名.课程名,分数 FROM 学生,成绩,课程 WHERE 学生.学号 = 成绩.学号 AND 成绩.课程号 = 课程.课程号 AND 分数 >= 80 ORDER BY 成绩.学号

注意:SQL 语句中所有的标点符号都必须使用英文标点符号。

4.4.3 SQL 语言的其他常用语句

1. INSERT 数据插入语句

格式 1:

INSERT INTO 数据表名(字段列表)SELECT 源表字段列表 FROM 表 WHERE 条件

说明:将一个或多个表(FROM 子句)中满足条件(WHERE 子句)的所有数据(SELECT 子句的源字段列表)添加到目标表(INSERT INTO 子句)中。

例如，先创建一个结构与“学生”表相同的表，取名为“student”，取出“学生”表中所有年龄在18岁以上的学生名单（包括学号、姓名、性别、年龄），存入“student”表中，用 SQL 语句可以写作：

```
INSERT INTO student SELECT 学号,姓名,性别,年龄 FROM 学生 WHERE 年龄>18
```

格式 2：

```
INSERT INTO 数据表名(字段列表)VALUES(取值列表)
```

说明：将数据值（VALUES 子句）添加到目标表（INSERT INTO 子句）中。

例如，在课程表中插入新的元组（5，大学英语），可写作：

```
INSERT INTO 课程(课号,课名) VALUES ("5","大学英语")
```

2. DELETE 数据删除语句

格式：

```
DELETE [TABLE. *] FROM 表 WHERE 条件
```

说明：删除表（DELETE 子句）中满足条件（FROM 子句和 WHERE 子句）的所有数据。

例如，要将“学生”表中学号为“070205005”的记录信息删除，用 SQL 语句可以写作：

```
DELETE 学生.* FROM 学生 WHERE 学号 ="070205005"
```

3. UPDATE 数据更新语句

格式：

```
UPDATE 数据表名 SET 新值 WHERE 条件
```

说明：修改表（UPDATE 子句）中满足条件（WHERE 子句）的所有记录，修改为由 SET 子句中所指定的取值。

例如，将“学生”表中原奖学金数额在 50～100 元的增加 100 元。

用 SQL 语句可以写作：

```
UPDATE 学生 SET 奖学金 = 奖学金 + 100 WHERE 奖学金>=50 AND 奖学金<=100
```

4.5 窗体设计

数据库将数据存储在表中，而表通常非常大。尽管可以直接输入或读取表数据，但这样做可能很麻烦，因为表越大，就越难确保数据位于正确的字段（列）和记录（行）中。为了更方便地输入和查看数据，可以使用窗体并进行自定义，将窗体看作我们访问数据库的窗口，从而提高数据库的应用价值和性能。

窗体基本上分为两大类：显示与数据库表信息的窗体界面和用于交互对话的窗体界面。

在前面创建的“学生成绩一览表”的记录集中，包含了所有学生的所有课程的成绩信息，如果我们只关心某个学生或某门课程的相关成绩信息，或者需要对信息进行统计和汇总，就可以通过创建窗体来定位和浏览我们所关注的那部分信息。

一般来说，要完成窗体的设计，可以先通过“使用向导创建窗体”来完成其中一部分窗体的创建工作，再通过“在设计视图中创建窗体”调整部分布局并完成信息统计显示工作。

使用向导创建窗体的具体操作如下。

(1) 选择“使用向导创建窗体”，在打开的“窗体向导”对话框中，选择数据源记录集“学生成绩一览表”，将所有字段移动到选定字段列表中，如图 4-19 所示。

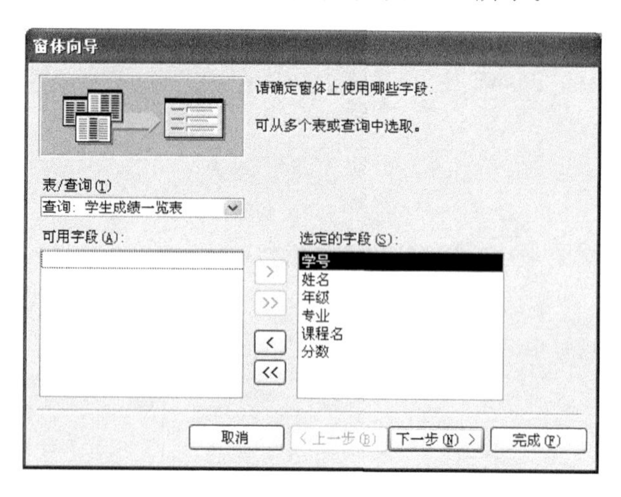

图 4-19　按课程查询成绩的窗体创建过程一

(2) 单击“下一步”按钮，在打开的对话框中选择“通过课程”查看数据的方式，并选择“带有子窗体的窗体”，如图 4-20 所示。

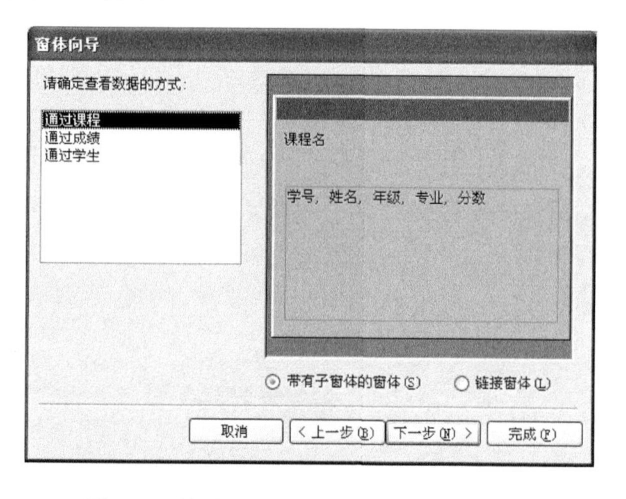

图 4-20　按课程查询成绩的窗体创建过程二

(3) 单击“下一步”按钮，按照向导指示选择相应的设置并命名窗体和子窗体的名称，即可得到如图 4-21 所示的窗体界面。用类似的方法可以创建“通过学生”查看数据的窗体。

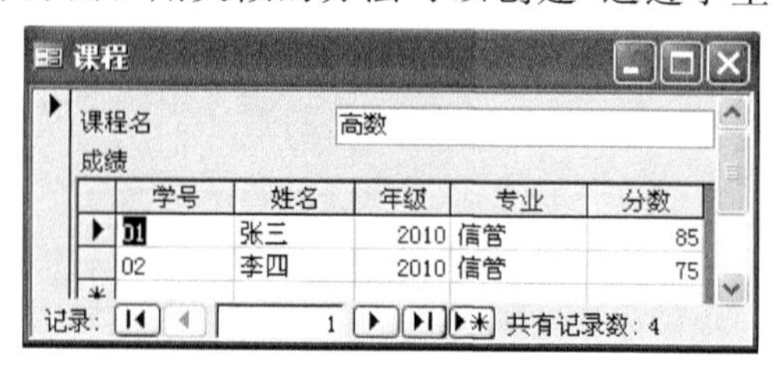

图 4-21　按课程统计查询成绩的窗体界面

然后，我们可以进入设计视图对部分布局效果进行修改完善并完成统计工作，如图 4-22 所示。

- 我们可以通过控件工具箱，向窗体中添加相应的控件。如果当前屏幕上未出现该工具箱，可选择“视图”菜单的“工具箱”命令或单击工具栏上的“工具箱”按钮，将工具箱显示出来。

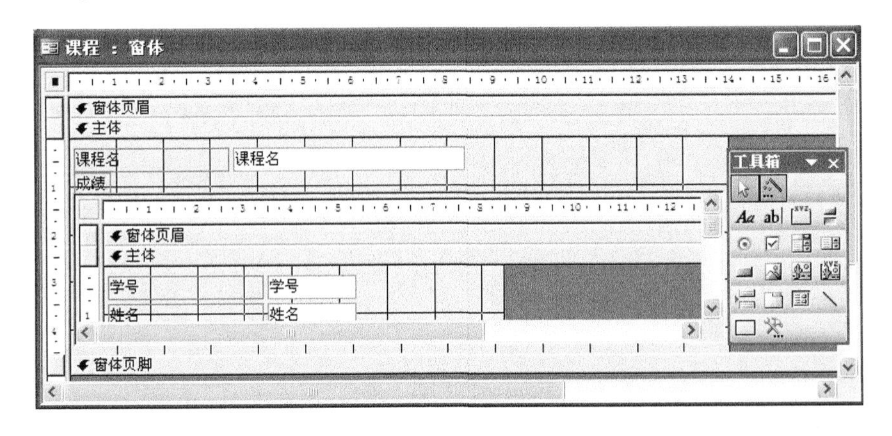

图 4-22　“窗体”设计视图

- 在窗体设计视图的深灰色区域右击并在弹出的快捷菜单中选择“属性”命令，弹出“窗体”对话框。在此对话框中可设定窗体数据源，还可以设计交互对话框。

4.6　报表设计

虽然可以通过表、查询或是窗体来浏览和检索我们所需要的信息，但报表却是组织和显示数据库数据最直观的方法。

若想要根据“学生成绩一览表”生成一张成绩单统计报表，如图 4-23 所示，可以通过“使用向导创建报表”结合“在设计视图中创建报表”来共同完成创建工作，其操作方法与窗体设计方法类似。

学生成绩表

学号	姓名	年级	专业	课程名	分数
01	张三	2010	信管		
				大学计算机基础	86
				英语	90
				高数	85
02	李四	2010	信管		
				英语	80
				高数	75

图 4-23　根据“学生成绩一览表”生成的成绩单报表

选择“使用向导创建报表”，在打开的“报表向导”对话框中选择数据源记录集“学生成绩一览表”，并将所有字段移动到选定字段列表中；接下来选择“通过学生”查看数据的方式，这里自动把“学号”、“姓名”、“年级”、“专业”作为分组级别；如果还想进一步分组，可以继续进行设置分组级别；下一步再设置“学号”作为排序字段；然后按照向导指示选择相应的设置，即可完成一部分创建工作。

这时生成的报表大多一页中显示不全，接着再进入设计视图对布局效果进行修改完善并设置统计显示方式等，最后显示效果如图 4-23 所示。

小提示：

前面我们建立数据库及表，若干个查询、报表、浏览信息的窗体，这些对象都是离散的，需要分别来运行，很不方便。我们可以通过 Access 提供的“在设计视图中创建窗体”来制作一个导航窗体，来整合前面的零散对象，将分散的操作集中到一个窗体上，通过单击命令按钮来启动。

第5章　Visio应用

Visio 2003是一个专业化办公绘图软件，它可以帮助用户创建系统的业务和技术图表、说明复杂的流程或设想、展示组织结构或空间布局。使用Visio 2003创建的图表，使用户能够将信息形象化，并能够以清楚简明的方式有效地交流信息，这是只使用文字和数字所无法实现的。Visio 2003还可通过与数据源同步自动图形化数据，提供最新的图表；用户还可以对Visio 2003进行自定义，以满足各种特殊的需要。

Visio 2003提供的组织结构图功能能清晰明了地表示组织结构，并能随着组织关系的变化动态地更新结构。它具有丰富的模板资源、强大的业务数据视图创建功能、信息共享等特点。

作为Office 2003中的一个重要组件，Visio 2003的功能很强大，应用范围也在不断扩大。自OfficeVisio推出以来，一直深受用户欢迎。

5.1　Visio简介

5.1.1　Visio历史

Visio的第一个版本是Visio 1.0，是Visio公司1992年发布的。该软件一经面世便取得了巨大的成功，Visio公司在此基础上继续开发了Visio 2.0、Visio 3.0、Visio 4.0、Visio 5.0等几个版本。早期，Visio主要用于商业图表制作，后来随着版本的不断升高，新增了许多功能。

1999年，微软公司并购了Visio公司，差不多在同一时间发布了Visio 2000。Visio 2000被称为是世界上最快捷、最容易使用的流程图制作软件，并比先前的版本增加了许多功能。

2001年，微软公司发布了Visio 2002。Visio 2002产品有很多传统的Office功能，具有Office中常见的许多表现方式，可以与其他Office系列无缝集成。Visio 2002中文版是Visio的第一个中文版本。

5.1.2　Visio 2003新增功能

Visio 2003软件产品分两个版本：标准版和专业版。Visio 2003在全面继承以前版本的基础上，在易用性、实用性和协同工作等方面，再次实现质的提升，同时用户的操作变得更简单。下面简单介绍一下 Visio 2003 新增的功能。

1. 新增的任务窗格

在默认情况下,新增的任务窗格位于 Visio 程序窗口的右边,这些任务窗格使用户可以方便地使用许多 Visio 功能。这些新增的任务窗格包括开始工作、剪贴画、信息检索、搜索结果、新建绘图等。

2. 搜索形状

通过使用改进的"搜索形状"功能,用户可以从"形状"窗格的右侧查找图形。如果计算机处于联机状态,Visio 将在 Internet 上进行搜索,用户可以将找到的图形直接拖到绘图页,或将其保存到自定义模具中,供以后使用。

3. 个性化图形管理

Visio 2003 使用户可以轻松地在单独的模具中组织最常使用的形状,这样就可以快速、方便地找到它们。使用新增的"我的形状"文件夹将形状保存到"收藏夹"模具中,或保存到自定义模具中。

4. 新增的旋转控点

目前 Visio 形状具有 Office 样式的旋转控点,这样用户可以方便地将其旋转而无需其他工具。

5. 选择多个形状

有两种选择多个形状的简单方法:使用"指针"工具在所有形状的周围拖动一个选择网;或是按住<Shift>键并单击每个形状。

6. 配色方案

所有应用了配色方案的模板均包括更新选项,以便为用户的形状和绘图进行调整,为他们提供美观、具有专业水准的外观。

7. DWG 转换器

改进的 DWG 转换器确保用户转换到 Visio 的图形更加接近原始的 CAD 文件,因此处理更加精确的间距和形状。

总之,借助 Visio 2003 不仅可以绘制出各种专业图形,还可以绘制丰富的日常所需图形。

5.2 Visio 图形的基本操作

5.2.1 基本的绘图功能

1. 图形分类

在 Visio 2003 中,每个图形文件都是由许多图形连接组合而成的,其中最基本的绘图单位就是形状窗口上的图形(也称为图件或形状),图形既表示实际的对象又表示抽象的概念。

Visio 2003 图形可以表示现实世界中的对象,也可以表示组织层次结构中的对象,还可以表示某一进程或者顺序汇总的对象,以及软件模型或者数据库模型中的对象。

Visio 图形可以像线条那样简单,也可以像表格那样复杂。比如以下表述的都是"图形":使用绘图工具绘制的线段、直线、弧线或曲线等,形状窗口中预置的图形,组合在一起的几个图形，用户自己绘制的图形。

Visio 2003 中的图形可分为两种类型：一维图形和二维图形。一维图形很像线段，它的行为与线段类似，具有两个端点：起点和终点。一维图形可粘附在两个图形之间，起连接作用。用户可以拖动一维形状的端点来调整形状大小、旋转图形以及图形间的黏合等。一些一维图形除了起点和终点外还有其他手柄，但是只要具有起点和终点的图形就是一维图形（如线段、箭头等）。

二维图形具有两个维度，当用鼠标选择该图形时没有起点和终点，它的行为类似矩形。二维图形具有两个以上的选择手柄，用户可以拖动其中的某个手柄来调整图形大小。二维图形既可以是封闭的（如矩形、圆形），也可以是开放的（如弧线）。

2. 基本绘图工具

一般情况下，用户可以直接从形状窗口中拖动图形到绘图页上，但是用户可能需要创建个性化的图形或是对原有图形进行修改和调整，此时使用绘图工具就可。右击菜单栏的空白处，从弹出的快捷菜单中选择"绘图"选项，或者选择"视图"→"工具栏"→"绘图"命令，或者直接单击"常用"工具栏中的"绘图工具"按钮，就可以显示"绘图"工具栏，如图 5-1 所示。

图 5-1 "绘图"工具栏

（1）绘制直线

若要绘制直线，单击"绘图"工具栏上的"线条工具"或"铅笔工具"按钮，在绘图页上用鼠标指针指向线条开始的位置，然后拖动到适当的位置松开鼠标就可以绘制一条直线。若在拖动之前按＜Shift＞键，则可绘制出水平、垂直或具有 45°角的直线。

（2）绘制弧线

若要绘制弧线，可使用"绘图"工具栏上的"弧形工具"或"铅笔工具"来完成。将鼠标指针指向弧线开始的位置，按住鼠标左键，在绘图页上移动到适当的位置后松开鼠标即完成弧线的绘制。

（3）绘制矩形或正方形

若要绘制矩形或正方形，单击"绘图"工具栏上的"矩形工具"，用鼠标指针指向矩形开始的那个点，拖动到与起点不在同一水平线或者垂线的位置后，松开鼠标左键即完成矩形的绘制。

（4）绘制椭圆或圆形

若要绘制椭圆或圆形，单击"绘图"工具栏上的"圆形工具"，用鼠标指针指向图形开始的位置，在绘图页上拖动达到所需大小后，松开鼠标左键即可完成椭圆形的绘制。

（5）绘制自由曲线

如果用户想要绘制自由曲线，单击"绘图"工具栏上的"自由绘制工具"按钮，在绘图页各个方向上随意进行拖动，绘制想要的图形，最后松开鼠标左键即可。

（6）绘制墨迹图形

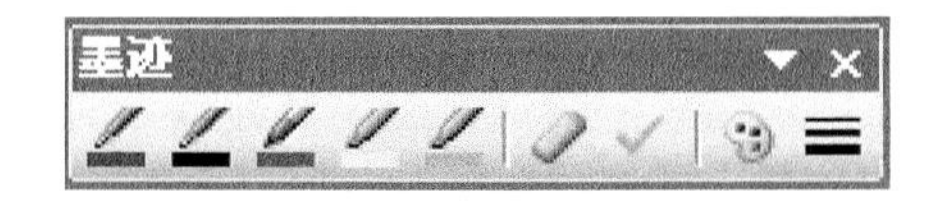

图 5-2 "墨迹"工具栏

右击工具栏空白处，在弹出的快捷菜单中选中"墨迹"菜单项，显示"墨迹"工具栏，如图 5-2 所示。用户可以设置墨笔的类型、颜色、线条宽度、压力敏感度和透明度。单击某种墨笔便可以开始在绘图页上绘制图形或者书写内容，用户可以随时更换墨笔及墨笔格式并继续绘图。在停止绘图后，经过很短的时间，墨迹周围的蓝色虚线将变为蓝色实线，然后消失；如果继续绘图，Visio 将开始创建新的墨迹图形。若要编辑先前创建的墨迹图形，必须首先打开该图形，在“墨迹工具”工具栏上，选择墨笔，单击要编辑的墨迹图形中的某一笔画，此时四周将出现带有实心边角的蓝色虚线，表明该图形已打开，可以进行编辑。

5.2.2 图形的基本操作

1. 选取图形

单击“常用”工具栏中的“指针工具”，默认使用的是“区域选择”，然后再单击要选取的图形，此时图形周围会出现相应的绿色图形选择手柄，如图 5-3 所示。若要取消对该图形的选择，单击绘图页空白处或者再次单击该图形即可。

若要选择多个图形，可先按住<Ctrl>键或者<Shift>键，然后再依次单击要选择的图形，此时选中的图形轮廓呈紫色，选中的多个图形周围出现相应的绿色图形选择手柄，如图 5-4 所示。也可以单击“指针工具”旁边下三角，然后再单击“多重选择”，也可以实现对多个图形的选择。

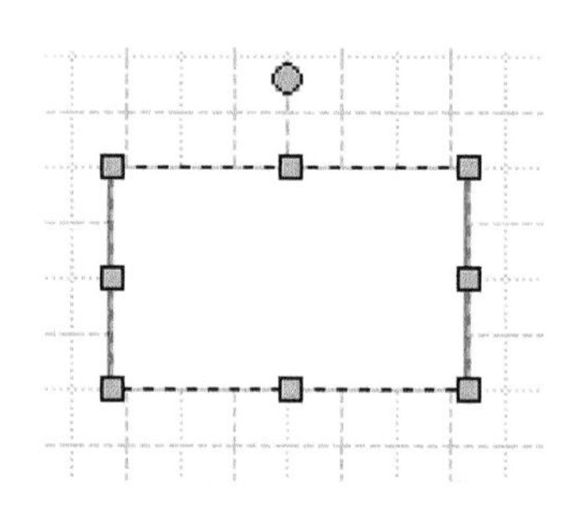

图 5-3 选择单一图形

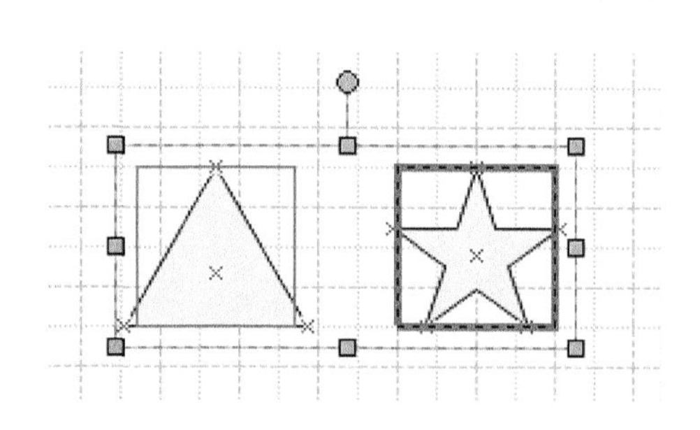

图 5-4 选择多个形状

如果需要选中的图形分布在一个矩形区域内，单击“常用”工具栏中的“指针工具”，在绘图页内按住左键，然后拖拽出一个包含要选择图形的矩形后，释放左键，此时矩形内的图形均被选中。

如果需要选中不规则分布的图形，可以单击“常用”工具栏中的“指针工具”旁边的下三角按钮，然后单击选中“套索选中”工具，可以绘出任意形状的选择轮廓，圈中要选中的图形。

如果要选择绘图页上的所有形状，最方便的方法是使用快捷键<Ctrl>+<A>。

2. 图形操作

在对图形的操作过程中，用户经常需要使用形状的手柄来快速地修改形状的外观、位置或行为。

当选中如图 5-3 所示形状后，该形状的边上和角上出现了绿色的小方框，这些小方框就是选择手柄，我们可以拖动边上的选择手柄来改变形状的宽度或长度，如果要按原形状的比例来调整形状的大小，则拖动角上的选择手柄。

如果要旋转形状，移动鼠标到选中形状上面的旋转手柄（绿色圆形图案），此时鼠标指针变成一个带有箭头的圆形图案，当拖动旋转手柄时，指针会变成 4 个成圆形排列的箭头，形状就会按照拖动的方向进行旋转。

若要连接两个图形，单击“常用”工具栏中的“连接线工具”，然后从第一个形状的连接点拖动到第二个形状的连接点上，连接线的端点将变为红色，表示它们已经粘附到指定的连接点上。当移动鼠标指针到连接点上，连接点会变成一个包含星形图像的正方形图案，正方形会显示为红色。

单击“连接线工具”旁边的下三角按钮，单击选中“连接点工具”，拖动形状中的连接点，即可改变连接点的位置。

除此之外，还可以对形状进行添加文本、翻转、对齐等其他操作。双击选中的形状可以为形状添加文本，同时设置文本的字体、字形、样式，也可以设置文本框的背景色和边框等，对文本进行的操作类似于 Word 中对文本的操作，在此不再赘述。

5.3 流程图

流程图的应用范围非常广，也是最为常用的绘图类型之一。Visio 2003 提供了 IDEFO 图表、SDL 图、基本流程图、跨职能流程图、数据流图表、EPC 图表、TQM 图、工作流程图、故障树分析图、审计图、因果图 11 类流程图模板。通过 Visio 2003 预置提供的模板，可以绘制多种类型的流程图。

使用 Visio 2003 预置流程图模板，用户可以完成以下任务。

(1) 通过基本流程图可以帮助用户理解进程是如何发挥作用的，以及如何去改进。

(2) 使用跨职能流程图可以显示如何将多个部门和多种职能融合到一个流程中。

(3) 使用数据流图可以突出显示流程中的数据流或信息流的逻辑进程。

(4) 使用工作流程图以图解的方式表示物理工作流程或信息流程，促进各个部门之间的交流，促进信息流通，提高效率。

(5) 可以通过因果图查明问题的原因并了解各个因素之间的关系。

一般情况下，创建流程图可以展示过程、分析进程、指示工作流或信息流等信息。基本流程图可以用图表的形式直观地介绍服务流程、产品开发周期、生产过程、审批手续或程序流程以及业务流程等。这里以毕业论文写作流程图为例，介绍基本流程图的绘制方法和步骤。

步骤 1：启动 Visio 2003，在绘图类型窗口的“类别”目录中选择“流程图”或“业务进程”类别，在其对应的模板选项组中单击“基本流程图”命令，如图 5-5 所示；或者选择“文件”→“新建”→“流程图”或“业务进程”→“基本流程图”命令，新建一个绘图文件。

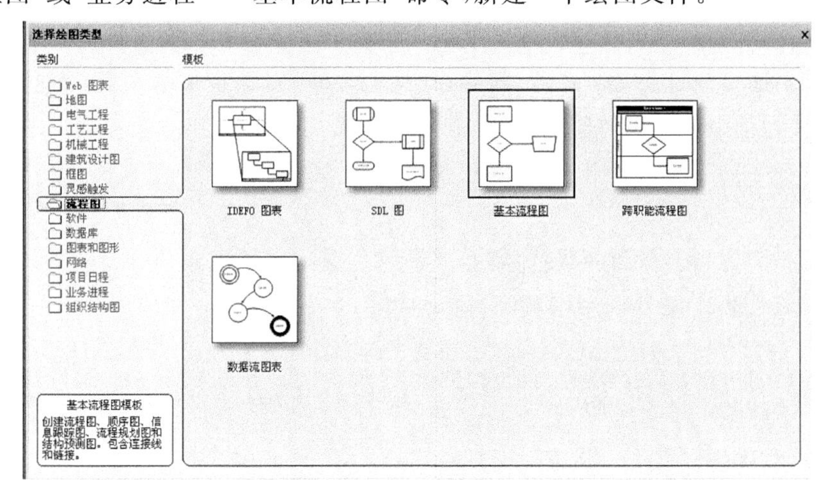

图 5-5 选择“流程图”→“基本流程图”

步骤 2:从“基本流程图”模具中拖动一些需要的基本图形到绘图页,如“进程”、“判定”、“文档”、“终结符”等形状,调整大小并放在合适的位置。

步骤 3:绘制连接线。单击工具栏上的“连接线工具”按钮,依次建立所有图形的连接线。

步骤 4:对连接线进行设置。选中图形中所有的连接线,单击“格式”→“线条”菜单项,从弹出的“线条”对话框中进行详细设置;或者单击“格式”工具栏中的线型、粗细、线端等按钮,修改线条的粗细、虚实,选择箭头的大小、样式,如图 5-6 所示。

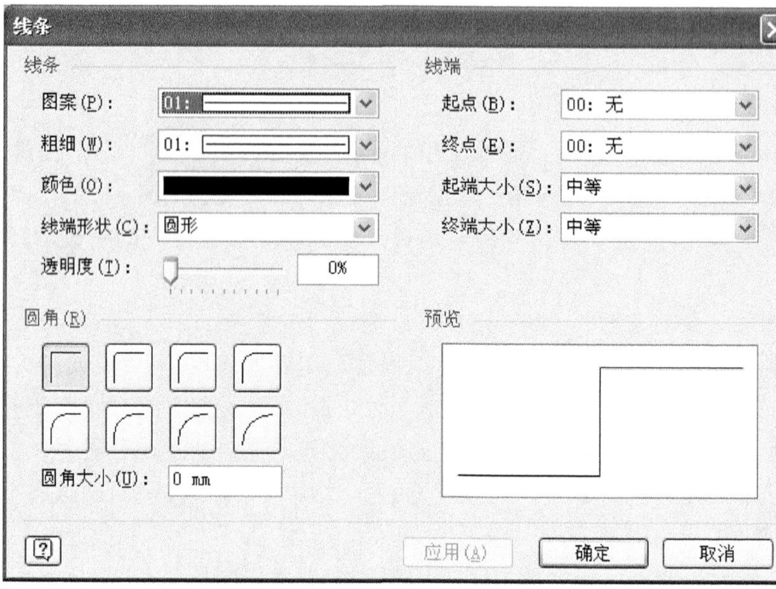

线条

线条

图案(P): 01:

粗细(W): 01:

颜色(O):

线端形状(C): 圆形

透明度(T): 0%

线端

起点(B): 00: 无

终点(E): 00: 无

起端大小(S): 中等

终端大小(Z): 中等

圆角(R)

圆角大小(U): 0 mm

预览

应用(A) 确定 取消

图 5-6 “线条”对话框

步骤 5:添加文本到形状。双击绘图页中的图形或连接线,进入文本编辑状态,依次为图形和连接线输入文本。若文字显示超出图形范围,可单击图形,适当扩大图形尺寸,并注意保持图形之间的对齐关系,如图 5-7 所示。

(6) 修饰和美化。为了使绘图更加美观,可使用“边框和标题”模具为流程图添加边框和标题;可使用“背景”模具为流程图所在的绘图页设置背景;可在绘图页的空白处右击,并在弹出的快捷菜单中选择“配色方案”命令,然后在“配色方案”对话框中为流程图选择一种适合的背景;若要单独为某个流程添加颜色,可单击“格式”工具栏中的“填充颜色”下三角按钮,然后从弹出的颜色下拉列表中选择相应的颜色,以突出此流程的重要性。图 5-8 为修饰后的某公司财务报账流程图。

为了深入探讨某些内容,有时还需要在流程图中添加注释说明,具体操作步骤如下。

步骤 1:拖动“批注”形状到绘图页的合适位置。

步骤 2:双击“批注”,输入具体内容,然后修改字体、字号和文本对齐方式。

步骤 3:最后为文本设置“编号”,并将编号和文本置于满意的位置。

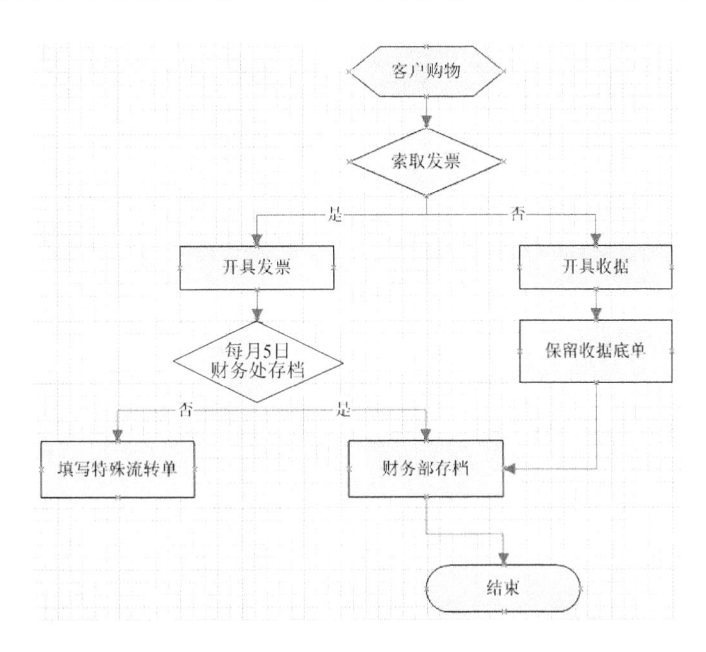

图 5-7　某公司报账流程图

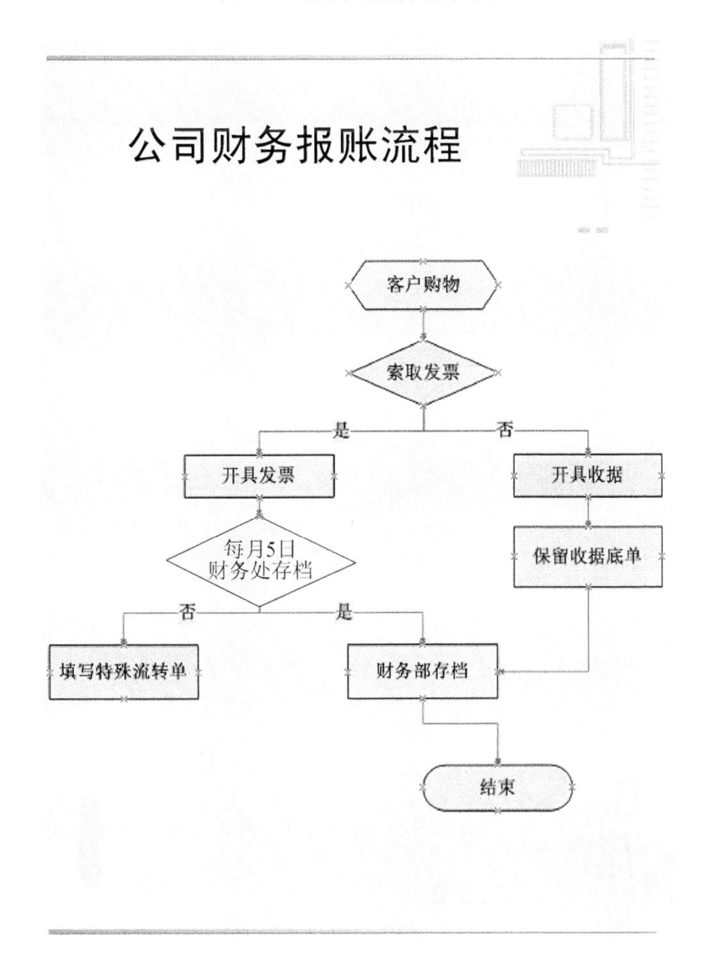

图 5-8　某公司财务报账流程图—修饰后

5.4 组织结构图

组织结构图是一种应用非常广泛的绘图类型,该类图形使用户能够用图形方式直观地表示组织结构中人员之间、职能之间及其他活动之间的相互关系。组织结构图不仅可以用于表现企事业单位的组织结构和隶属关系,还可以用于其他各种层次结构图。通过使用组织结构图模板,用户可以进行如下各种操作。

- 将绘图页上的下级图形拖到上级图形上自动创建等级结构;
- 添加(删除)图形中的图片;
- 向图形中添加自定义的文本字段,并将其作为自定义属性数据进行存储;
- 其他上下级关系可通过虚线连接线来显示;
- 使用"组织结构图向导"自动进行组织结构图的创建和布局;
- 比较组织结构图的不同版本并形成差异报告;
- 试验各种不同的布局而不用手动移动图形;
- 通过更改组织结构图的设计主题及其图形的颜色来改变图的外观。

5.4.1 普通组织结构图

1. 创建组织结构图

这里以创建学生会的组织结构图为例,介绍普通组织结构图的绘制方法。

(1) 启动 Visio 2003,选择"类别"目录下的"组织结构图"类型,在"模板"选项组中单击"组织结构图"(方法与创建流程图类似),或者单击"文件"→"新建"→"组织结构图"→"组织结构图"菜单项,打开"组织结构图"绘图页面,可看到横向显示的绘图页,并自动弹出"组织结构图"工具栏。从"组织结构图形状"模具中,将"总经理"图形拖动到绘图页上,弹出"连接形状"对话框,提示用户连接形状将形状放在上级形状的顶部,如图 5-9 所示,单击"确定",关闭提示。

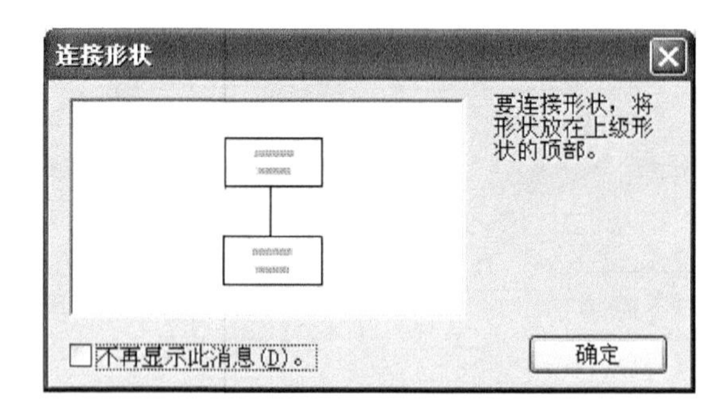

图 5-9 "连接形状"对话框

(2) 从"组织结构图形状"上,将"经理"图形直接拖到"总经理"图形上,"经理"图形变成了"总经理"图形的子图形,而且在两个图形之间自动建立了连接线。

(3) 重复第 2 个步骤,直到添加了所有要添加的"经理"图形为止,这里我们添加 5 个"经理"形状。也可通过从"组织结构图形状"上将"多个形状"的图形拖动到绘图页中,添加所要的

“经理”图形数目，此时跳出“添加多个形状”的对话框，如图 5-10 所示。在“形状”下拉列表框中选择“经理”形状，数目为 5，单击“确定”，便在绘图页上添加了 5 个“经理”形状。

图 5-10　“添加多个形状”对话框

(4) 接下来同样以添加多个形状的方式添加 6 个“职位”图形。

(5) 为学生会添加所需的各类形状后，将所有形状排列好，并为每个图形添加姓名和职位，设置文字的字体和字号，如图 5-11 所示。

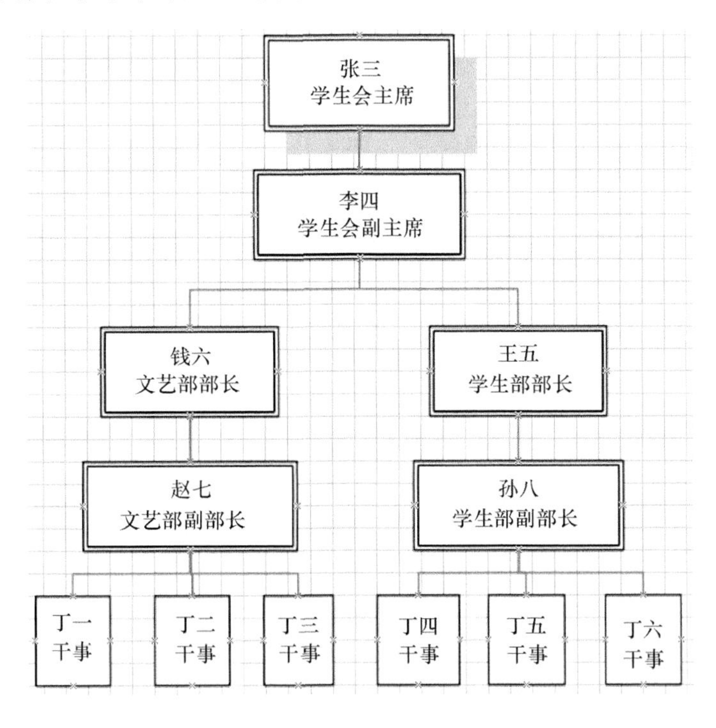

图 5-11　添加姓名和职务

至此，学生会的组织结构图已大致完成。由于组织结构图往往带有时效性，所以应该明确标明此组织结构图的制作时间。将“组织结构图形状”模具中的“名称/日期”图件拖动到绘图页中的合适位置，Visio 2003 将自动插入系统的当前日期，用户只需要输入学生会的名称即可。还可以通过为组织结构图中的不同形状赋予不同的填充颜色，来进一步区分上下级活动的不同。

2. 修改组织结构图

(1) 重新布局

如果有一天,学生会人事安排出现变动,如"孙八"被提升为宣传部部长,只需通过直接拖动"孙八"到第三级领导人中,修改他的职务及形状等属性(右击该形状,在弹出的菜单上执行"更改职位类型",在打开的"更改职位类型"对话框中选择"经理"职位,然后单击"确定"即可),就能改变组织结构图中的上下级关系。但是这样很可能会导致学生会新的组织结构图的形状排列参差不齐。

若要重新排列组织结构图中的所有形状,可以单击"组织结构图"菜单上的"重新布局",或者单击"组织结构图"工具栏上的"重新布局",这时 Visio 会自动把组织结构图中的所有形状以可能的最佳方式进行排列,同时保持用户原来的布局选择。

(2) 自定义组织结构图的外观

Visio 2003 还为用户提供自定义组织结构图外观的功能。如果用户想自定义组织结构图的外观,单击"组织结构图"菜单上的"选项",打开如图 5-12 所示对话框。使用此对话框中的"选项"、"字段"和"文本"选项卡,指定组织结构图中的形状的显示选项以及字段和文本显示选项。如果想要将这些设置应用于以后要创建的所有组织结构图,则勾选"将这些选项设置用于新组织结构图"。

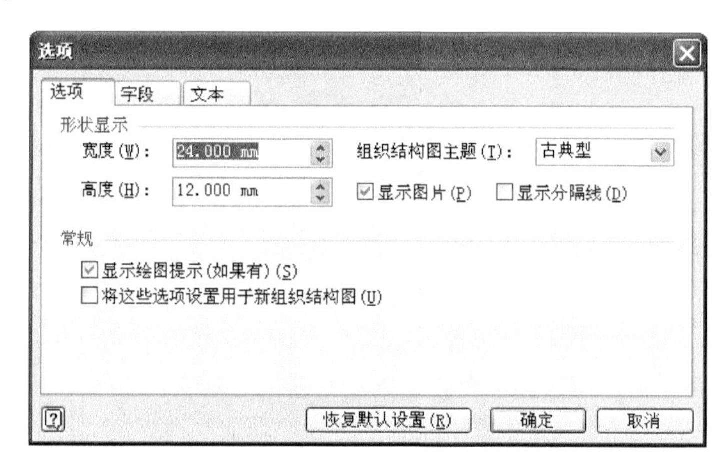

图 5-12 "选项"对话框

在"选项"选项卡中,不仅可以设置组织结构图中每个形状的宽度和高度、选择组织结构图的主题,而且还可以显示或隐藏图片和分隔线。分隔线用来分隔组织结构图形状的中央文本块中的第一行和第二行文本。要显示或隐藏单个形状的分隔线,可在绘图页上右击相应形状,然后单击"显示分隔线"或"隐藏分隔线"即可。

用户可以向组织结构图中的形状添加图片或删除(替换)添加的图片,还可以显示或隐藏组织结构图中的单个形状或所有形状的图片。

- 添加图片。右击组织结构图中想要添加图片的形状,然后单击"插入图片",在"插入图片"对话框中,找到要插入的图片,插入图片后,将出现在所选组织结构图形状的左侧。如果调整形状的大小,则该图片的大小也会做相应的调整。
- 显示或隐藏图片。右击包含要隐藏图片的形状,然后单击"隐藏图片",就可隐藏该形状中的图片；若要重新显示该图片，可右击形状，然后单击“显示图片”即可；要显示或隐藏组织结构图中所有形状的图片，勾选或清除图 5-12 所示对话框中“选项”选项卡中的“显示图片”复选框。如果用户已指定一些形状不显示图片，那么即使勾选了该复选框，那些指定不显示图片的形状将不会显示图片。

- 替换图片。右击要被替换图片的形状，然后单击“替换图片”；在弹出的“插入图片”对话框中，找到要替换的图片，然后单击“打开”，即可完成图片替换。
- 删除图片。右击要删除图片的形状，然后单击“删除图片”即可。

默认情况下，组织结构图形状只显示“姓名”和“职位”自定义属性，通过在“选项”对话框中的“字段”选项卡上设置要显示的其他自定义属性，还可以设置自定义属性的显示位置。选择“字段”选项卡，然后在“块 2”、“块 3”、“块 4”、“块 5”下拉列表中，选择想要在形状中显示的信息，如图 5-13 所示。右下角的预览框可查看各个字段在形状中的位置，使用“上移”和“下移”可更改字段的位置，这些字段出现在组织结构图形状上的顺序与用户在此处指定的顺序相同。

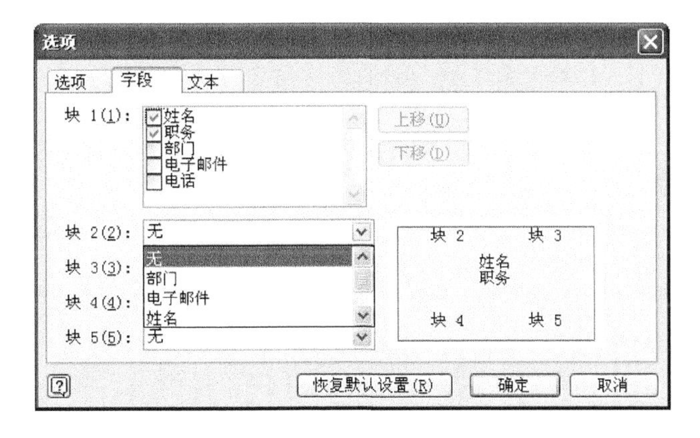

图 5-13　“选项”对话框中设置字段格式

用户还可以设置这些自定义属性的文本格式。要更改组织结构图内所有形状中文本的字体样式，可打开“文本”选项卡，然后分别设置各个字段的文本所需要的字体、字号、样式、颜色等选项，如图 5-14 所示。

图 5-14　“选项”对话框中设置文本格式

右击要添加自定义属性的形状，然后单击“属性”，在“自定义属性”对话框中选择“定义按钮”，弹出“定义自定义属性”对话框，如图 5-15 所示。在“定义自定义属性”对话框中，既可以为系统自带的5个字段输入或更改原来的值，也可以单击“新建”为形状自定义新的字段，并输入数据，然后单击“确定”。若要在组织结构图的形状中显示新添加的自定义属性，只需按照如图5-13所示操作步骤即可。

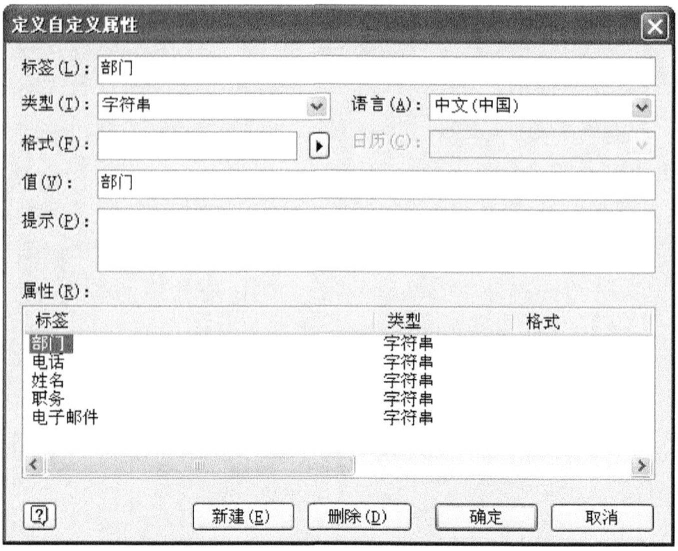

图5-15 “定义自定义属性”对话框

通过为组织结构图中的形状添加自定义属性，可以将属性与这些形状关联。当从组织结构图中导出数据时，对于与形状相关联的自定义属性，数据文件中都有一个字段与之相对应，还可以创建这些数据的报告并将其保存到文件中，Visio 2003中提供了一个现成的报告，其中包括为每个组织结构图形状存储的默认自定义属性。当然用户可以自己创建自定义报告，仅在其中包含用户指定的那些自定义属性。

执行“工具”→“报表”，在“报告”对话框的列表框中，单击选择“组织结构图报告”，如图5-16所示。

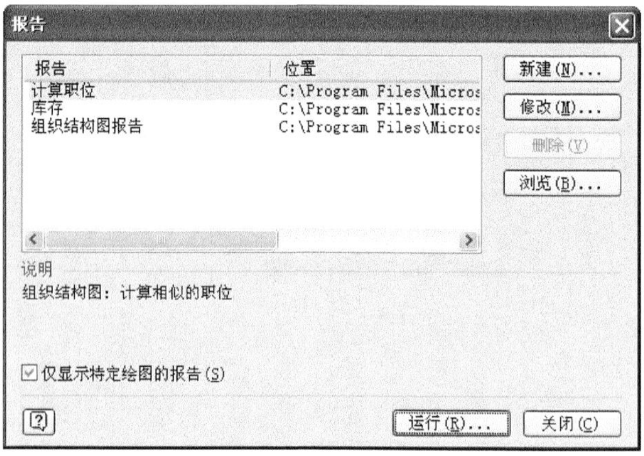

图5-16 “报告”对话框

然后单击“运行”，在“运行报告”对话框中，可供选择报告的格式有Excel、HTML、XML和Visio形状，如图5-17所示。

图 5-17　“运行报告”对话框

(3) 显示虚线隶属关系及更改职位类型

用户还可以在组织结构图中使用“虚线报告”形状来表示一个人或职位隶属于多个上级的关系。从“组织结构图形状”中，拖动一个“虚线报告”形状到绘图页上，将“虚线报告”形状的一个端点拖到下属形状的红色连接点上，然后将另一个端点拖到上级形状的连接点上，虚线主要用于表示组织结构图中的这种次要隶属关系。

5.4.2　利用向导创建组织结构图

利用 Visio 2003 提供的组织结构图向导模板，用户可以利用现有的存有组织结构数据的文件来创建组织结构图，Visio 2003 将根据文件中的数据自动创建形状和连接，从而大大简化组织结构图的创建过程。

1. 根据现有数据文件创建组织结构图

操作步骤如下。

(1) 利用 Visio 2003 向导提供的“组织结构图”→“组织结构图向导”或者单击“文件”→“新建”→“组织结构图”→“组织结构图向导”命令，弹出一个提示对话框，选择“已存储在文件或数据库中的信息”，如图 5-18 所示，然后单击“下一步”。

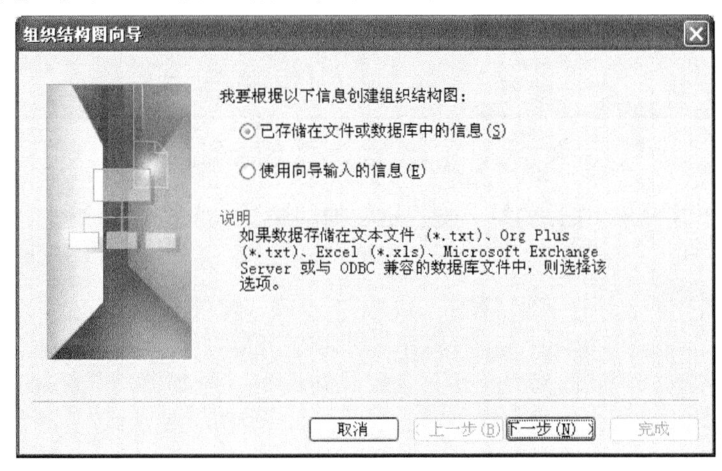

图 5-18　组织结构图向导

(2) 在接着弹出的提示对话框中选择数据文件类型,如图 5-19 所示,本文选择"文本、Org Plus(* . txt)或 Excel 文件"。

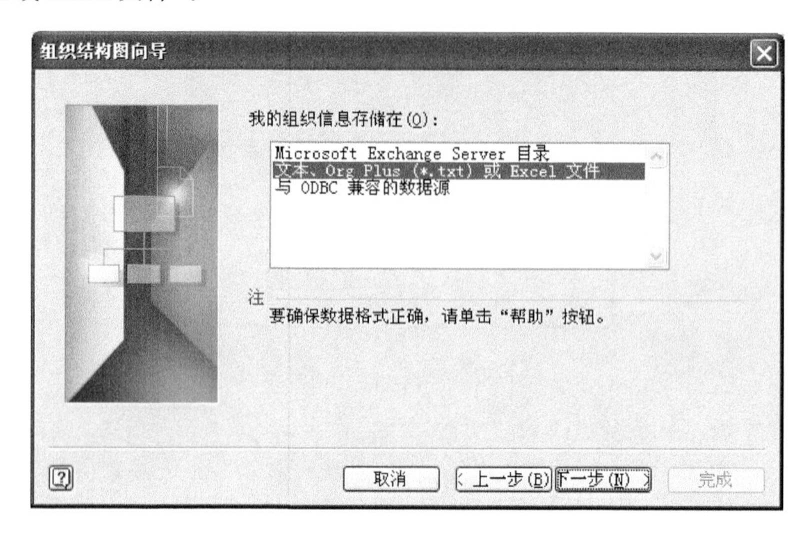

图 5-19 选择文件存储的类型

(3) 单击"下一步",在弹出的提示对话框中,单击"浏览",在弹出的"组织结构图向导"对话框中找到创建组织结构图的数据文件,或直接输入包含事先创建好的文件路径,如图 5-20 所示。在这个向导界面上还可以选择事先建立好的 Excel 电子表格文件或者数据库文件。

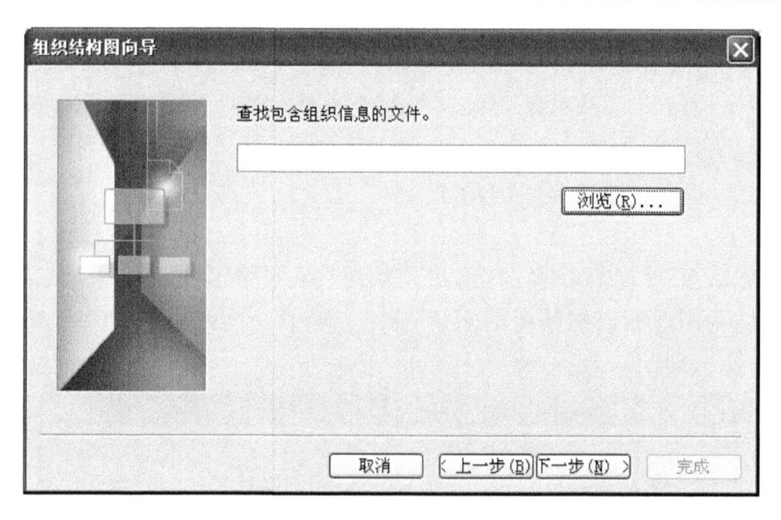

图 5-20 查找数据文件

数据文件的格式要求:文件的第一行规定数据的格式,即每个形状包含哪些字段,后面的内容是该组织结构中每个人的具体信息,字段之间采用空格分隔,当然也可以采用其他符号(如逗号)来分隔字段值。

(4) 单击"下一步",根据提示,在此后弹出的提示对话框中依次选择包含定义组织的信息的属性值、选择要显示的字段、选择要作为自定义属性字段添加到组织结构图形状中的列(字段)、指定如果组织结构数据包含雇员过多,无法在一个绘图页显示时,是否需要向导自动将组织结构图分成多个页面显示。这里选择"我希望向导自动将组织结构图分成多页",然后单击"完成"按钮。

此时，在绘图页上出现一个显示进度的对话框，显示系统正在处理数据以生成组织结构图。最后，在绘图页上系统生成了一个完整的组织结构图，如图 5-11 所示。

用户还可以对这个组织图进一步修饰美化。例如，为绘图页设置背景，设置不同职位的形状，设置不同的渐变效果图案，为组织结构图添加组织名称和创建时间等。

2. 创建数据文件以生成组织结构图

(1) 创建文本数据文件生成组织结构图

用户还可以使用"组织结构图向导"来创建新的 Excel 或者文本数据文件，以便根据它生成结构图。因此，要在向导弹出的第一个提示对话框中，选择"使用向导输入的信息"，然后按照向导其他各项的提示，根据新数据创建组织结构图。

操作步骤如下。

① 利用 Visio 2003 向导提供的"组织结构图"→"组织结构图向导"或者单击"文件"→"新建"→"组织结构图"→"组织结构图向导"命令，弹出一个提示对话框，如图 5-18 所示。这里我们选择"使用向导输入的信息"，然后单击"下一步"按钮。

② 在弹出的提示对话框中，选择"以符号分割的文本"，然后输入文件的保存路径及文件名，或者单击"浏览"按钮，选择保存该文件的文件夹，命名该文件，然后单击"保存"按钮。

③ 单击"下一步"按钮，出现一个提示对话框，提醒用户要打开的文本文件中将包含一些作为示例的文本内容。

④ 单击"确定"按钮后，会打开一个文本文件，该文本文件的数据格式上一节已经介绍过，在此不再赘述。这里，我们输入数据覆盖原来提供的示例，编辑完成后，保存并关闭该文本文件。

⑤ 接着将弹出的提示对话框与前面一节相同，操作也相同。单击"完成"按钮，就可以实现从新文本数据文件创建组织结构图。

(2) 创建 Excel 数据文件以生成组织结构图

创建 Excel 数据文件以生成组织结构图与创建文本数据文件以生成组织结构图的操作类似，只是在第②步操作中出现的对话框中选择要向其中输入数据的文件的类型选项时选择"Excel"，然后输入文件名称，单击"确定"按钮后，就会打开一个 Excel 工作簿，其中各列都有列标题。输入数据，将原示例的数据覆盖。输入完数据后，保存并关闭 Excel。接下来的操作跟创建文本数据文件以生成组织结构图中关闭文本数据文件后的操作一样，不再赘述，按照弹出的提示对话框即可完成 Excel 数据文件创建组织结构图。

第 6 章　Office 文档安全与 VBA 应用

Microsoft Office 是一套由微软公司开发的办公软件，Office 最初出现于 20 世纪 90 年代早期。最初的 Office 版本包含 Word、Excel 和 PowerPoint。另外一个专业版包含 Microsoft Access。随着时间的流逝，Office 应用程序逐渐整合，共享一些特性，例如，拼写和语法检查、OLE 数据整合和微软 Microsoft VBA(Visual Basic for Applications)脚本语言。

随着 Office 办公软件的流行，越来越多的企事业单位、科研院校和个人选择 Office 作为必备软件。与此同时 Office 的文档安全问题也就浮现出来，如何保障文档的安全呢？虽然使用 Office 办公软件已经提高了工作效率，对于像 Word、Excel 中的一些相同操作能不能编成程序保存下来，以便以后使用呢？

6.1　文档的安全设置

很多时候，文档的所有者不希望其他用户对这些文档进行修改等操作。一些保密性要求更高的文档，除了授权用户，其他用户不应看到它们。但由于工作环境的开放性，文档很有可能在不经意间暴露在其他用户面前。因此，文档的安全保护成为一个非常重要的研究课题。对于 Office 文档，Microsoft Office 软件提供了比较完善的安全和文档保护功能，它包括权限限制、数字签名、密码保护、窗体保护和批注口令。

6.1.1　安全权限设定

如何只能让特定人员查看公司里的一些机密文件？Microsoft Office 2003 提供了一种称为“信息权限管理(IRM)”的新功能。它可以有效地保护机密文件的内容。要打开被 IRM 保护的文件就必须获得授权，而这个授权是通过 Microsoft .NET Passport 实现的。IRM 还能为用户指定其他操作文档的权限，如编辑、打印或复制文档内容等。IRM 对文档的访问控制保留在文档中，即使文件被移动到其他地方，这种限制依然存在，它比单纯的密码保护要可靠得多。IRM 可以保护 Word、Excel、PowerPoint 的文档，下面以 Microsoft Word 2003 为例来介绍如何使用 IRM，在其他 Office 组件里的使用方法类似。

首先，要在连网状态下启动 Word 2003，然后单击工具栏上的“权限”按钮。若第一次运行设定权限，系统会弹出一个需要安装 Windows Rights Management 的提示框。选择“是”，下载 Windows Rights Management 客户端软件，软件下载完成后直接安装，然后安装提示注册使用该服务。

客户端软件安装完毕后，使用已经注册的 Hotmail Passport，注册使用“信息权限管理”服务。注册完毕后，该账户就具有完全控制文档权限的功能，可以分配其他账户对该文档的编辑、打印或复制等权限。

下面简单介绍一下“文档安全权限设定”的方法。

单击“文件”→“权限”→“不能分发”菜单项，在弹出的“权限”对话框中，选中“限制对此文档的权限”复选框，然后在“读取”文本框中，输入具有读取权限的用户电子邮箱地址，在“更改”文本框中，输入具有更改权限的用户电子邮箱地址；单击“其他选项”按钮，在弹出的对话框，选中“允许具有读取权限的用户复制内容”复选框。如果用户选中“此文档的到期日期”复选框，可为文档指定到期日期(如 2013-3-20)。最后，单击“确定”按钮，Word 自动弹出“共享工作区”任务窗格，可看到该文档目前所设定权限状态。

6.1.2 文档保护

文档保护用以限制用户对文档或者文档的某些部分进行编辑和格式设置。由于 Office 各组件的文档保护功能各不相同，因此将分别进行介绍。

1. Word 文档保护

Office 2003 中的 Word 组件改进了文档保护功能，增加了限制格式设置，有选择地允许用户编辑，并引入了权限机制。

- 格式设置限制用以保护文档中的部分或者全部格式不被用户修改。
- 编辑限制中可允许用户进行修订、批注、填写窗体和未作任何更改的操作。
- 权限机制就像 Windows 系统中的用户权限管理，把文档作者作为“管理员(Administrator)”，可以分配不同用户不同的可编辑区域。

单击“工具”菜单中的“保护文档”命令，出现“保护文档”的任务窗格，如图 6-1 所示。

(1) 格式设置限制

对 Word 文档进行“格式设置限制”保护的具体操作步骤如下。

步骤 1：单击“格式设置限制”中“限制对选定的样式设置格式”复选框下面的“设置”，打开“格式设置限制”对话框，如图 6-2 所示。

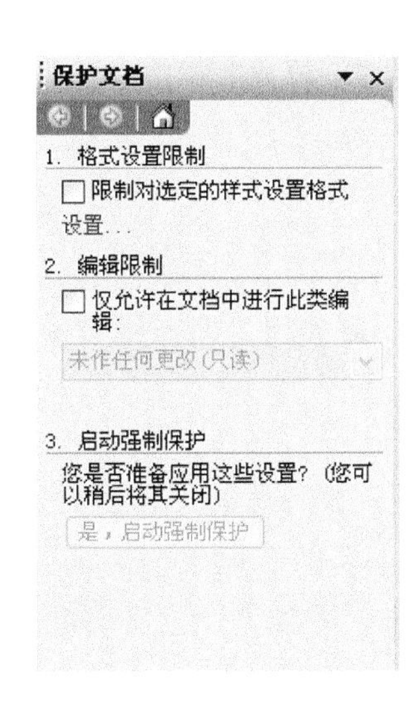

图 6-1 “保护文档”任务窗格

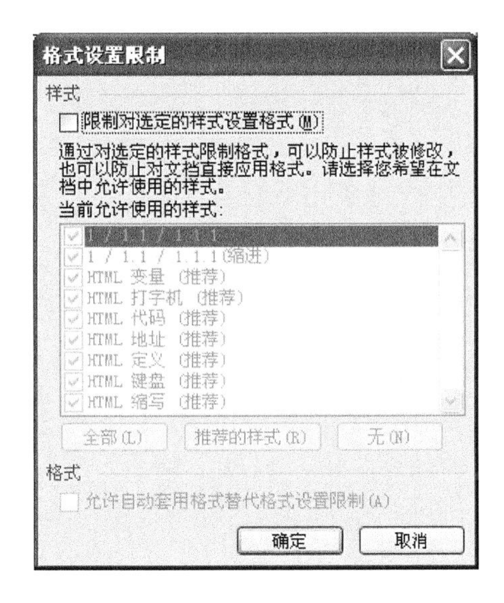

图 6-2 “格式设置限制”对话框

步骤2:选中“限制对选定的样式设置格式”复选框,系统默认“当前允许使用的样式”选项是全部选中。此时,对话框中所有灰色部分均显示为亮色。对话框中有“全部”、“推荐的样式”、“无”3个按钮。用户可根据实际需要单击相应的按钮或自己选择需要勾选的复选框。

- 若单击“全部”按钮,在文档保护后,这些样式均可用于文档中。
- 若单击“推荐的样式”按钮,则允许更改文档的基本样式,可以进一步限制为更少的格式,但是这样会删除 Word 在某些功能中使用的样式。
- 若单击“无”按钮,则不允许用户更改任何样式和格式。如果选中格式下面的“允许自动套用格式替代格式设置限制”复选框,可保留部分自动套用格式功能。

(2) 编辑限制

勾选“保护文档”任务窗格中的“仅允许在文档中进行此类编辑”复选框时,可限制用户对文档进行编辑。保护文档的编辑限制分修订、批注、填写窗体、未作任何修改(只读)4种,详细说明见表6-1。

表6-1 编辑限制操作说明

编辑操作	说 明
修订	限制用户只能以修订的方式进行文档的更改
批注	限制用户只能以批注的方式进行文档的更改
填写窗体	限制用户只能在窗体域中进行编辑
未作任何更改(只读)	用户只能看而无法修改文档

“修订”及“批注”的功能比较简单,这里就不作介绍了,有关“填写窗体”的功能将在下面的章节中介绍,接下来将详细介绍“未作任何更改(只读)”功能。

- 局部保护。编辑限制中的“未作任何更改(只读)”功能可以保护文档或者文档的局部不被修改。在局部保护时,允许用户编辑不受保护的区域,这些区域可以是一个连续区域,也可以是任意多个区域。局部保护的具体操作方法如下。

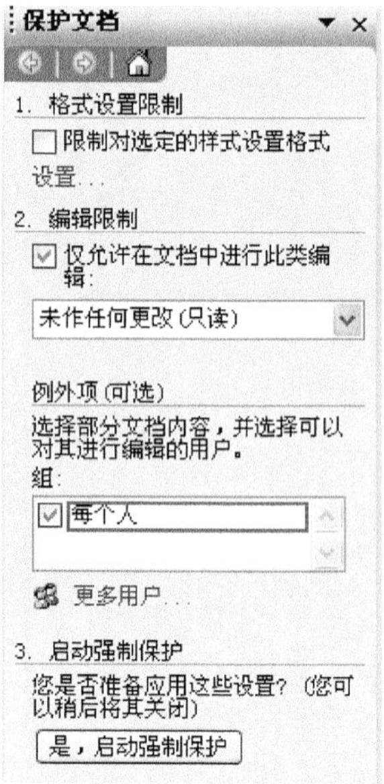

步骤1:选取要保护的那部分文档内容。

步骤2:勾选“保护文档”任务窗格中的“仅允许在文档中进行此类编辑”复选框,在下拉列表框中选择“未作任何更改(只读)”项,在“例外项(可选)”下方的“组”列表框中选中“每个人”复选框,如图6-3所示。

当启用强制保护后,用户只能在所选的区域范围内进行编辑。

- 多用户编辑限制。在文档中,用户可以为其他用户设定各自可以编辑的区域,当文档强制启动保护并保存在共享的文件夹中,不同的用户只能对自己允许编辑的区域进行操作,权限之外的内容会受到保护而不允许更改,具体操作步骤如下。

步骤1:为该文档添加共享编辑用户,单击“例外项(可选)”下方的“更多用户”,弹出“添加用户”对话框,如图6-4所示,为用户添加 farrari@hotmail.com,mercedes@hotmail.com,lockheed@hotmail.com 三个账户,单击“确定”

图6-3 局部文档保护设置

按钮，接收 Word 验证并添加到用户列表中。

步骤 2：在文档中分别选取不同的三部分内容，分别对应选取步骤 1 中添加的三个用户。

步骤 3：最后单击“是，启动强制保护”，文档保护便生效。

（3）启动强制保护

若要使格式设置限制或者编辑限制生效，必须启动强制保护。单击“保护文档”任务窗格中的“是，启动强制保护”，弹出“启动强制保护”对话框，如图 6-5 所示。

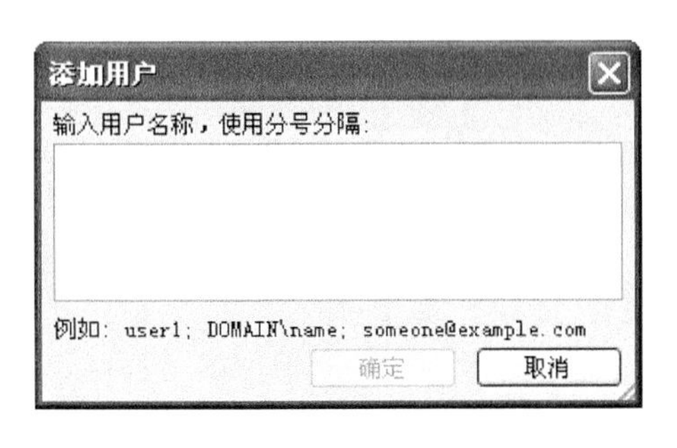

图 6-4 “添加用户”对话框

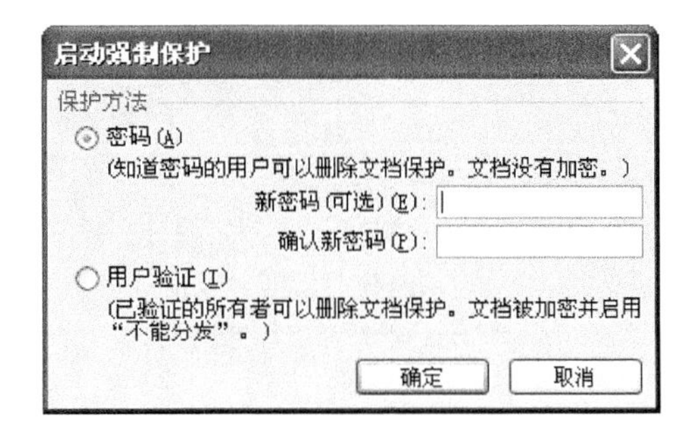

图 6-5 “启动强制保护”对话框

如果不输入密码，单击“确定”按钮后，文档保护生效，在取消文档保护时无需输入密码。如果要解除文档保护，单击“工具”→“取消保护文档”菜单项或者单击“保护文档”任务窗格中的“停止保护”，输入取消文档保护密码即可。

2. Excel 文档保护

（1）保护工作表

若要防止工作表中的重要数据被更改、移动或删除，可以保护特定工作表，具体步骤如下。

步骤 1：单击“工具”→“保护”→“保护工作表”菜单项，弹出“保护工作表”对话框，如图 6-6 所示，选中“保护工作表及锁定的单元格内容”复选框，并在“取消工作表保护时使用的密码”文本框中输入要设定的密码，在“允许此工作表的所有用户进行”下拉列表中选择允许用户进行的操作。

步骤 2：单击“确定”按钮，弹出“确认密码”对话框，在“重新输入密码”文本框中输入确认密码，单击“确定”按钮即可完成对工作表的保护。此后用户仅能对工作表中进行图 6-6“保护工作表”对话框中设定的操作。

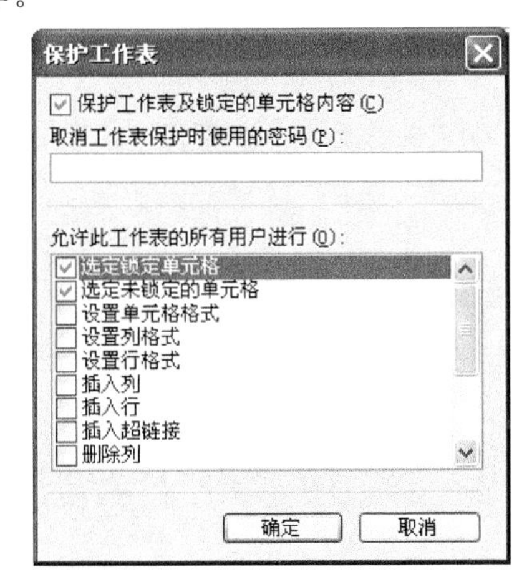

图 6-6 “保护工作表”对话框

(2) 允许用户编辑区域

- 使用密码访问保护区域。有时并不是工作表中的所有单元格都需要保护，对部分单元格可以允许拥有访问密码的用户访问，此时需要设置受保护的编辑区域，具体操作步骤如下。

步骤 1：单击“工具”→“保护”→“允许用户编辑区域”菜单项，弹出“允许用户编辑区域”对话框，如图 6-7 所示。

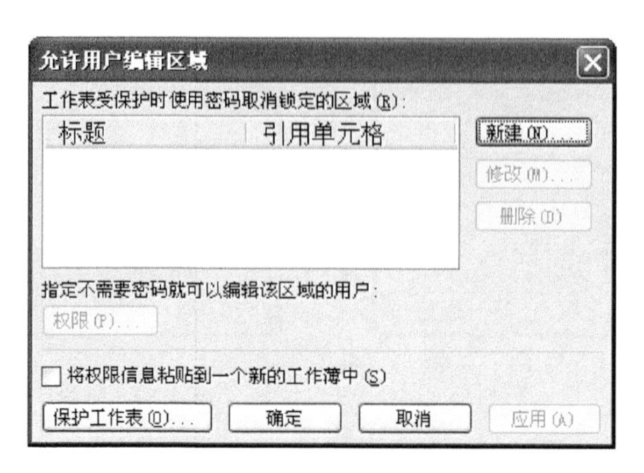

图 6-7　“允许用户编辑区域”对话框

步骤 2：单击“新建”按钮，弹出“新区域”对话框，然后在“引用单元格”文本框中设定单元格区域，然后在“区域密码”文本框中输入密码，如图 6-8 所示。

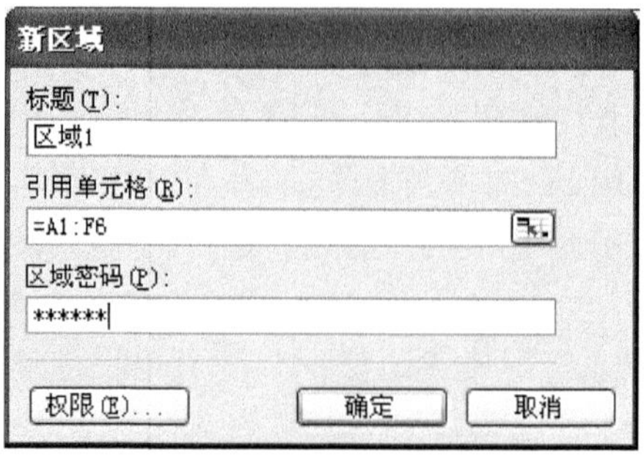

图 6-8　设定保护区域

步骤 3：单击“确定”按钮，弹出“确认密码”对话框，在“重新输入密码”文本框中输入确认密码。

步骤 4：单击“确定”按钮，返回“允许用户编辑区域”对话框，单击“保护工作表”，弹出“工作表”对话框，接下来的操作与保护工作表的操作一样，在此不再赘述。

- 设定权限访问保护区域。若要允许特定的用户不需要密码即可直接访问保护的区域，可给这些用户指定权限，具体步骤如下。

步骤 1：单击“工具”→“保护”→“允许用户编辑区域”菜单项，弹出“允许用户编辑区域”对话框，如图 6-9 所示。

步骤 2：单击“权限”按钮，弹出“区域 1 的权限”对话框，如图 6-10 所示。

允许用户编辑区域
工作表受保护时使用密码取消锁定的区域(R):

标题	引用单元格
区域1	$A$1:$E$6

新建(N)...
修改(M)...
删除(D)
指定不需要密码就可以编辑该区域的用户:
权限(P)...
将权限信息粘贴到一个新的工作簿中(S)
保护工作表(O)...　确定　取消　应用(A)

图 6-9　“允许用户编辑区域”对话框

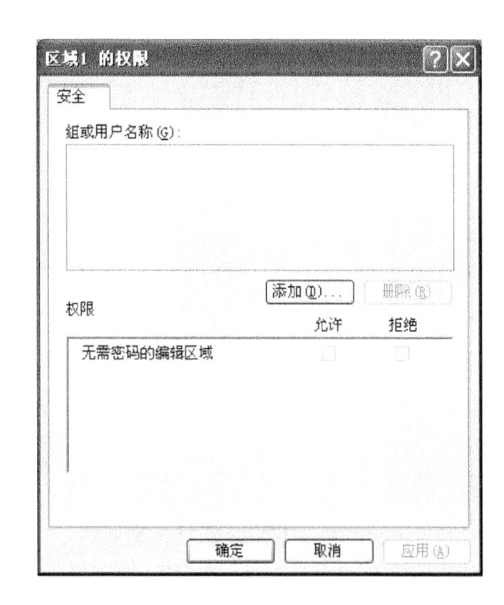

图 6-10　“区域 1 的权限”对话框

步骤 3:单击“添加”按钮,弹出“选择用户或组”对话框,如图 6-11 所示,在其中选择需要设定的用户。

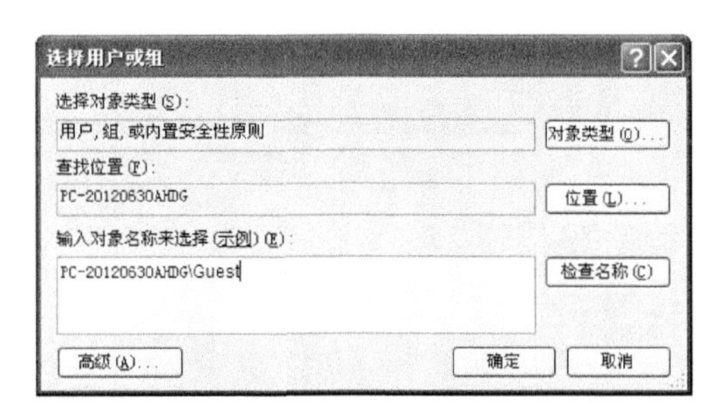

图 6-11　“选择用户或组”对话框

步骤 4:单击“确定”按钮,返回“区域 1 的权限”对话框,如图 6-12 所示。在对话框中已经显示了添加的用户,然后在下侧的列表框中选择“允许”复选框。

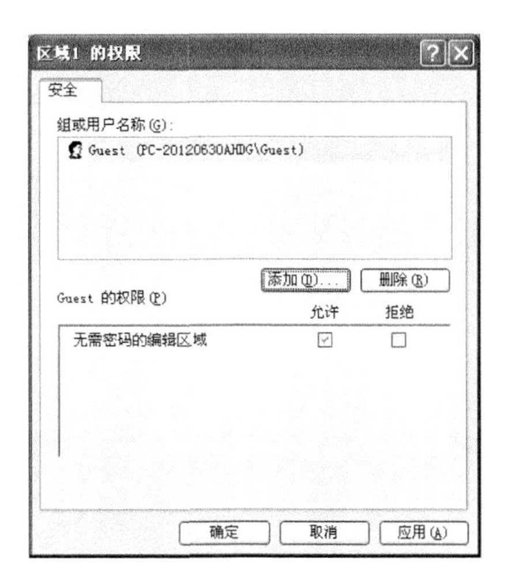

图 6-12　添加权限用户

步骤 5：单击“确定”按钮，返回“允许用户编辑区域”对话框，然后单击“保护工作表”按钮，接下来的操作步骤与“保护工作表”一样，在此不再赘述。

- 保护工作簿。保护工作簿可以防止其他用户添加或者删除工作表，或显示隐藏的工作表。同时还可以防止其他用户更改已设置的工作簿显示窗口的大小或位置，这些保护可应用于整个工作簿。具体步骤如下。

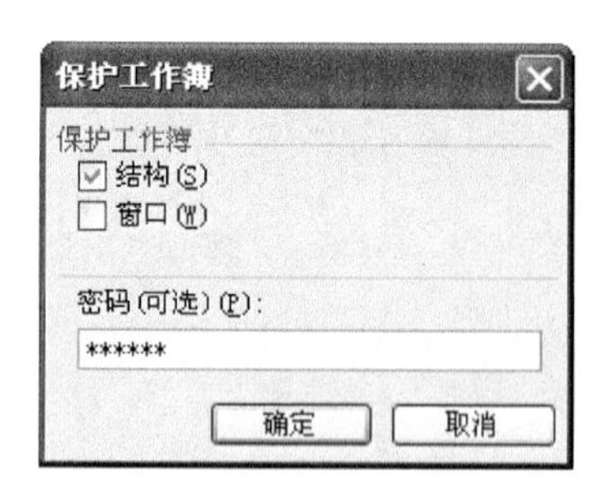

图 6-13　“保护工作簿”对话框

步骤 1：单击“工具”→“保护”→“保护工作簿”菜单项，弹出“保护工作簿”对话框，选中“结构”和“窗口”复选框，然后在“密码”文本框中输入要设定的密码，如图 6-13所示。

步骤 2：单击“确定”按钮，弹出“确认密码”对话框，在“重新输入密码”文本框中输入确认密码，然后单击“确定”按钮，即对工作簿进行了保护。

- 保护共享工作簿。保护共享工作簿，可以使用户不能将其恢复为独占使用，或者删除修订日志，保护共享工作簿的具体操作如下。

步骤 1：单击“工具”→“保护”→“保护共享工作簿”菜单项，打开如图 6-14 所示对话框。

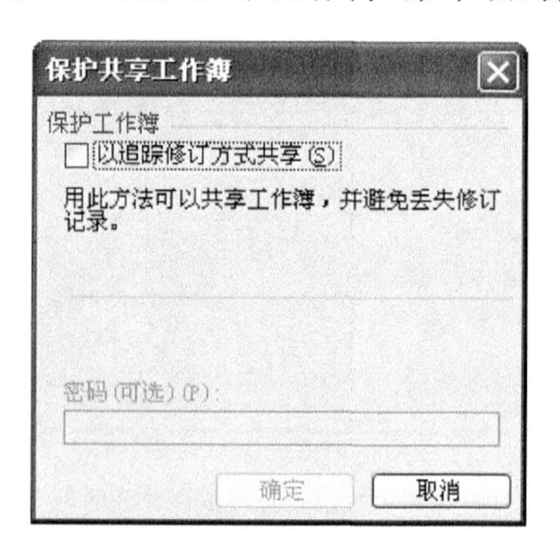

图 6-14　“保护共享工作薄”对话框

步骤 2：在“保护共享工作簿”对话框，选中“以追踪修订方式共享”复选框，然后在“密码”文本框中输入密码，单击“确定”按钮，弹出“确认密码”对话框。

步骤 3：在“重新输入密码”文本框中再次输入密码，单击“确定”按钮，弹出如图 6-15 所示对话框。

步骤 4：单击“确定”按钮，工作簿被保护并共享，此时在窗口的标题栏上标题的右边将显示“[共享]”字样，如图 6-16 所示。

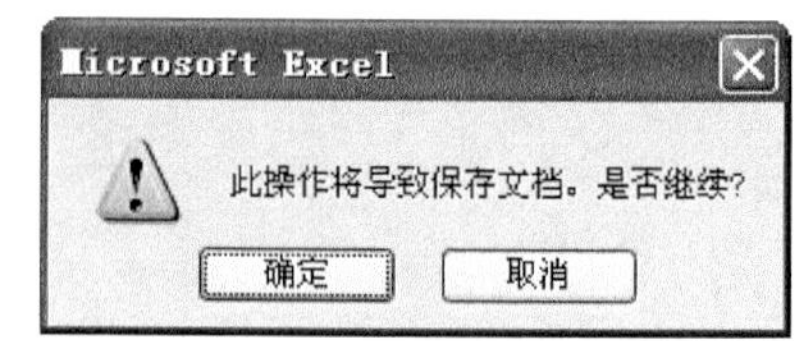

图 6-15　提示对话框

图 6-16　显示“[共享]”字样

提示:PPT 文档可通过两种方式对其进行保护。

第一种方式是对 PPT 文档设置密码,不知道密码就不能打开或修改文档。

第二种方式是将 PPT 文档转换为其他文件格式,如 PDF 等。

6.1.3 Word 文档窗体保护

把窗体以节为单位分成一个或者多个连续区域,以限制用户编辑其中的节。

窗体域是位于窗体中的特殊区域,就像“自治区”。是在窗体受到保护时允许用户进行特定编辑行为的域。这里将分别介绍分节保护、复选框型窗体域、文字型窗体域和下拉型窗体域4种类型的窗体保护。

1. 分节保护

对于多节文档,在选择窗体保护时,可保护部分节。下面以保护页眉为例,介绍文档分节保护操作,具体操作步骤如下。

步骤1:单击“视图”→“页眉和页脚”,向文档页眉中插入一个图标。

步骤2:关闭页眉和页脚,然后在光标位置通过选择“插入”→“分隔符”→“分节符类型”→“连续”命令,插入一个连续型分节符,如图6-17所示。

图6-17 添加连续型分节符

步骤3:勾选“保护文档”任务窗格中的“仅允许在文档中进行此类编辑”复选框,选择“填写窗体”下拉项,单击“选择节”命令,在弹出的“节保护”对话框中取消“节2”复选框,如图6-18所示。

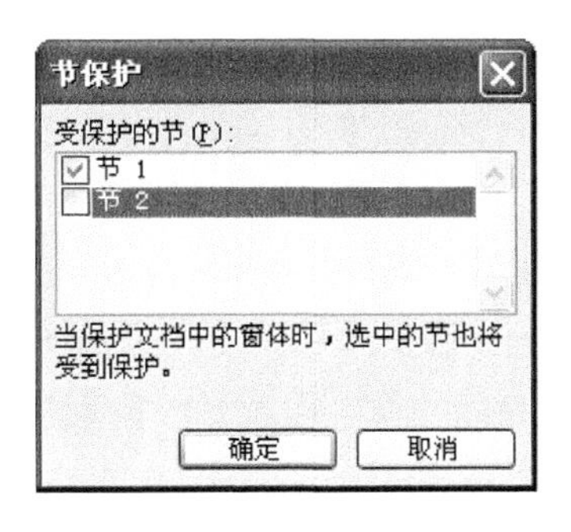

图6-18 “节保护”对话框

步骤4:单击“确定”按钮,在启动强制保护后,页眉内容将受到保护。

如果允许用户在受保护的节的窗体中进行特定的编辑时,可以使用窗体域功能。单击“视图”→“工具栏”→“窗体”,打开“窗体”工具栏,如图6-19所示。

图6-19 “窗体”工具栏

可向窗体中添加以下 3 种类型的窗体域。

（1）文字型窗体域；

（2）复选框型窗体域；

（3）下拉型窗体域。

在保护文档后，用户只能在窗体域中进行特定的编辑。

2. 复选框型窗体域

复选框型窗体域主要用于需要用户进行选择或者判断的场合，添加复选框型窗体域的具体步骤如下。

步骤 1：单击“窗体”工具栏中的按钮 ，可在插入点位置后添加一个复选框型窗体域。

步骤 2：双击新添加的复选框型窗体域，出现“复选框型窗体域选项”对话框，如图 6-20 所示。可以设置复选框型窗体域的默认值，在取消“启用复选框”时，将保持默认状态不被用户更改。

在窗体保护时，单击该域可在勾选与清除复选框之间切换。

3. 文字型窗体域

若要在受保护的节中允许用户添加文本，可使用文字型窗体域。文字型窗体域可以限制用户录入的文本类型或者格式，添加文字型窗体域的具体操作步骤如下。

步骤 1：单击“窗体”工具栏中的按钮 abl，可在插入点位置添加一个文字型窗体域。

步骤 2：双击添加的文字窗体域，出现“文字型窗体域选项”对话框，如图 6-21 所示。可以为文字型窗体域设置默认文字、类型、文字长度和文字格式等，并且可以使用书签对文字型窗体域进行数据计算。

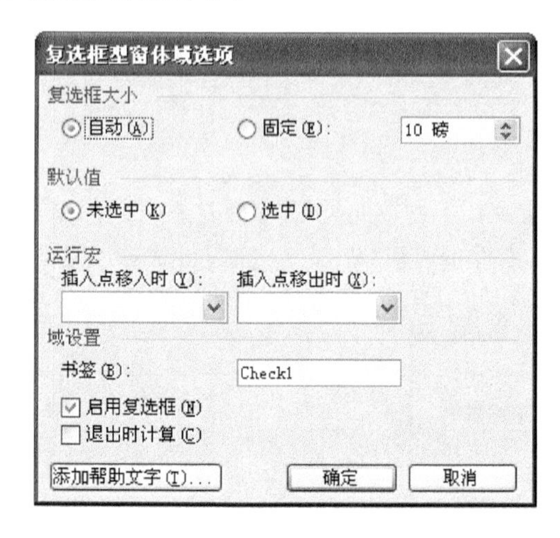

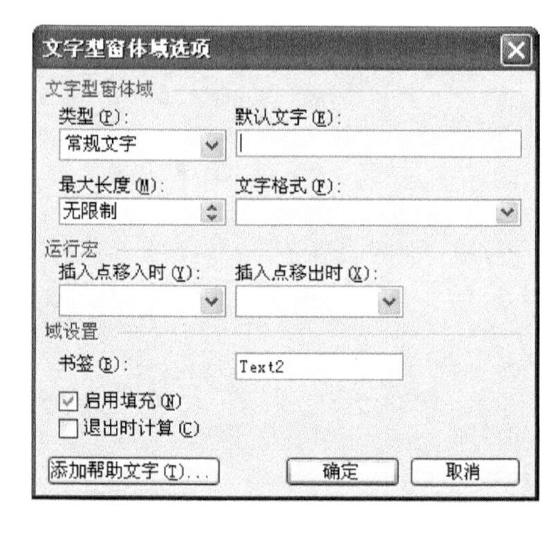

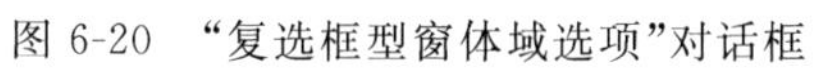

图 6-20 “复选框型窗体域选项”对话框

图 6-21 “文字型窗体域选项”对话框

若要调整文字型窗体域的初始宽度，选中要调整的文字型窗体域，单击“格式”→“调整宽度”菜单项，在弹出的“调整宽度”对话框中输入新的文字宽度即可。实际上文字型窗体域会根据文本内容自动调整宽度，可与普通文本一样对其进行格式设置。

4. 下拉型窗体域

下拉型窗体域允许用户在受保护的节中选择单个列表项目，具体操作步骤如下。

步骤 1：单击“窗体”工具栏中的按钮 ，可在插入点位置添加一个下拉型窗体域。

步骤 2：双击添加的下拉型窗体域，打开“下拉型窗体域选项”对话框，如图 6-22 所示。

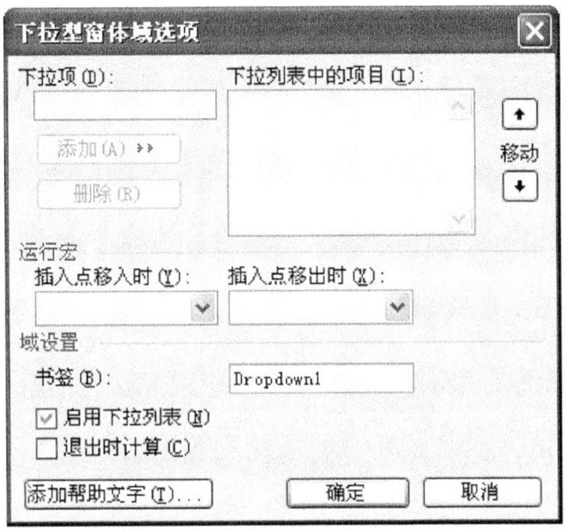

图 6-22　“下拉型窗体域选项”对话框

步骤 3:再单击“窗体”工具栏中的“保护窗体”按钮，可使窗体域生效。要真正保护窗体并限制用户只能在窗体域中编辑,则应启动强制保护。

6.1.4　文件安全性设置

在日常工作生活中,出于安全考虑,往往需要对文件加以一定的限制,常见的有防打开、防修改、防丢失、防泄私和防篡改。

1. 防打开

对于一些重要的文件,必须加设密码防止任意用户打开。

设置打开密码的具体操作步骤如下。

步骤 1:单击“工具”→“选项”,打开选项对话框,单击“安全性”选项卡,如图 6-23 所示,在“打开文件时的密码”文本框中输入要设置的密码。也可以单击“文件”→“另存为”菜单项,弹出“另存为”对话框,如图 6-24 所示。单击“工具”→“安全措施选项”菜单项,出现“安全性”对话框,界面内容与“安全性”选项卡一样,也要在“打开文件时的密码”文本框中输入要设置的密码。

步骤 2:密码输入后,单击“确定”按钮,打开“确认密码”对话框,在“请再次键入打开文件时的密码”文本框中输入确认的密码。

步骤 3:单击“确定”按钮,完成对打开文件的保护设置。

2. 防修改

对于一些重要的文档,可以设置修改密码或者设置权限,限制用户对文档的修改。

(1) 设置修改密码

具体操作步骤如下。

步骤 1:打开如图 6-23 所示“安全性”选项卡对话框,在“修改文件时的密码”文本框中输入修改文件时的密码。

步骤 2:单击“确定”按钮,弹出“确认密码”对话框,在“请再次键入修改文件时的密码”文本框中输入确认的密码。

步骤 3:单击“确定”按钮,完成文件修改密码的设置。

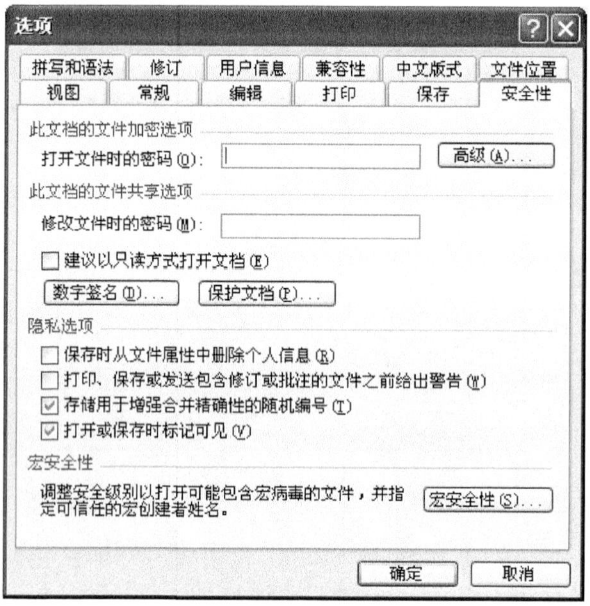

图 6-23　“安全性”选项卡

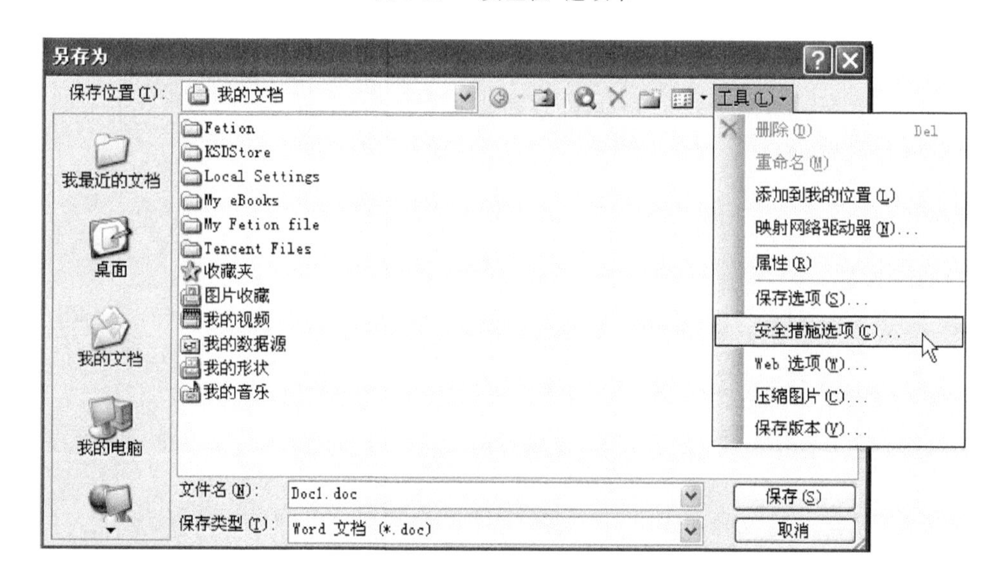

图 6-24　通过“另存为”对话框设置打开密码

(2) 设置权限

对文档设置相应的权限，前面已提到过，这里不再赘述。

3. 防丢失

文档在保存过程中，由于不可预料的因素(如计算机突然重启、程序出错等)，有可能导致文档的丢失或者损坏。因此，必须对这类文件加以备份。

(1) 自动备份

单击“工具”→“选项”菜单项，打开“选项”对话框，单击“保存”选项卡，如图 6-25 所示。

勾选“保留备份”复选框，单击“确定”按钮，完成保留备份设置。当原文件损坏或者丢失时，打开备份文件，另存为 Word 文档，即可恢复丢失前的文档。

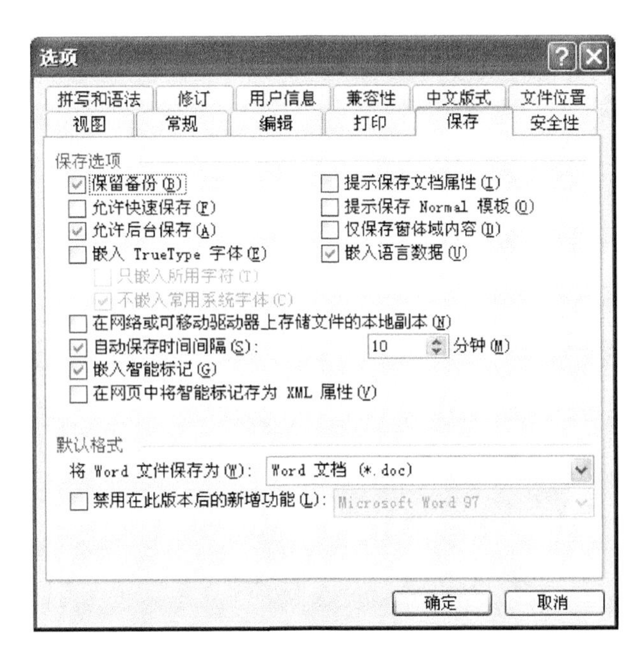

图 6-25　“保存”选项卡

(2) 自动保存

如果程序意外出错、计算机意外重启或者断电，Word 会在下次启动时打开“自动恢复”文件，“自动恢复”文件可能包含未保存的信息。在图 6-25 中，可以为文档设置自动保存时间，勾选“自动保存时间间隔”复选框。默认情况下，Word 以每隔 10 分钟自动创建文档恢复文件。用户可以修改自动保存时间间隔。“自动恢复”文件默认被保存于“C：\Documents and Settings\Administrator\Application Data\Microsoft\Word” 文件下，默认文件名为“‘自动恢复’保存 *（原文件名）.asd”的自动恢复文件。

单击“选项”对话框中的“文件位置”选项卡，可查看或者修改“自动恢复”文件夹位置。双击打开“自动恢复”文件，另存为 Word 文档即可。

4. 防泄私

对于一些内容敏感的文档，应在保存时删除文件属性中的敏感信息，以防止泄露私密。

(1) 已有文档

对于已有文档，单击“文件”→“属性”菜单项，打开“属性”对话框，单击“摘要”选项卡，如图 6-26 所示。删除对话框中的敏感信息，单击“确定”按钮，然后保存文档即可。

(2) 新建的文档

对于新建的文档，如果要选择性地保存文档属性，可以单击“工具”→“选项”命令，打开“选项”对话框，单击“保存”选项卡，如图 6-25 所示，勾选“提示保存文档属性”复选框。在进行文档保存时，将自动打开“属性”对话框，可根据需要删除、添加或者修改某些敏感信息。

5. 防篡改

Word 中可以对文件进行数字签名，以确认文档是否被其他用户篡改过。下面介绍如何对 Word 文档进行数字签名。

第6章 Office文档安全与VBA应用.doc 属性

常规 摘要 统计 内容 自定义

标题(T):
主题(S):
作者(A): wy
经理(M):
单位(O): xxu
类别(E):
关键词(K):
备注(C):
超链接基础(H):
模板: Normal.dot
保存预览图片(V)
确定 取消

图 6-26 “属性”对话框

(1) 获取数字签名

获取数字签名的方式有以下 3 种。

- 从商业认证机构获得数字证书(如 VeriSign,Inc.,但是此类证书一般要付费才能获取)。
- 从内部安全管理员或者专业人员那里获得。
- 使用 Selfcert.exe 程序自己创建数字签名。

下面简单介绍一下使用 Selfcert.exe 程序创建数字签名的过程。该方式生成的数字签名仅适用于本地计算机。

步骤 1:单击“开始”→“所有程序”→“Microsoft Office”→“Microsoft Office 工具”→“VBA 项目的数字证书”命令,打开创建数字证书程序,如图 6-27 所示。

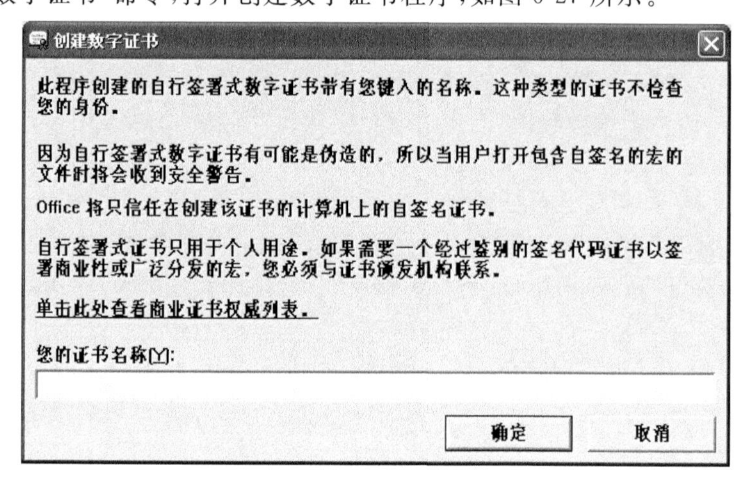

图 6-27 创建数字证书

步骤 2：在图 6-27 文本输入框中输入一个证书名称，如“HDU-jlm”，单击“确定”按钮，出现成功提示信息。

(2) 为文档进行数字签名

通过上述步骤获得数字证书之后，就可以对文档进行数字签名了，具体步骤如下。

步骤 1：单击“工具”→“选项”命令，打开“选项”对话框，单击“安全性”选项卡，如图 6-23 所示。

步骤 2：单击“数字签名”按钮，出现“数字签名”对话框，如图 6-28 所示。

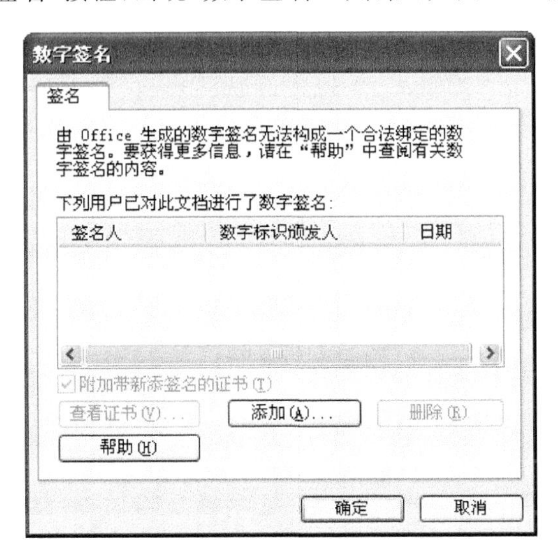

图 6-28　“数字签名”对话框

步骤 3：单击“添加”按钮，打开“选择证书”对话框，如图 6-29 所示。

步骤 4：选择颁发者为“HDU-jlm”的证书，单击“确定”按钮，将为活动文档添加一个由“HDU-jlm”颁发的数字签名，如图 6-30 所示。

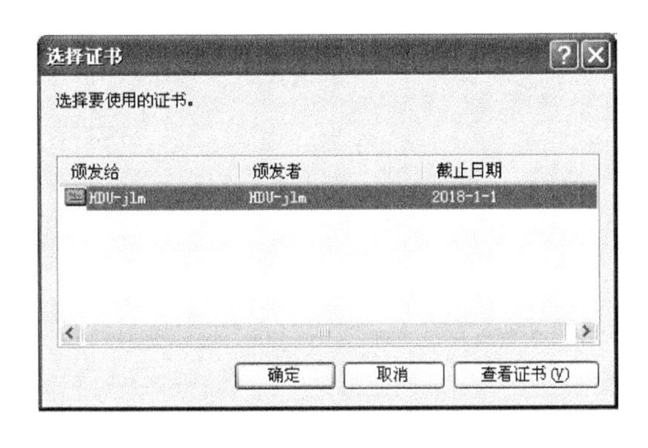

图 6-29　“选择证书”对话框

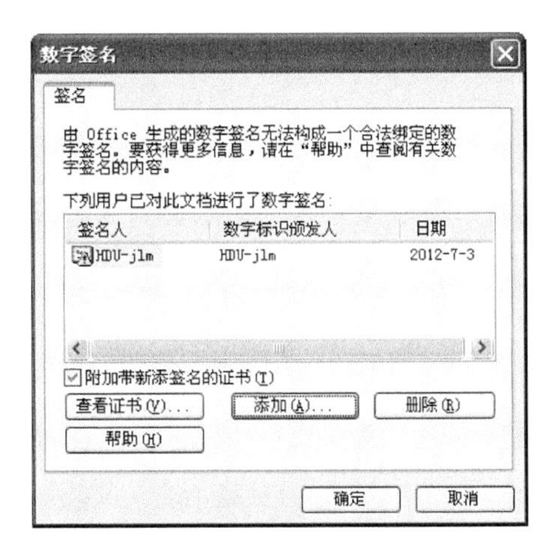

图 6-30　添加的数字签名

步骤 5：单击“确定”按钮，完成对当前文档的数字签名设置。添加数字签名的文档将在状态栏中显示图标。在“数字签名”对话框中，单击“查看证书”按钮，查看数字签名的详细内容，以判断文档是否被篡改。

6.2 VBA 宏及其应用

6.2.1 宏的概念

什么是宏？简单来讲，宏是通过一次单击就可以应用的命令集。在 Microsoft Office 软件中创建的大多数宏都是用一种称为 Visual Basic for Application（通常称为 VBA）的语言编写的。VBA 是 Microsoft 公司用于其 Office 软件套件的一个语言，是 Visual Basic 程序语言的一个分支，供用户撰写宏，对 Office 进行二次开发。这种二次开发的能力和弹性，是 Microsoft Office 远胜于其他（缺乏宏能力的）办公软件的一大关键。使用 VBA 宏可以实现如下功能。

（1）自动执行一串操作

若需要经常进行有规律的汇总操作，就可以制作一个宏来代替这一操作。

（2）自动执行重复操作

若需要在多个文档中执行同样的操作，则可以在第一次执行该操作时录制宏，然后在其他文档上执行该宏，完成这些重复的操作。

（3）创建定制的命令

用户可以将几个菜单项命令结合在一起，然后通过输入一次键盘指令就可以执行这一操作。

（4）创建定制的工具栏按钮

用户可以使用自己定义的命令按钮，自定义工具栏，执行自己创建的宏。

（5）创建自定义插件

用户可以根据需要创建自定义插件。

6.2.2 VBA 基础

1. 变量及数组

（1）VBA 允许使用未定义的变量，默认是变体变量 Variant。

（2）在模块通用说明部分，加入 Option Explicit 语句可以强迫用户进行变量定义。

（3）变量定义语句及变量作用域。

- Dim 变量 as 类型，定义为局部变量。
- Private 变量 as 类型，定义为私有变量。
- Public 变量 as 类型，定义为公有变量。
- Global 变量 as 类型，定义为全局变量。
- Static 变量 as 类型，定义为静态变量。

一般变量作用域的原则是，在哪部分定义就在哪部分起作用。

（4）常量为变量的一种特例，用 Const 定义，且定义时赋值，程序中不能改变值，作用域也如同变量作用域。

数组是包含相同数据类型的一组变量的集合，对数组中的单个变量引用通过数组索引下标进行。在内存中表现为一个连续的内存块，必须用Global或Dim语句来定义。二维数组是按行列排列。

除了以上固定数组外，VBA还有一种功能强大的动态数组，定义时无大小维数声明；在程序中再利用Redim语句来重新改变数组大小，原来数组内容可以通过加preserve关键字来保留。

2. 子过程及函数

(1) 子过程

过程由一组完成所要求操作任务的VBA语句组成。子过程不返回值，因此，不能作为参数的组成部分。

其语法为：

```
[Private|Public] [Static] Sub＜过程名＞([参数])
    [指令]
    [Exit Sub]
    [指令]
End Sub
```

说明：

- Private, Public和Static为可选。如果使用Private声明过程，则该过程只能被同一个模块中的其他过程访问。如果使用Public声明过程，则表明该过程可以被工作簿中的所有其他过程访问。但是如果用在包含Option Private Module语句的模块中，则该过程只能用于所在工程中的其他过程。如果使用Static声明过程，则该过程中的所有变量为静态变量，其值将保存。
- Sub为必需，表示过程开始。
- ＜过程名＞为必需，可以使用任意有效的过程名称，其命名规则通常与变量的命名规则相同。
- 参数为可选，代表一系列变量并用逗号分隔，这些变量接受传递到过程中的参数值。如果没有参数，则为空括号。
- Exit Sub为可选，表示在过程结束之前，提前退出过程。
- End Sub为必需，表示过程结束。

如果在类模块中编写子过程并把它声明为Public，它将成为该类的方法。

(2) 函数

函数(Function)是能完成特定任务的相关语句和表达式的集合。当函数执行完毕时，它会向调用它的语句返回一个值。如果不显示指定函数的返回值类型，就返回缺省的数据类型值。

声明函数的语法为：

```
[Private|Public] [Static] Function＜函数名＞([参数])[As 类型]
    [指令]
    [函数名 = 表达式]
    [Exit Function]
    [指令]
    [函数名 = 表达式]
```

```
End Function
```

说明：

- Private、Public 和 Static 为可选。如果使用 Private 声明函数，则该函数只能被同一个模块中的其他过程访问。如果使用 Public 声明函数，则表明该函数可以被所有 Excel VBA 工程中的所有其他过程访问。不声明函数过程的作用域时，默认的作用域为 Public。如果使用 Static 声明函数，则在调用时，该函数过程中的所有变量均保持不变。
- Function 为必需，表示函数过程开始。
- ＜函数名＞为必需，可以使用任意有效的函数名称，其命名规则与变量的命名规则相同。
- 参数为可选，代表一系列变量并用逗号分隔，这些变量是传递给函数过程的参数值。参数必须用括号括起来。
- 类型为可选，指定函数过程返回的数据类型。
- Exit Function 为可选，表示在函数过程结束之前，提前退出过程。
- End Function 为必需，表示函数过程结束。

通常，在函数过程执行结束前给函数名赋值。函数可以作为参数的组成部分，但是，函数只返回一个值，它不能执行与对象有关的动作。如果在类模块中编写自定义函数并将该函数的作用域声明为 Public，这个函数将成为该类的方法。

3. VBA 内部函数

VBA 内部函数有许多种，以下就介绍一下最主要的几种内部函数。

(1) 数学函数，如 Abs(number)、Cos (number)、Exp (number)等；

(2) 数组函数，如 Array(arglist)、LBound(arrayname[, dimension])等；

(3) 字符串操作函数，如 Right(string,length)、LTrim(string)、Join(sourcearray [,delimiter])等；

(4) 日期和时间函数，如 DATE、NOW、DateAdd(interval, number, date)等；

(5) 数据类型检查与转换函数，如 IsNumeric(expression)、IsArray(varname)、IsEmpty(expression)等；

(6) 文件操作函数，如 CurDir[(drive)]、GetAttr(pathname)、FileDateTime (pathname)、Filelen(pathname)等；

(7) 输入输出函数，如 MsgBox(prompt[,buttons] [,title] [,helpfile,context])、Input(number, [#] filenumber])等；

(8) 财会类函数，如 DDB(cost,salvage, life, period [,factor])、NPV(rate, values( ))、IRR(values() [,guess])等；

(9) 格式化数据，如 FormatDateTime(Date[, NamedFormat])、Format (expression[, format[,firstdayofweek[, firstweekofyear]]])等；

(10) 系统与对象函数，如 CreateObject(class,[servername])、DoEvents()、GetAllSettings(appname, section)等。

6.2.3　宏的简单应用

下面分别以在 Word 和 Excel 中举例介绍如何使用宏录制器创建简单宏应用，并在 VBE（Visual Basic 编辑器）中查看修改宏代码，以适应新的需要。

（1）Word 文本格式设置宏

步骤 1：单击“工具”→“宏”→“录制新宏”菜单项，打开“录制新宏”对话框，如图 6-31 所示。

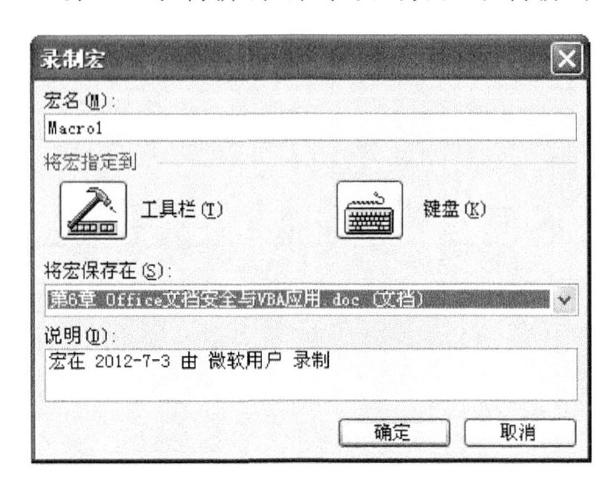

图 6-31　“录制新宏”对话框

步骤 2：在“录制新宏”对话框的“宏名”文本框中可输入录制新宏的名称。

步骤 3：接下来可以将宏指定到工具栏或者指定为快捷方式。这里选择将宏指定到“工具栏”，单击“工具栏”按钮，弹出如图 6-32 所示的“自定义”对话框。

图 6-32　“自定义”对话框

在“自定义”对话框的“命令”选项卡中，将右边列表框中的“Project. NewMacros. Macro1”命令拖动到工具栏中，此时工具栏中出现了“Project NewMacros. Macro1”按钮。但是该按钮是文字画面，没有显示按钮形状，右击该按钮，其弹出的菜单中，用户可以选择按钮图像及显示方式。

步骤 4：在“将宏保存在”下拉列表框中选择“第 6 章 Office 文档安全与 VBA 应用.doc”选项。若选择“所有文档(Normal. dot)”选项，则在任何打开的 Word 文档中都可以使用该宏。

步骤 5：默认情况下，Word 将自动添加有关宏的说明。若要进行修改，可以在“说明”文本框中输入说明。

步骤 6：单击“格式”→“段落”，系统将弹出“段落”对话框，将各段落参数值设置成如图 6-33 所示数值。

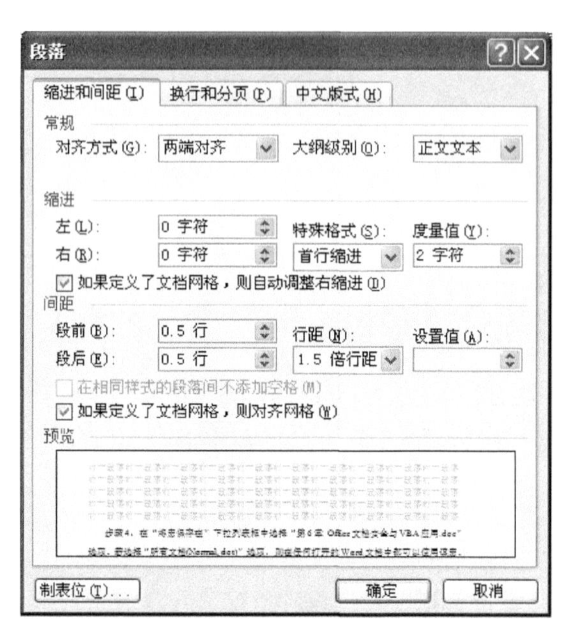

图 6-33 “段落”对话框

步骤 7：然后单击“停止”工具栏中的“停止录制”按钮，完成录制操作。

步骤 8：打开示例文档，选择要设置格式的段落，然后单击“工具”→“宏”→“宏”菜单项，或按＜Alt＞＋＜F8＞组合键打开如图 6-34 所示对话框。

步骤 9：选择 Macro1，再单击运行，便执行文本格式设置宏。

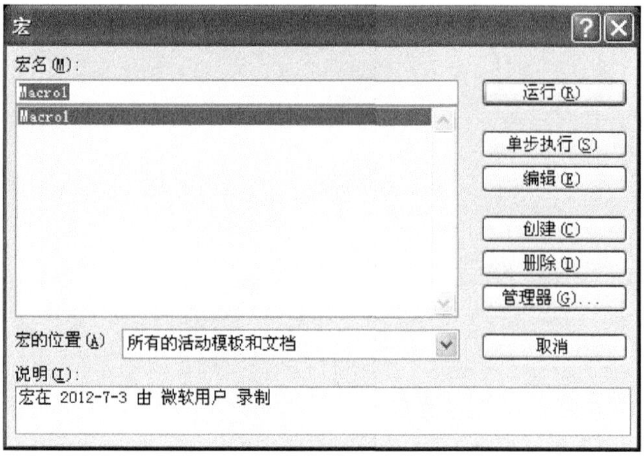

图 6-34 宏对话框

步骤 10：单击图 6-34“宏”对话框中的“编辑”按钮或单击“工具”→“宏”→“Visual Basic 编辑器”选项，打开 Visual Basic 编辑器，可看到该宏的源代码，如下所示。

```
Sub Macro1( )
'
' Macro1 Macro
' 宏在 2012-7-3 由 微软用户 录制
'
    With Selection.ParagraphFormat
        .LeftIndent = CentimetersToPoints(0)
        .RightIndent = CentimetersToPoints(0)
        .SpaceBefore = 2.5
        .SpaceBeforeAuto = False
        .SpaceAfter = 2.5
        .SpaceAfterAuto = False
        .LineSpacingRule = wdLineSpace1pt5
        .Alignment = wdAlignParagraphJustify
        .WidowControl = False
        .KeepWithNext = False
        .KeepTogether = False
        .PageBreakBefore = False
        .NoLineNumber = False
        .Hyphenation = True
        .FirstLineIndent = CentimetersToPoints(0.35)
        .OutlineLevel = wdOutlineLevelBodyText
        .CharacterUnitLeftIndent = 0
        .CharacterUnitRightIndent = 0
        .CharacterUnitFirstLineIndent = 2
        .LineUnitBefore = 0.5
        .LineUnitAfter = 0.5
        .AutoAdjustRightIndent = True
        .DisableLineHeightGrid = False
        .FarEastLineBreakControl = True
        .WordWrap = True
        .HangingPunctuation = True
        .HalfWidthPunctuationOnTopOfLine = False
        .AddSpaceBetweenFarEastAndAlpha = True
        .AddSpaceBetweenFarEastAndDigit = True
        .BaseLineAlignment = wdBaselineAlignAuto
    End With
```

```
End Sub
```

程序说明：

(1) LineSpacingRule = wdLineSpace1pt5，设置行距为 1.5 倍。

(2) CharacterUnitFirstLineIndent = 2，设置首行缩进 2 字符。

(3) LineUnitBefore = 0.5，设置段前间距 0.5 行。

(4) LineUnitAfter = 0.5，设置段后间距 0.5 行。

(2)制作语音朗读的宏

Word 中没有语音朗读功能，但是 Excel 中具有这个功能，如何使 Word 也具有朗读功能呢？在 Microsoft Office 中，各个组件间可以相互调用，通过调用 Excel 对象使 Word 也具有朗读功能。下面通过制作一个宏来完成调用，具体操作步骤如下。

步骤 1：单击"工具"→"宏"→"Visual Basic 编辑器"菜单项，打开 Visual Basic 编辑器。

步骤 2：在 Visual Basic 编辑器中创建一个 SpeakText 的过程，具体代码如下。

```
Sub SpeakText( )
    Dim spo AS Object
    Set spo = CreateObject("Excel.Application")
    Spo Speech.Speak Selection. Text
    Set spo = Nothing
End Sub
```

选择相应的文本，然后打开图 6-35 所示"宏"对话框，选择 SpeakText 宏，单击"运行"，Word 便会自动朗读选择的文本。

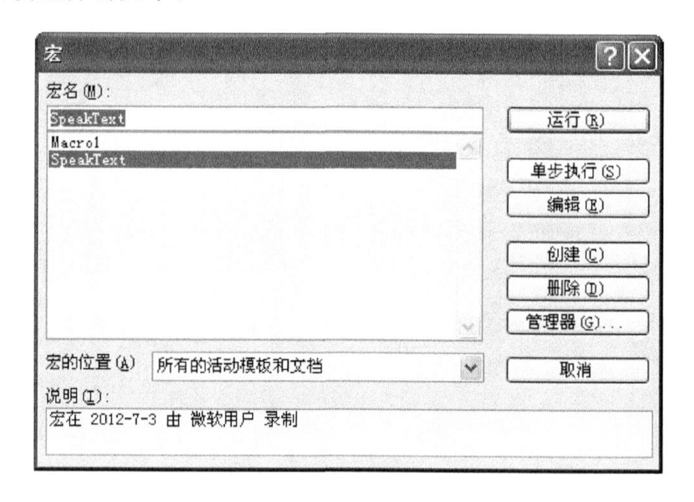

图 6-35 "宏"对话框

程序说明：

(1)CreateObject 函数创建一个 Excel. Application 对象，并赋值给 spo 该对象的引用。

(2)接着调用 Speech 子对象的 Speak 方法来朗读选取的文本。

(3)最后设置 spo 为空引用，释放资源。

(3) Excel 简单宏应用

Excel 中宏录制的方法与 Word 中类似,不同的是 Excel 中将宏保存在工作表或工作簿。还有一点不同的是,Excel 不能将宏添加到工具栏中,只能为宏指定某个快捷键。下面制作一个宏,用以将低于 60 分的成绩突出显示,字体加粗,大小由 12 磅改为 18 磅,示例如图 6-36 所示。宏制作的具体操作步骤如下。

步骤 1:单击“工具”→“宏”→“录制新宏”菜单项,打开“录制新宏”对话框,如图 6-37 所示。

	A	B	C	D
1	学号	姓名	分数	
2	01	张三	80	
3	02	李四	56	
4	03	王五	63	
5	04	钱六	79	
6	05	赵七	46	

图 6-36 示例

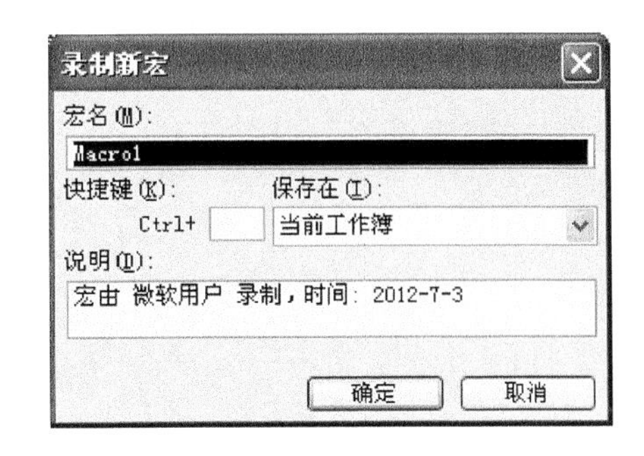

图 6-37 “录制新宏”对话框

步骤 2:选中成绩低于 60 的单元格,设置字体大小为 18 磅,加粗,完成后单击“停止”工具栏中的“停止录制”按钮,完成宏录制操作。

此时可以通过宏操作来突出不及格成绩的显示,但是只能对一个单元格进行操作,如何通过宏来突出显示工作表中的所有不及格成绩呢?下面将通过宏代码来适应新的应用,具体操作步骤如下。

步骤 1:单击“工具”→“宏”→“Visual Basic 编辑器”打开 Visual Basic 编辑器,如图 6-38 所示。

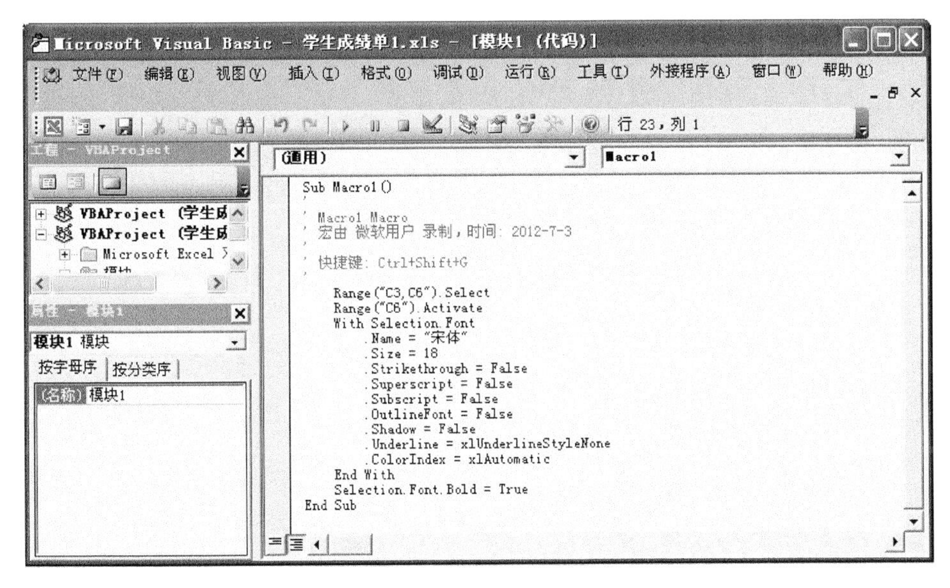

图 6-38 Visual Basic 编辑器

步骤 2:修改代码如下,

```
Sub SetStyle()
Dim score AS Integer, intRow As Integer, i As Integer
intRow = Sheets("Sheet1"). UsedRange. RowS. Count-1
For i = 0 To intRow-1
    With Sheets("Sheet1" )
    If  .Cells(i + 2, 3). Value<60 Then
        With Cells (i + 2, 3). Font
            .Name = "宋体"
            .Size = 18
            .Bold = True
            .Strikethrough = False
            .Superscript = False
            .Subscript = False
            .OutlineFont = False
            .Shadow = False
            .Underline = xlUnderlineStyleNone
            .ColorIndex = x1Automatic
    End With
   End If
   End With
Next i
End Sub
```

程序说明:

(1)intRow 用来获取工作表中已有数据的行数。

(2)接下来使用一个循环语句,将成绩低于 60 的字体设置为 18 磅、粗体。

步骤 3:单击 Visual Basic 编辑器工具栏中的保存按钮,关闭编辑器,然后在 Excel 中单击"工具"→"宏"→"宏"菜单项,弹出"宏"对话框。

步骤 4:选中 SetStyle 后,单击"执行"按钮,运行修改后的宏,便达到了我们想要的效果。

6.2.4 宏安全性及宏病毒

1. 宏安全性

VBA 宏中可能包含一些潜在的病毒,也就是"宏病毒",为了保证 VBA 的安全,就要设置其安全性。在 Office 中要与他人共宏,则可以通过数字签名来验证,以保证 VBA 宏的可靠来源。

在打开包含 VBA 宏的文档时,都可以先验证 VBA 宏的来源再启用宏。下面介绍设置 VBA 安全性的具体操作步骤。

(1) 单击“工具”→“宏”→“安全性”菜单项，打开“安全性”对话框，如图 6-39 所示。

在“安全级”选项卡中有 4 个单选按钮。

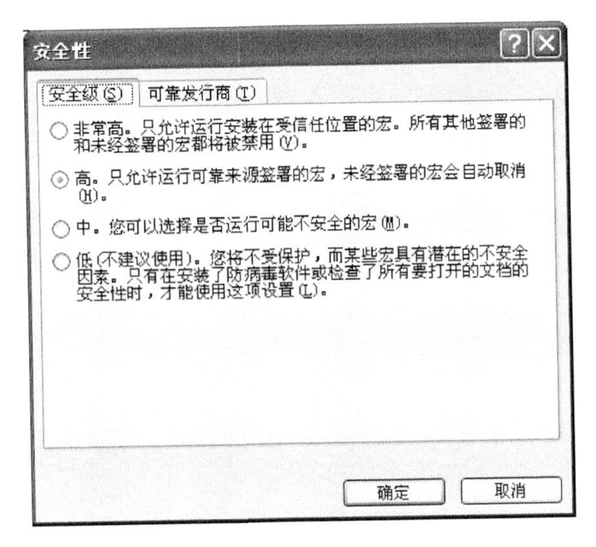

图 6-39　宏“安全性”设置对话框

- 非常高。选中该选项，则只允许运行在可信位置安装的宏，其他所有签名和未签名的宏都将被禁用。通过将“安全级”设置为“非常高”并禁用在可信位置安装的宏，可完全禁用所有的宏。如何禁用在可信位置安装的宏？在“安全性”对话框的“可靠发行商”选项卡中取消选中“信任所有安装的加载项和模板”复选框。
- 高。选中该选项，则只运行经过数字签名而且用户确认来源可靠的宏。在信任一个源之前，应该确认源是可靠的，并在给该宏签名前要使用病毒扫描软件来扫描病毒。没有签名的宏自动被禁用。
- 中。选中该选项，则每当遇到来自不在可靠来源列表中的宏时，将会弹出“安全警告”对话框，显示一条警告信息。用户可以选择在打开文件时是否启用还是禁用宏，如果文件中可能包含病毒，应该选择禁用宏。
- 低。若肯定打开的文件和加载项都没有病毒，则可选中该选项。选中该选项，将关闭宏病毒。

(2) 默认情况下，“安全级”设置为“高”。这里将其设置为“中”，然后单击“确定”按钮即可。

(3) 当再次打开文档时，将启用“安全级”的设置。

Microsoft Office 软件的安全性在默认情况下设置为“高”。未经签名的 VBA 宏不能在此环境中运行。需要先将宏的安全级别更改为“中”以运行此代码。单击“工具”→“宏”→“安全性”菜单项，在“安全级”选项卡中，选择“中”，再单击“确定”按钮完成，然后重新启动程序才能使安全级别更改生效。

2. 宏病毒

(1) 宏病毒定义

宏病毒就是利用 VBA 进行编写的一些宏，这些宏可以自动运行，干扰用户工作，轻则降低工作效率，重则破坏文件，使用户遭受巨大损失。

(2) 宏病毒特点

- 传播快。宏病毒成为传播最快的病毒,其原因有三个。第一,现在用户几乎对可执行文件病毒和引导区病毒已经有了比较一致的认识,对这些病毒的防治都有一定的经验,许多公司、企业对可执行文件和磁盘的交换都有严格的规定。但对宏病毒的危害还没有足够的认识,而现在主要的工作就是交换数字文件,因此使宏病毒得到迅速传播。第二,现在的查病毒、防病毒软件主要是针对可执行文件和磁盘引导区设计的,一般都假定数据文件中不会存在病毒,而人们相信查病毒软件的结论,从而使隐藏在数据文件中的病毒成为漏网之鱼。第三,Internet 普及以及各种网络通信软件的大量应用使病毒的传播速度大大加快。
- 制作和变种方便。目前宏病毒原型已有很多,并在不断增加中。只要修改宏病毒中病毒激活条件和破解条件,就可以制造出一种新的宏病毒,甚至比原病毒的危害更加严重。
- 破坏性大。鉴于宏病毒用 VBA 语言编写,VBA 语言提供了许多系统及底层调用,如直接使用 DOS 命令,调用 Windows API,调用 DDE 和 DDL 等。这些操作均可能对系统构成直接威胁,而 Office 中的 Word、Excel 等软件在指令的安全性和完整性上的检测能力很弱,破坏系统的指令很容易被执行。
- 兼容性差。宏病毒在不同版本的 Office 中的 Word、Excel 中不能运行。

(3) 宏病毒的预防

当打开一个含有可能携带病毒的宏的文档时,系统将自动显示宏警告信息。这样就可选择打开文档时是否要包含宏,如果希望文档包含要用到的宏,打开文档时就包含宏。如果您并不希望在文档中包含宏,或者不了解文档的确切来源,例如,文档是作为电子邮件的附件收到的,或是来自网络。在这种情况下,为了防止可能发生的病毒传染,打开文档过程中出现宏警告提示框时最好单击“取消宏”按钮,以取消该文档允许宏。

参考文献

[1] 柴靖. 中文版 Word 2003 文档处理实用教程. 北京:清华大学出版社,2009.

[2] 侯捷. Word 排版艺术. 北京:电子工业出版社,2007.

[3] 王诚君. 中文 Excel 2003 应用教程. 2 版. 北京:清华大学出版社,2008.

[4] 张胜涛. 中文版 PowerPoint 2003 幻灯片制作实用教程. 北京:清华大学出版社,2009.

[5] 蒋加伏,沈岳. 大学计算机基础. 3 版. 北京:北京邮电大学出版社,2008.

[6] 杨宪立,苏静. Office 2003 办公软件应用基础教程与实践指导. 北京:清华大学出版社,2007.

[7] Ed Bott,Woody Leonhard. 张乐华,朱河,等,译. Office 2007 应用大全. 北京:人民邮电出版社,2008.